Avec le soutien du

CNL
Centre national du livre

EXERCICES DE CINÉTIQUE ÉLECTROCHIMIQUE

I. Régime stationnaire

Claude Montella
Jean-Paul Diard
Bernard Le Gorrec

Exercices de cinétique électrochimique

I. Régime stationnaire

Exercices corrigés

COLLECTION MÉTHODES
HERMANN, ÉDITEURS DES SCIENCES ET DES ARTS

CLAUDE MONTELLA est maître de conférences à l'Institut des sciences et des techniques de Grenoble (Université Joseph Fourier) et enseigne l'électrochimie dans la filière Ingénieur en sciences et génie des matériaux.

JEAN-PAUL DIARD est professeur à l'Institut national polytechnique de Grenoble et enseigne l'électrochimie à l'École nationale supérieure d'électrochimie et d'électrométallurgie de Grenoble.

BERNARD LE GORREC est professeur à l'Université Joseph Fourier et enseigne l'électrochimie au département de mesures physiques de l'Institut universitaire de technologie de Grenoble.

ISBN 2 7056 6398 3

Table des matières

II Réactions redox en régime stationnaire 59

PREMIÈRE PARTIE

Équations de la cinétique électrochimique

CHAPITRE 1

Rappels de cours

1. Réaction électrochimique

Seuls les processus de transfert électronique à l'interface métal | électrolyte, le transport de matière dans l'électrolyte ou l'électrode, l'adsorption et la désorption d'espèces à la surface de l'électrode sont abordés par la suite, et les processus de cristallisation, de croissance de couche, de conduction dans les couches, de réactions chimiques dans la solution électrolytique, de transport de gaz ne sont pas pris en compte.

Soit une réaction électrochimique qui se déroule à une interface électrode | électrolyte plane et qui est constituée de R étapes hétérogènes électrochimiques ou chimiques mettant en jeu N_V espèces électroactives présentes dans l'électrolyte ou dans le matériau d'électrode et N_S espèces électroactives présentes dans une phase adsorbée à la surface de l'électrode. N est le nombre total d'espèces électroactives mises en jeu dans la réaction : $N = N_V + N_S$. Le nombre N_s d'espèces de la phase adsorbée qui participent à une réaction électrochimique peut être nul, mais il existe toujours au moins une espèce de l'électrolyte qui y participe. La $j^{ième}$ étape de la réaction se déroulant à l'interface électrode | électrolyte s'écrit :

$$\sum_{i=1}^{N} r_{ij}\, X_i \underset{K'_j}{\overset{K_j}{\longleftrightarrow}} \sum_{i=1}^{N} p_{ij}\, X_i \ \pm\ n_j\, e \ ; j = 1, \ldots, R \qquad (1)$$

où r_{ij} et p_{ij} sont les coefficients stœchiométriques des espèces (réactifs et produits) mises en jeu, l'indice i indique le rang de l'espèce, l'indice j celui de l'étape et n_j le nombre d'électrons échangés dans l'étape, s'il s'agit d'une étape électrochimique, précédé du signe plus ou moins selon que la réaction élémentaire est écrite dans le sens de l'oxydation ou de la réduction. Pour une étape chimique n_j est égal à zéro.

2. Vitesses des étapes d'une réaction électrochimique

2.1. Expressions des vitesses des étapes

La vitesse $v_j(t)$ de la $j^{ième}$ étape du mécanisme réactionnel (1), supposée identique en tout point de la surface S de l'électrode (surface appelée uniformément accessible), calculée par unité de surface et exprimée en mol cm^{-2} s^{-1}, se définit, lorsque $s_{ij} = p_{ij} - r_{ij}$ est différent de zéro, selon :

$$v_j(t) = \frac{1}{S}\frac{1}{s_{ij}}\frac{dn_{ij}(t)}{dt} \tag{2}$$

où $dn_{ij}(t)$ est la variation du nombre de moles de l'espèce X_i pendant le temps dt, provoquée par le déroulement de cette étape à la surface de l'électrode. La vitesse $v_j(t)$ de la $j^{ième}$ étape est la différence entre la vitesse $v_{dj}(t)$ de la réaction partielle de rang j se déroulant vers la droite et la vitesse $v_{gj}(t)$ de celle se déroulant vers la gauche ([1]) :

$$v_j(t) = v_{dj}(t) - v_{gj}(t) = K_j \prod_{i=1}^{N} X_i(t)^{r_{ij}} - K'_j \prod_{i=1}^{N} X_i(t)^{p_{ij}} \; ; j = 1, \ldots, R \tag{3}$$

où Π est le symbole du produit, K_j et K'_j sont les constantes cinétiques de la $j^{ième}$ étape et $X_i(t)$ les concentrations des espèces électroactives.

2.2. Concentrations des espèces

Les concentrations des espèces électroactives, notées $X_i(t)$ dans l'Éq. (3) pour simplifier, sont des concentrations volumiques interfaciales $X_i(0, t)$ exprimées en mol cm^{-3} pour les espèces de la solution électrolytique ou du matériau d'électrode ($i = 1, \ldots, N_v$), ou des concentrations surfaciques $X_i(t)$ exprimées en mol cm^{-2} pour les espèces de la phase adsorbée ($i = N_v + 1, \ldots, N$). La phase adsorbée comprend des sites libres et des sites occupés par une espèce adsorbée. Lorsqu'il existe un seul type de site d'adsorption à la surface de l'électrode, les taux de recouvrement $\theta_{Xi}(t)$ de cette surface par les espèces de la phase adsorbée sont définis selon :

$$\theta_{Xi}(t) = X_i(t)/\Gamma \; ; i = N_v + 1, \ldots, N \tag{4}$$

où Γ est le nombre total de sites libres ou occupés par unité de surface avec :

1. Afin de simplifier, le même symbolisme X_i désigne à la fois l'espèce chimique dans l'écriture d'une étape ou réaction et sa concentration ($X_i = [X_i]$) dans une équation.

$$\sum_{i=Nv+1}^{N} \theta_{Xi}(t) = 1 \qquad (5)$$

2.3. Constantes de vitesse, paramètres cinétiques des étapes électrochimiques

Les paramètres K_j et K'_j de l'Éq. (3) sont les constantes de vitesse de l'étape de rang j. Ces constantes (terme consacré par l'usage), pour les étapes électrochimiques, varient avec la température et la tension d'électrode et, éventuellement, avec le taux de recouvrement en adsorbat des électrodes. Les étapes électrochimiques mettent en jeu le transfert d'électrons entre des espèces présentes dans l'électrolyte ou dans le matériau d'électrode, à l'interface électrode | électrolyte, et éventuellement en phase adsorbée. Lorsqu'aucune espèce de la phase adsorbée n'intervient, on suppose que les constantes cinétiques K_j et K'_j varient exponentiellement avec la tension d'électrode E(t) selon (2) :

$$K_j \text{ ou } K'_j = K_{oj}(t) = k_{oj} \exp\left[\alpha_{oj} n_j f E(t)\right] \qquad (6)$$

$$K'_j \text{ ou } K_j = K_{rj}(t) = k_{rj} \exp\left[-\alpha_{rj} n_j f E(t)\right] \qquad (7)$$

avec $f = F/(RT)$ et $\alpha_{oj} + \alpha_{rj} = 1$. k_{oj} est le paramètre cinétique de transfert de l'étape se déroulant dans le sens de l'oxydation, k_{rj} celui de l'étape se déroulant dans le sens de la réduction, α_{oj} est le facteur de symétrie du transfert électronique dans le sens de l'oxydation pour la $j^{ième}$ étape, α_{rj} le facteur de symétrie dans le sens de la réduction, F le Faraday (96485 C mol^{-1}), R la constante des gaz parfaits (8,314 J mol^{-1} K^{-1}) et T la température absolue (K). Les facteurs de symétrie α_{oj} et α_{rj} sont supposés indépendants de la tension d'électrode.

Lorsqu'une étape électrochimique met en jeu une ou plusieurs espèces adsorbées à la surface de l'électrode, les constantes cinétiques K_j et K'_j peuvent dépendre du taux de recouvrement de ces espèces selon les interactions qui existent entre les adsorbats. Plusieurs isothermes d'adsorption peuvent être utilisées pour décrire cette phase à l'état d'équilibre.

- Isotherme de Frumkin

L'isotherme de Frumkin dépend d'un paramètre g décrivant les interactions répulsives ($g > 0$) ou attractives ($g < 0$) des espèces de la phase adsorbée. La constante de vitesse de l'étape se déroulant dans le sens de l'adsorption (oxydation ou réduction) est alors fonction du taux de recouvrement en

2. Dans la suite, la tension d'électrode E(t) est supposée corrigée du terme de chute ohmique dans la solution et dans l'électrode.

adsorbat. Elle diminue lorsque le taux de recouvrement augmente pour des interactions répulsives, elle augmente au contraire pour des interactions attractives. L'inverse vaut pour l'étape qui se déroule dans le sens de la désorption. Les expressions des constantes de vitesse s'obtiennent, lorsqu'une seule espèce chimique, de taux de recouvrement θ_{X_i}, est présente dans la phase adsorbée, en multipliant l'expression (6) ou (7) de la constante de vitesse de l'étape se déroulant dans le sens de l'adsorption par $\exp[-\alpha_j g \theta_{X_i}(t)]$ et celle qui se déroule dans le sens de la désorption par $\exp[\alpha_j g \theta_{X_i}(t)]$ où α_j est égal à α_{oj} ou α_{rj} selon que l'étape d'électrosorption est une étape d'oxydation ou de réduction.

- Isotherme de Langmuir

L'isotherme de Langmuir, souvent utilisée pour simplifier la mise en équations, suppose que les espèces adsorbées forment à la surface de l'électrode une phase condensée idéale dans laquelle il n'y a pas d'interaction entre les différents adsorbats et que la valeur de g est égale à zéro. Les expressions des constantes de vitesse ne dépendent plus que de la température et de la tension d'électrode et sont alors données par (6) et (7).

2.4. Constantes de vitesse des étapes chimiques en phase adsorbée

Une étape chimique en phase adsorbée se déroule à l'interface électrode | électrolyte sans transfert d'électron. Ses constantes de vitesse ne dépendent plus explicitement de la tension d'électrode mais éventuellement du taux de recouvrement en adsorbat. Lorsque le comportement de la phase adsorbée à l'équilibre est décrit par l'isotherme de Frumkin, les expressions des constantes de vitesse s'écrivent, par exemple pour une réaction mettant en jeu un seul adsorbat, d'ordre un par rapport à θ_{X_i} et qui mène à une adsorption lorsqu'elle se déroule de la gauche vers la droite, par analogie avec ce qui est écrit pour une étape électrochimique, selon :

$$K_{dj}(t) = k_{dj} \exp[-\alpha_{dj}\, g\, \theta_{X_i}(t)] \qquad (8)$$

$$K_{gj}(t) = k_{gj} \exp[\alpha_{gj}\, g\, \theta_{X_i}(t)] \qquad (9)$$

où $\alpha_{dj} + \alpha_{gj} = 1$. Les constantes de vitesse d'une étape chimique ne dépendent plus de la valeur du taux de recouvrement en adsorbat, par contre, lorsque la phase adsorbée est décrite par l'isotherme de Langmuir ($g = 0$). On note alors respectivement k_{dj} la constante de vitesse de la réaction chimique partielle de rang j qui se déroule vers la droite et k_{gj} la constante de vitesse de la réaction partielle qui se déroule vers la gauche.

3. Vitesses de production ou de consommation des espèces électroactives à l'interface électrode | électrolyte

3.1. Espèces électroactives

Lorsqu'une espèce électroactive est consommée à une interface électrode | électrolyte par une réaction électrochimique, sa concentration interfaciale tend à diminuer. Sa vitesse de consommation est égale au nombre de moles d'espèce consommée par unité de temps et de surface d'électrode. Lorsqu'une espèce électroactive est produite à une interface électrode | électrolyte par une réaction électrochimique, sa concentration interfaciale tend à augmenter. Sa vitesse de production est égale au nombre de moles d'espèce produite par unité de temps et de surface d'électrode. Pour l'espèce i et pour l'étape j le nombre de moles d'espèce consommée ou produite, pendant le temps dt et sur la surface S supposée constante, est d'après (2) :

$$dn_{ij}(t) = S s_{ij} v_j(t)\, dt \qquad (10)$$

Il y a production de l'espèce X_i à l'interface dans l'étape de rang j lorsque s_{ij} est positif, consommation dans le cas contraire. Le nombre total de moles d'espèce produite ou consommée à la surface de l'électrode est égale à la somme des contributions des différentes étapes du mécanisme à la production ou à la consommation de cette espèce et pour la $i^{ème}$ espèce elle est donnée par :

$$dn_i(t) = \sum_{j=1}^{R} dn_{ij}(t) = \sum_{j=1}^{R} S s_{ij} v_j(t)\, dt \qquad (11)$$

On définit, d'une manière plus générale, la vitesse de transformation à l'interface d'une espèce consommée ou produite. La vitesse de transformation de la $i^{ème}$ espèce, nombre de moles d'espèce produite ou consommée par unité de temps et de surface d'électrode, est exprimée en mol cm^{-2} s^{-1} selon :

$$v_{X_i}(t) = (1/S)\, dn_i(t)/dt = \sum_{j=1}^{R} s_{ij} v_j(t)\ ;\ i = 1, ..., N \qquad (12)$$

3.2. Espèces électroactives de la phase adsorbée

Les vitesses de transformation des espèces de la phase adsorbée sont directement liées aux équations d'évolution temporelle des concentrations de ces espèces par :

$$v_{X_i}(t) = dX_i(t)/dt = \Gamma\, d\theta_{X_i}(t)/dt = \sum_{j=1}^{R} s_{ij} v_j(t)\ ;\ i = N_v + 1, \ldots, N \quad (13)$$

lorsque la phase adsorbée est une phase homogène, en négligeant les processus de diffusion superficielle et de croissance bidimensionnelle.

3.3. Espèces électroactives volumiques

Il n'existe pas de relation identique à l'Éq. (13) pour les espèces volumiques présentes dans l'électrolyte ou dans le matériau de l'électrode. En effet, la consommation ou la production de ces espèces n'a lieu qu'à l'interface électrode | électrolyte bien qu'elles soient présentes dans tout l'électrolyte ou dans tout le matériau d'électrode. La concentration de chaque espèce volumique n'est pas la même en tout point de sa phase et dépend au moins d'une coordonnée d'espace. Il n'est pas possible d'écrire une équation différentielle d'évolution de cette concentration ne faisant intervenir que des dérivées ordinaires comme pour les espèces de la phase adsorbée et l'évolution de chaque concentration volumique est décrite par des équations aux dérivées partielles.

4. Densités du courant faradique, du courant capacitif, du courant total

La densité du courant relatif à la réaction électrochimique, appelée densité du courant faradique, i_f, et exprimée en A cm^{-2}, qui est égale au courant faradique I_f par unité de surface d'électrode, s'obtient en appliquant la loi de Faraday à toutes les étapes électrochimiques du mécanisme :

$$i_f(t) = I_f(t)/S = F \sum_{j=1}^{R} \pm n_j v_j(t) = F \sum_{j=1}^{R} s_{ej} v_j(t) \quad (14)$$

avec $s_{ej} = \pm\, n_j$. Le signe + ou – est fixé par la convention suivante : un courant d'oxydation est compté positivement, un courant de réduction négativement, mais la convention inverse se rencontre encore parfois. Pour un mécanisme écrit dans le sens de l'oxydation, l'écriture des vitesses de réaction mène à une densité de courant positive ($s_{ej} = n_j$). Lorsqu'une étape du mécanisme est écrite dans le sens de la réduction, il suffit de mettre un signe moins ($s_{ej} = -\, n_j$) devant la vitesse de cette étape de transfert électronique dans l'Éq. (14).

Même en l'absence d'une réaction électrochimique à l'interface électrode | électrolyte, on peut observer, en régime dynamique, le passage d'un courant qui est dû à la modification de la répartition des charges électriques à l'interface. L'interface peut en effet présenter un déficit ou un excès d'électrons du côté de l'électrode et un excès ou un défaut de charges ioniques du coté de l'électrolyte. Il existe à l'interface une double couche électrochimique ou double couche de Helmholtz qui se comporte en première approximation comme un condensateur appelé condensateur de double couche. La densité du courant de charge ou de décharge de ce condensateur s'écrit, lorsque la valeur de sa capacité C_{dc} par unité de surface (exprimée en F cm^{-2}) est supposée indépendante de celle de la tension d'électrode et que l'on néglige la chute ohmique dans l'électrolyte, selon :

$$i_{dc}(t) = I_{dc}(t)/S = C_{dc}\ dE(t)/dt \qquad (15)$$

On admet généralement, pour simplifier, que la densité du courant total, lorsqu'une réaction électrochimique se déroule à l'interface électrode | électrolyte, est égale à la somme des densités du courant faradique et du courant capacitif :

$$i(t) = I(t)/S = i_f(t) + i_{dc}(t) \qquad (16)$$

5. Transport de matière en phase volumique

5.1. Équations du transport de matière

Les espèces chimiques volumiques peuvent se déplacer par migration électrique, diffusion chimique, convection mécanique ou thermique dans l'électrolyte, et éventuellement par migration électrique et/ou diffusion chimique dans le matériau d'électrode lorsqu'une réaction d'insertion est envisagée. La migration électrique est un déplacement de particules chargées créé par un gradient de potentiel électrique, la diffusion chimique est un déplacement d'espèces chargées ou non, créé par un gradient de concentration, et la convection naturelle ou forcée est un transport d'espèces créé par le déplacement naturel ou forcé du milieu.

Le flux moléculaire J_{X_i} (mol cm^{-2} s^{-1}) de transport de l'espèce X_i est le nombre de moles de cette espèce qui traversent par unité de temps une surface unitaire du milieu parallèle à la surface de l'électrode [3] en se plaçant dans le cas d'une électrode plane. Il est égal à la somme du flux de migration $J_{X_i,m}$, du flux de diffusion $J_{X_i,d}$ et de celui de convection $J_{X_i,c}$:

$$J_{X_i} = J_{X_i,m} + J_{X_i,d} + J_{X_i,c} \qquad (17)$$

3. C'est donc en réalité une densité de flux.

L'évolution spatio-temporelle de la concentration volumique de l'espèce X_i dans le milieu où elle est présente est décrite par la relation de bilan local de matière :

$$\partial X_i/\partial t = - \operatorname{div} J_{X_i} + S_{X_i} - P_{X_i} \quad (18)$$

où S_{X_i} et P_{X_i} symbolisent respectivement d'éventuels termes sources ou puits de matière dans la phase volumique correspondant à la production ou la consommation de l'espèce X_i par des réactions chimiques se produisant en volume.

Les équations de transport de matière (17) et (18) se simplifient dans certains cas. Le flux de convection est nul dans un solide par exemple. Le flux de migration d'une espèce neutre est nul. Celui d'une espèce électroactive chargée est négligeable dans un électrolyte liquide devant le flux de diffusion lorsque la concentration de cette espèce est faible et l'électrolyte suffisamment conducteur. Cette condition est vérifiée en ajoutant en forte concentration dans la solution électrolytique un sel dissocié électroinactif, c'est-à-dire qui ne participe pas à la réaction d'électrode. Un tel sel est appelé sel ou électrolyte support, indifférent ou spectateur.

5.2. Équations de la diffusion linéaire (ou linéique)

En absence de convection naturelle ou forcée, le flux de transport d'une espèce X_i produite ou consommée par une réaction électrochimique est égal à son flux de diffusion lorsque la solution électrolytique contient un sel support électroinactif en forte concentration devant celle de l'espèce X_i. Dans le cas d'une électrode plane uniformément accessible, c'est-à-dire lorsque la vitesse de production ou de consommation des espèces est identique en tout point de la surface de l'électrode, la concentration locale de l'espèce électroactive est supposée identique en tout point d'un plan parallèle à la surface de l'électrode. Le problème diffusionnel est ramené à une seule dimension spatiale x. Les équations de transport de matière s'écrivent alors, en absence de réaction chimique volumique :

$$J_{X_i}(x, t) = J_{X_{i,d}}(x, t) = - D_{X_i}\, \partial X_i(x, t)/\partial x \quad (19)$$

$$\partial X_i(x,t)/\partial t = D_{X_i}\, \partial^2 X_i(x,t)/\partial x^2 \quad (20)$$

lorsque la valeur du coefficient de diffusion est supposée invariante avec x et t. Les relations (19) et (20), première et seconde relations de Fick, s'appliquent également aux espèces non chargées qui se déplacent dans le matériau d'électrode.

5.3. Équations de la diffusion-convection

Les équations de transport de matière vers une électrode uniformément accessible s'écrivent, lorsque la solution électrolytique se déplace à la vitesse V(x) perpendiculairement à la surface de l'électrode, contient un sel support en forte concentration, est incompressible, et en absence de réaction chimique en volume, selon :

$$J_{X_i}(x, t) = J_{X_{i,d}}(x, t) + J_{X_{i,c}}(x, t) = - D_{X_i}\, \partial X_i(x, t)/\partial x + V(x)\, X_i(x, t) \quad (21)$$

$$\partial X_i(x, t)/\partial t = D_{X_i}\, \partial^2 X_i(x, t)/\partial x^2 - V(x)\, \partial X_i(x, t)/\partial x \quad (22)$$

5.4. Conditions initiales, conditions aux limites

Les Éq. (19), (20) ou (21) et (22) peuvent être résolues si l'on y adjoint des conditions initiales et aux limites qui dépendent de la nature et de la géométrie du système étudié. Des conditions expérimentales telles que les concentrations initiales des espèces volumiques soient homogènes dans l'électrolyte ou dans le matériau d'électrode sont souvent choisies :

$$X_i(x, 0) = X_i^* \quad (23)$$

Une relation de continuité s'écrit à l'interface électrode | électrolyte pour chacune de ces espèces. Le flux interfacial de transport de l'espèce X_i est égal à sa vitesse de transformation dans la réaction d'électrode ([4]) :

$$J_{X_i}(0, t) = - D_{X_i}\, \partial X_i(x, t)/\partial x_{|x=0} = v_{X_i}(t) = \sum_{j=1}^{R} s_{ij} v_j(t) \quad (24)$$

La deuxième condition limite relative à chacune des espèces volumiques dépend de la géométrie du système étudié et s'écrit, par exemple pour une électrode plane, lorsque l'électrolyte est supposé semi-infini :

$$X_i(\infty, t) = X_i^* \quad (25)$$

ou lorsque la cellule comporte une paroi imperméable à l'espèce X_i à la distance δ_{X_i} de l'interface électrode | électrolyte :

$$J_{X_i}(\delta_{X_i}, t) = 0 \quad (26)$$

ou encore lorsque la concentration de l'espèce X_i est supposée constante à la distance δ_{X_i} de l'interface électrode | électrolyte :

4. L'interface électrode | solution est choisie comme origine de l'axe x orienté vers le sein de la phase volumique dans laquelle se déplace l'espèce chimique considérée. Le choix de la convention inverse mène à un changement de signe dans la condition de continuité.

$$X_i(\delta_{X_i}, t) = X_i^* \tag{27}$$

6. Système général d'équations

Le comportement d'une électrode plane, uniformément accessible, plongée dans une solution électrolytique qui contient les espèces électroactives X_i en faibles concentrations et un sel support dissocié en forte concentration, à la surface de laquelle se déroule une réaction électrochimique comportant les R étapes électrochimiques ou chimiques (au moins une étape électrochimique) :

$$\sum_{i=1}^{N} r_{ij}\, X_i \underset{K'_j}{\overset{K_j}{\longleftrightarrow}} \sum_{i=1}^{N} p_{ij}\, X_i \; + \; s_{ej}\, e \; ; j = 1, \ldots, R \tag{28}$$

est décrit par les relations qui lient la tension E(t) de l'électrode supposée corrigée du terme de chute ohmique dans l'électrolyte, la densité du courant faradique, $i_f(t)$, la densité du courant total, i(t), les concentrations interfaciales des espèces volumiques, $X_i(0, t)$, et les concentrations surfaciques $X_i(t)$ des espèces adsorbées ou leurs taux de recouvrement $\theta_{X_i}(t)$. Le système général d'équations décrivant le comportement du système électrochimique considéré comprend :

- les expressions des vitesses des étapes du mécanisme :

$$v_j(t) = v_{dj}(t) - v_{gj}(t) = K_j \prod_{i=1}^{N} X_i(t)^{r_{ij}} - K'_j \prod_{i=1}^{N} X_i(t)^{p_{ij}} \; ; j = 1, \ldots, R \tag{29}$$

où $X_i(t)$ désigne, pour simplifier, soit la concentration d'un espèce volumique, $X_i(0, t)$ pour $i = 1, \ldots N_v$, soit la concentration surfacique d'une espèce adsorbée, $X_i(t)$ pour $i = N_v + 1, \ldots N$,

- la relation qui lie la densité du courant faradique aux vitesses des étapes élémentaires électrochimiques :

$$i_f(t) = F \sum_{j=1}^{R} s_{ej} v_j(t) \tag{30}$$

- la relation de charge du condensateur de double couche, dont la capacité est supposée indépendante de E :

$$i_{dc}(t) = C_{dc}\, dE(t)/dt \tag{31}$$

- l'expression de la densité du courant total :

$$i(t) = i_f(t) + i_{dc}(t) \qquad (32)$$

- les relations qui expriment les vitesses de transformation (consommation ou production) des espèces électroactives à l'interface, soit pour les espèces volumiques :

$$v_{X_i}(t) = \sum_{j=1}^{R} s_{ij} v_j(t)\ ;\ i = 1, \ldots, N_v \qquad (33)$$

et pour les espèces de la phase adsorbée :

$$dX_i(t)/dt = \Gamma\, d\theta_{X_i}(t)/dt = v_{X_i}(t) = \sum_{j=1}^{R} s_{ij} v_j(t)\ ;\ i = N_v + 1, \ldots, N \qquad (34)$$

- les relations qui décrivent les variations de concentration volumique ([5]) :

$$\partial X_i(x, t)/\partial t = D_{X_i}\, \partial^2 X_i(x, t)/\partial x^2 - V(x)\, \partial X_i(x, t)/\partial x\ ;\ i = 1, \ldots, N_v \qquad (35)$$

munies de leurs conditions limites à l'interface réactionnelle, en supposant les coefficients de diffusion constants et l'axe des abscisses orienté de l'interface électrode | solution électrolytique vers le sein de la phase contenant les espèces :

$$J_{X_i}(0, t) = -D_{X_i}\, \partial X_i(x, t)/\partial x_{|x=0} = v_{X_i}(t) = \sum_{j=1}^{R} s_{ij} v_j(t)\ ;\ i = 1, \ldots, N_v \qquad (36)$$

et des conditions à une certaine distance de l'interface :

$$J_{X_i}(\delta_{X_i}, t) = 0 \text{ ou } X_i(\delta_{X_i}, t) = X_i^* \text{ ou } X_i(\infty, t) = X_i^*\ ;\ i = 1, \ldots, N_v \qquad (37)$$

selon la géométrie du système, et de leurs conditions initiales fixées par les conditions expérimentales d'étude.

5. On suppose dans la suite que les espèces volumiques mises en jeu dans la réaction électrochimique sont des espèces de l'électrolyte chargées ou non et éventuellement des espèces du matériau d'électrode. Pour ces dernières, $V(x) = 0$ en général.

CHAPITRE 2

Énoncés

1. Questions

Question I.1

Qu'est-ce qu'un système électrochimique ? Qu'est-ce qu'une réaction électrochimique ?

Question I.2

De manière générale, quels types d'espèces peuvent participer à des réactions électrochimiques ?

Question I.3

Quel est le but de la cinétique électrochimique ? Quel est celui du génie électrochimique ?

Question I.4

Pour une électrode en état d'équilibre avec une solution, on peut dire que le courant d'électrode est nul. La réciproque est-elle vraie ? Quelles sont les conditions d'équilibre d'une interface électrode | solution en terme de vitesses, de flux et de concentrations ?

Question I.5

En écrivant que la vitesse d'une réaction électrochimique ou d'une étape de réaction est nulle dans les conditions d'équilibre, on obtient obligatoirement une relation thermodynamique. Donner des exemples de telles relations rencontrées en cinétique électrochimique.

Question I.6

Hors équilibre, un anion réagit-il toujours à l'anode d'une cellule électrochimique, un cation réagit-il toujours à la cathode ?

Question I.7

Une électrode uniformément accessible est-elle une électrode dont la surface entière est le siège d'une réaction électrochimique ?

Question I.8

Existe-t-il une différence entre l'expression de la vitesse d'une réaction électrochimique et celle d'une réaction chimique en phase homogène ?

Question I.9

Quelle est la différence entre une réaction bilan et un mécanisme de réaction ? Peut-on appliquer les lois classiques de la cinétique électrochimique (expressions des vitesses des étapes) à une réaction bilan ?

Question I.10

En quoi les constantes de vitesse des réactions électrochimiques diffèrent-elles de celles des réactions chimiques en phase homogène ?

Question I.11

Pour la réaction redox simple (une seule étape) $R \leftrightarrow O + e$ entre espèces R et O dissoutes, on définit la vitesse de la réaction sur une électrode inattaquable, platine par exemple, selon :

$$v(t) = -(1/S)\, dn_R(t)/dt = (1/S)\, dn_O(t)/dt$$

où S est la surface de l'électrode. Les grandeurs $dn_R(t)/dt$ et $dn_O(t)/dt$ représentent-elles les variations instantanées des nombres de moles de R et de O présentes dans la solution électrolytique ? Même question en ce qui concerne le cation Na^+ de l'électrolyte et le sodium dissous dans le mercure, pour la réaction de formation de l'amalgame de sodium :

$$Na^+ + e^- \leftrightarrow ((Na))_{Hg}$$

où la notation $((Na))_{Hg}$ indique Na dissous dans le mercure.

Question I.12

La vitesse de production ou de consommation d'une espèce dans une réaction électrochimique peut-elle être écrite comme la dérivée de la concentration de cette espèce par rapport au temps ?

Question I.13

La concentration interfaciale des électrons intervient-elle dans l'écriture des vitesses des réactions électrochimiques ?

Question I.14

Quelle est la différence entre une réaction (ou étape) inversible et une réaction (ou étape) cinétiquement réversible ? Une réaction (ou étape) inversible peut-elle devenir cinétiquement réversible, cinétiquement irréversible ?

Question I.15

Quelle est la convention des électrochimistes sur le signe du courant d'électrode ?

Question I.16

Toute espèce dissoute participant à une réaction d'électrode est-elle toujours transportée simultanément par diffusion, migration électrique et convection forcée ou naturelle ?

Question I.17

Les flux de diffusion et de migration d'un ion dans une cellule d'électrolyse peuvent-ils être orientés en sens inverse ?

Question I.18

Quel est le rôle d'un sel ou électrolyte support dans une cellule électrochimique ?

Question I.19

Dans quelles conditions peut-on parler de diffusion linéaire semi-infinie ou restreinte d'une espèce participant à une réaction d'électrode ? Quelles autres géométries de diffusion et conditions aux limites peuvent être rencontrées en cinétique électrochimique ?

Question I.20

L'orientation de l'axe des abscisses selon la normale à la surface de l'électrode, de l'interface électrode | solution vers le sein de la solution, ou en sens inverse, a-t-elle une conséquence pour l'écriture des lois de transport de matière dans la solution ? La question se pose-t-elle pour une espèce insérée dans le matériau d'électrode ?

Question I.21

Sur quelle hypothèse est fondée la relation flux de transport, vitesse de consommation ou de production d'une espèce électroactive à l'interface électrode | électrolyte ? Prendre l'exemple de la réaction de formation du dichlore par oxydation anodique de l'ion chlorure.

2. Exercices

Exercice I.1 (Sens du courant, sens de déplacement des espèces)

On oxyde anodiquement un métal M selon :

$$M \leftrightarrow M^{+} + e^{-}$$

Indiquer sur la Fig. 1 le sens du courant et ceux de déplacement des électrons et du cation M^{+}.

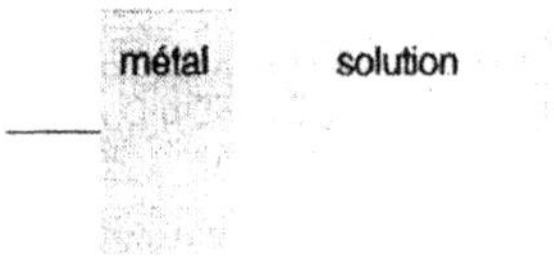

Figure 1 : Schéma métal | solution.

Exercice I.2 (Relations flux, vitesses, densité de courant faradique)

On étudie la réaction d'oxydation d'un métal M, en milieu de sel fondu, selon le mécanisme comportant deux étapes successives de transfert électronique :

$$M \leftrightarrow M^{+} + e^{-} \qquad (1)$$

$$M^{+} \leftrightarrow M^{2+} + e^{-} \qquad (2)$$

et l'on appelle respectivement $v_1(t)$ et $v_2(t)$ les vitesses des deux étapes. L'ion M^{+} est stable dans l'électrolyte fondu. On néglige les variations de surface active de l'électrode au cours de la réaction.

Exprimer en fonction des vitesses des deux étapes les vitesses de production ou de consommation du métal M et des ions M^{2+} et M^{+}, la densité du courant faradique et les flux de transport des ions M^{2+} et M^{+} à l'interface électrode | électrolyte. En déduire la relation qui lie la densité du courant faradique aux flux de transport interfaciaux des deux ions.

Exercice I.3 (État d'équilibre ou de non équilibre sous courant nul)

On considère une solution aqueuse contenant des ions M^{2+} et M^{3+}.

1. On plonge une électrode de carbone vitreux, électrode inattaquable, dans cette solution. Que représente la tension d'abandon de l'électrode si l'on néglige toute réaction parasite ?

2. On plonge une électrode de métal M dans cette même solution. Que représente la tension d'abandon de cette électrode si l'on suppose que $E_{thM^{2+}/M}$, potentiel thermodynamique du couple M^{2+}/M, est très inférieur à $E_{thM^{3+}/M^{2+}}$, potentiel thermodynamique du couple M^{3+}/M^{2+}, et que les cinétiques des systèmes redox M^{3+}/M^{2+} et M^{2+}/M sont comparables ?

Exercice I.4 (Expressions des vitesses des étapes, conditions d'équilibre)

Le mécanisme de Volmer-Heyrovsky de formation du dihydrogène en deux étapes :

$$H^+ + e^- + s \leftrightarrow H,s \qquad (1)$$

$$H^+ + e^- + H,s \leftrightarrow H_2 + s \qquad (2)$$

où s désigne un site libre pour l'adsorption et H,s l'atome d'hydrogène adsorbé, est susceptible de décrire la formation de H_2 par réduction du proton. Écrire les vitesses des deux étapes en fonction des constantes de vitesse et des concentrations des espèces mises en jeu, en faisant l'hypothèse de l'isotherme de Langmuir.

Écrire les conditions d'équilibre pour cette réaction électrochimique et montrer que les paramètres cinétiques des deux étapes ne sont pas indépendants.

Exercice I.5 (Définition erronée d'une vitesse de réaction)

La réaction d'insertion en une seule étape (insertion directe) de l'hydrogène dans un métal, schématisée sur la Fig. 1, s'écrit :

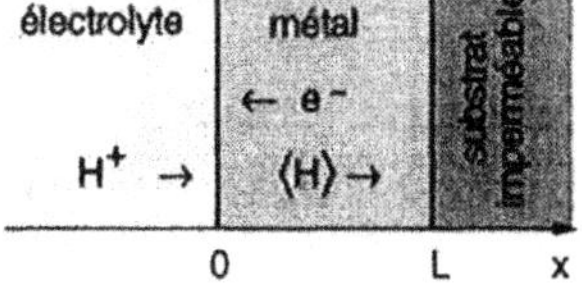

Figure 1 : Schéma de la réaction d'insertion directe de l'hydrogène dans une couche mince métallique plane, d'épaisseur L, déposée sur un substrat imperméable.

$$H^+ + e^- + \langle\ \rangle \leftrightarrow \langle H \rangle$$

où la notation $\langle\ \rangle$ indique un site libre pour l'insertion et $\langle H \rangle$ l'hydrogène atomique inséré dans le métal.

Soit v(t) la vitesse de la réaction d'insertion à l'interface métal | électrolyte et $\langle H \rangle(x, t)$ la concentration volumique de l'hydrogène inséré dans le métal à la distance x de l'interface et au temps t. La relation $v(t) = d\langle H \rangle(0, t)/dt$ a été donnée dans la littérature. Montrer que cette relation est erronée puis la remplacer par une formulation correcte.

Exercice I.6 (Expression erronée d'une équation de transport de matière)

Dans une revue récente consacrée à la diffusion de l'hydrogène dans la membrane métallique d'une cellule à perméation, l'auteur décrit l'évolution de la concentration en hydrogène inséré dans le métal par la relation :

$$\partial\langle H \rangle(x, t)/\partial t_{|x=0} = v_{\langle H \rangle}(t) + D_{\langle H \rangle}\, \partial\langle H \rangle(x, t)/\partial x_{|x=0}$$

où x = 0 désigne l'interface métal | électrolyte et $v_{\langle H \rangle}(t)$ est la vitesse d'insertion de l'hydrogène à cette interface. Montrer que cette relation est erronée puis la remplacer par une formulation correcte (deux relations sont nécessaires) en supposant le transport de l'hydrogène inséré décrit par les équations de Fick.

Exercice I.7 (Équations de transport de matière)

On considère la réaction électrochimique de formation d'un amalgame qui se déroule en une seule étape à l'interface mercure | électrolyte selon :

$$M^+ + e^- \leftrightarrow ((M))_{Hg}$$

où $((M))_{Hg}$ indique le métal M dissous dans le mercure. La solution électrolytique n'est pas agitée, elle contient initialement le cation M^+ en faible concentration et un électrolyte support en forte concentration. L'électrode de mercure et la solution électrolytique sont considérées comme deux phases semi-infinies. On n'atteint pas la concentration de saturation de l'amalgame au cours de l'étude.

1. Écrire les vitesses de production ou de consommation du cation M^+, du métal M dissous et des électrons à l'interface amalgame | électrolyte en fonction de la vitesse de la réaction électrochimique.

2. Donner l'expression de la densité du courant faradique en fonction de cette vitesse.

3. Écrire les équations décrivant le transport du cation M^+ dans l'électrolyte et celui du métal M dissous dans le mercure, en supposant constants les coefficients de diffusion des deux espèces.

4. Établir les conditions limites de transport des espèces M^+ et M.

5. Quelles relations simples lient les pentes des profils de concentration des espèces M^+ et M à l'interface amalgame | électrolyte et la densité du courant faradique ?

Exercice I.8 (Géométrie des cellules et conditions aux limites)

Établir les conditions aux limites du transport par diffusion linéaire des espèces volumiques mises en jeu dans les réactions électrochimiques suivantes pour les cellules de la Fig. 1.

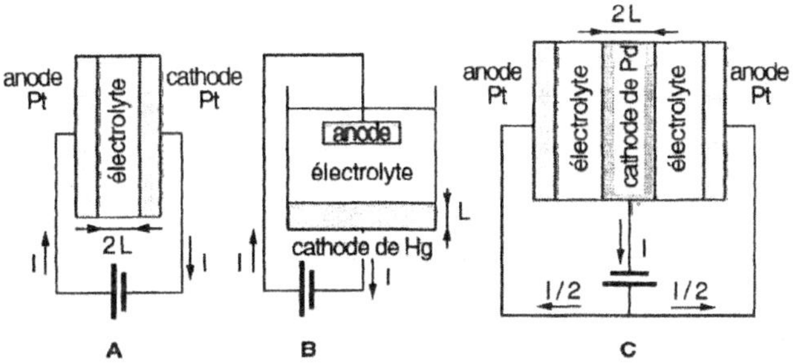

Figure 1 : Schémas de principe des cellules étudiées. (A) cellule à couche mince d'électrolyte, (B) formation d'amalgame, (C) absorption d'hydrogène dans le palladium.

1. Réaction redox $O + e \leftrightarrow R$ (6) entre espèces dissoutes, se déroulant en sens inverse aux deux électrodes d'une cellule à couche mince d'électrolyte d'épaisseur 2 L.

2. Réaction de formation d'un amalgame, $Na^+ + e^- \leftrightarrow ((Na))_{Hg}$, étudiée sur une couche mince de mercure d'épaisseur L.

3. Mécanisme d'absorption (ou d'insertion) de l'hydrogène dans une feuille mince de palladium d'épaisseur 2 L, comportant une étape d'électrosorption du proton à la surface du métal :

$$H^+ + e^- + s \leftrightarrow H,s$$

6. L'électron est noté e- lorsque le bilan de charge apparaît explicitement dans l'écriture de la réaction et e dans le cas contraire.

suivie d'une étape de dissolution de l'hydrogène dans le palladium par passage dans les couches métalliques superficielles :

$$H,s + \langle\ \rangle \leftrightarrow \langle H \rangle + s$$

puis de la diffusion de l'hydrogène atomique dans le métal. L'insertion est réalisée de manière symétrique et à la même vitesse aux deux interfaces (x = 0 et x = 2 L).

3. Problèmes

Problème I.1 (Réaction d'électrosynthèse du dichlore)

Un mécanisme possible d'électrosynthèse du dichlore (mécanisme de Volmer-Heyrovsky) s'écrit :

$$Cl^- + s \leftrightarrow Cl,s + e^-$$

$$Cl^- + Cl,s \leftrightarrow Cl_2 + s + e^-$$

avec comme bilan réactionnel à l'état stationnaire (7) :

$$2\,Cl^- = Cl_2 + 2\,e^-$$

1. Proposer un second mécanisme de formation du dichlore en deux étapes, ne faisant intervenir qu'une seule étape électrochimique et mettant en jeu les mêmes espèces chimiques, la première étape étant inchangée. On étudie cette réaction sur une électrode à disque tournant (EDT) de graphite, plane et uniformément accessible, dans une solution acide concentrée en ions chlorure et contenant initialement un peu de dichlore dissous. On suppose dans la suite du problème que la concentration interfaciale en ions chlorure reste pratiquement constante au cours de l'électrolyse. On suppose également que le courant d'électrolyse est suffisamment faible pour que la concentration interfaciale du dichlore, qui se dissout dans la solution électrolytique, n'atteigne pas la concentration de saturation au-delà de laquelle il y a formation de bulles de dichlore gazeux à la surface de l'électrode. La concentration volumique de Cl_2 au sein de la solution (à distance de l'interface) est supposée constante dans le temps. On choisit l'état d'équilibre comme état initial du système électrochimique.

2. Écrire les vitesses de production ou de consommation des espèces s, Cl,s, Cl_2 et e^- à l'interface graphite | électrolyte en fonction des vitesses des deux étapes du mécanisme.

7. Le signe = désigne l'équation bilan des étapes de la réaction symbolisées par le signe $\leftrightarrow$.

3. Écrire l'expression de la densité du courant faradique en fonction de ces deux vitesses puis celle de la densité du courant total en supposant constante la valeur de la capacité de double couche interfaciale et en négligeant la chute ohmique dans la solution.

4. Écrire les lois d'évolution temporelle des concentrations surfaciques des espèces de la phase adsorbée.

5. Écrire la loi d'évolution spatio-temporelle de la concentration volumique en Cl_2 dans la solution électrolytique et établir les conditions limites sur le transport de cette espèce à l'interface graphite | solution et loin de cette interface.

6. Expliciter les expressions des vitesses des étapes du mécanisme en fonction des paramètres cinétiques de la réaction, des concentrations volumique interfaciales ou des concentrations surfaciques des espèces électroactives et éventuellement de la tension d'électrode, dans le cadre des hypothèses de l'isotherme de Langmuir.

7. Préciser les conditions initiales du système électrochimique.

Problème I.2 (Réaction d'électroinsertion de l'hydrogène dans un métal)

Dans certaines conditions expérimentales, l'hydrogène atomique peut être absorbé (ou inséré) électrochimiquement dans des métaux, tel que le palladium par exemple, à partir du proton en solution. Un mécanisme de réaction d'insertion en deux étapes (insertion indirecte) a été proposé (cf. Ex. I.8, question 3). Il comporte une étape de réduction du proton à l'interface métal | électrolyte avec formation d'hydrogène adsorbé à la surface du métal (étape d'électrosorption) puis une étape de désorption chimique de l'adsorbat par passage dans les couches métalliques superficielles conduisant à la formation d'hydrogène inséré et enfin la diffusion de cet hydrogène dans le métal. Tant que la concentration d'hydrogène inséré reste suffisamment faible, il n'y a pas formation d'hydrure métallique, donc pas de changement de phase, et l'hydrogène inséré peut être considéré comme une espèce dissoute dans le métal. On considère également la concentration du proton comme pratiquement constante à l'interface métal | solution électrolytique (forte concentration initiale et faible densité de courant durant les expériences).

1. Faire un schéma du système électrochimique considéré dans le cas d'une électrode métallique plane et uniformément accessible, où l'axe des abscisses est perpendiculaire à la surface de l'électrode et orienté de l'interface métal | électrolyte vers le sein de l'électrode.

2. Dresser la liste des différentes espèces mises en jeu dans la réaction d'insertion, présentes à l'interface métal | électrolyte ou au sein des phases volumiques.

3. Rappeler les définitions de la vitesse de production ou de consommation de chaque espèce mise en jeu : a) en terme de variation de son nombre de moles et b) lorsque cela est possible, en terme de variation de sa concentration surfacique ou volumique. Indiquer également l'unité de cette vitesse.

4. Écrire les deux étapes de la réaction étudiée.

5. Exprimer les vitesses de production ou de consommation des espèces mises en jeu dans la réaction en fonction des vitesses des deux étapes, dans le cas du régime dynamique, sans expliciter les vitesses en termes de constantes de vitesse et de concentrations d'espèces.

6. Écrire les lois de transport de matière de l'hydrogène inséré dans le métal en supposant constant le coefficient de diffusion de cette espèce. Comment seraient modifiées ces lois si le coefficient de diffusion dépendait explicitement de la concentration de l'hydrogène inséré ?

7. Écrire la condition de continuité flux, vitesse de production de l'hydrogène inséré à l'interface métal | électrolyte. Une seconde condition limite est nécessaire pour résoudre les équations de transport de matière de la question 6. Pourquoi ? Schématiser différents types d'électrodes (électrode semi-infinie, film mince avec condition de diffusion restreinte, électrode bipolaire dans une cellule à perméation d'hydrogène) et écrire les conditions aux limites correspondantes pour le transport de l'hydrogène inséré dans le matériau métallique.

8. Dans l'hypothèse où la tension d'électrode imposée est inférieure à la tension d'équilibre de l'électrode réversible à dihydrogène (ERH), la réaction de formation et de dégagement de dihydrogène à l'interface métal | électrolyte peut se dérouler simultanément à la réaction d'insertion de l'hydrogène atomique dans le métal. L'étape d'électrosorption du proton, dite de Volmer, est commune aux deux réactions simultanées, tandis que la formation du dihydrogène peut être envisagée par électrodésorption (étape d'Heyrovsky) et/ou désorption chimique (étape de Tafel). Écrire le mécanisme réactionnel complet et exprimer les vitesses de transformation des espèces mises en jeu dans les réactions simultanées en fonction des vitesses des différentes étapes dans le cas du régime dynamique, toujours sans expliciter les vitesses en termes de constantes de vitesse et de concentrations d'espèces.

9. On se place à nouveau dans des conditions où H_2 ne peut se former à l'interface métal | électrolyte et où la réaction d'insertion de H dans le métal se déroule donc seule. Dans l'hypothèse où le métal présente des défauts de structure supposés uniformément répartis et où ces défauts se comportent comme des pièges pour l'hydrogène inséré, la diffusion de cette espèce est perturbée, ce qui peut être modélisé comme une réaction chimique entre l'hydrogène inséré mobile dans le métal et les défauts fixes, conduisant à la formation d'hydrogène piégé sur ces défauts. Il s'agit dans ce cas d'un processus de diffusion et réaction couplée dans l'électrode métallique. La présence de cette réaction chimique modifie-t-elle ou non les réponses aux questions 3 à 7 ? Quelles autres formulations sont nécessaires pour compléter le modèle cinétique de la réaction d'insertion en présence de pièges à hydrogène ?

Problème I.3 (Cinétique électrochimique et thermodynamique)

1. La tension d'abandon d'une électrode inattaquable à la surface de laquelle est réalisé l'équilibre redox $Fe^{3+} + e^- \leftrightarrow Fe^{2+}$ est donnée par la relation de Nernst. En déduire la forme la plus générale possible de la vitesse de la réaction redox correspondante, hors équilibre, compatible avec la relation de Nernst. Montrer que l'expression classique utilisée en cinétique électrochimique, où k_o, k_r, α_o et α_r sont supposés indépendants de la tension d'électrode, est un cas particulier de la relation générale précédente.

2. Faire de même pour la réaction d'électrosorption $H^+ + s + e^- \leftrightarrow H,s$ dans l'hypothèse de l'isotherme de Langmuir puis de celle de Frumkin, s désignant un site d'adsorption libre d'adsorbat à la surface de l'électrode et H,s un site occupé par l'hydrogène adsorbé.

Problème I.4 (Réversibilité, irréversibilité cinétique)

On considère à nouveau la réaction d'oxydation d'un métal en une seule étape (cf. Ex. I.1).

1. Écrire les relations qui lient la vitesse de la réaction, la vitesse de production de M^+, le flux de transport interfacial de cet ion et la densité du courant faradique. Soit (I) ce système d'équations.

2. Expliciter la vitesse de la réaction en fonction des constantes de vitesse d'oxydation et de réduction et de la concentration interfaciale de l'ion M^+.

3. Quelles éventuelles modifications doivent être apportées au système d'équations (I) dans l'hypothèse où :

- la réaction est cinétiquement irréversible dans le sens de l'oxydation,
- la réaction est cinétiquement réversible.

4. On considère ensuite le mécanisme d'oxydation d'un métal en deux étapes de l'Ex. I.2. Écrire les relations flux, vitesses des étapes, densité du courant faradique puis exprimer les vitesses des étapes en fonction des constantes de vitesse et des concentrations volumiques des ions M^+ et M^{2+}. Soit (II) ce système d'équations. Quelles modifications doivent être apportées aux équations précédentes dans l'hypothèse où :

- la première étape est cinétiquement réversible et la seconde irréversible dans le sens de l'oxydation,
- les deux étapes sont cinétiquement réversibles.

Problème I.5 (Relations flux, courant pour un mécanisme multi-étapes)

Soit une électrode métallique plane, uniformément accessible, dans une solution électrolytique contenant des espèces, en faibles concentrations, susceptibles de réagir électrochimiquement à l'interface électrode | électrolyte et un sel support en forte concentration.

1. Montrer que, pour toute réaction électrochimique comportant une seule étape, il y a proportionnalité à tout instant entre la densité du courant faradique et la pente, à x = 0, du profil concentration volumique, distance à l'interface pour chaque espèce volumique mise en jeu dans la réaction d'électrode.

2. Indiquer dans quelle condition la relation de proportionnalité précédente s'applique en régime dynamique à une espèce volumique X_i produite ou consommée par une réaction multi-étapes du type :

$$\sum_{i=1}^{N} r_{ij} X_i \leftrightarrow \sum_{i=1}^{N} p_{ij} X_i \pm n_j e \; ; j = 1, \ldots, R$$

où N désigne le nombre total d'espèces mises en jeu dans la réaction et R le nombre d'étapes. On pose $s_{ij} = p_{ij} - r_{ij}$ et $s_{ej} = \pm n_j$.

3. Donner des exemples de mécanismes réactionnels multi-étapes dont les espèces volumiques vérifient ou ne vérifient pas la condition précédente (considérer par exemple les mécanismes présentés dans les exercices et problèmes précédents).

CHAPITRE 3

Corrigés

1. Corrigés des questions

Question I.1

Une chaîne électrochimique est formée de l'association de conducteurs électroniques et de conducteurs ioniques, par exemple générateur électrochimique (pile, accumulateur) ou cellule d'électrolyse (Fig. 1). Une électrode (système électrochimique le plus simple) est formée d'un conducteur électronique, métal ou composé métallique conducteur ou semi-conducteur, au contact d'un conducteur ionique ou électrolyte. Une cellule électrochimique (système électrochimique plus complexe) comprend au moins deux électrodes. Une réaction qui met en jeu un transfert d'électrons entre le métal d'électrode et une espèce de l'électrolyte est une réaction électrochimique ou réaction d'électrode.

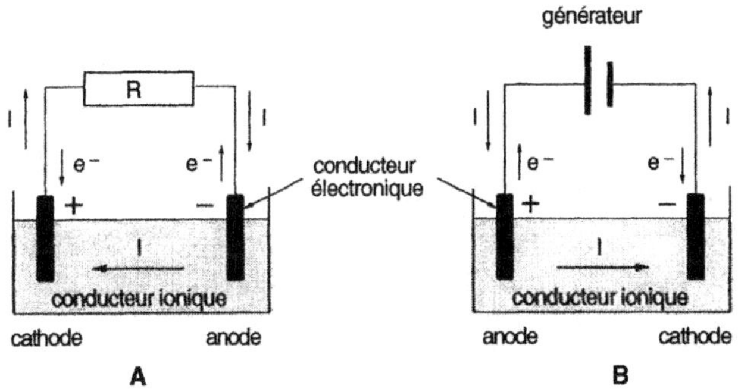

Figure 1 : Schémas de fonctionnement d'une chaîne électrochimique. (A) générateur électrochimique (pile, accumulateur en décharge) ; (B) récepteur électrochimique (électrolyseur, accumulateur en charge).

Une réaction électrochimique peut comporter une ou plusieurs étapes. Elle comprend au moins une étape de transfert électronique entre l'électrode et des espèces de l'électrolyte (par exemple $Fe(CN)_6^{3-} + e^- \leftrightarrow Fe(CN)_6^{4-}$) ou en phase adsorbée (par exemple $H^+ + s + e^- \leftrightarrow H,s$ où s désigne un site libre d'adsorption à la surface de l'électrode et H,s un atome d'hydrogène adsorbé). Le mécanisme réactionnel peut comporter également des étapes chimiques à l'interface (par exemple $2\ Cl,s \leftrightarrow Cl_2 + 2\ s$) ou au sein de la solution électrolytique ou de l'électrode (réactions chimiques couplées en volume ([8])).

Question I.2

Une réaction électrochimique est une réaction hétérogène qui a lieu à l'interface entre des phases différentes. Les réactifs et les produits peuvent être, outre les électrons, le métal d'électrode, un sel peu soluble, un oxyde, ou des espèces dissoutes, ions ou molécules de la solution électrolytique, gaz dissous, espèces insérées dans le matériau d'électrode. Des intermédiaires réactionnels peuvent intervenir dans le mécanisme de réaction, espèces dissoutes dans l'électrolyte ou l'électrode ou espèces adsorbées à la surface de l'électrode.

Question I.3

L'élaboration et l'étude des mécanismes réactionnels, la détermination des relations courant, tension d'électrode, la mesure des paramètres cinétiques des réactions et des coefficients de diffusion des espèces volumiques sont les buts de la cinétique électrochimique. À cette fin, le système d'étude des cinéticiens est simplifié au maximum. Le plus souvent l'électrode est plane, uniformément accessible, les conditions de transport de matière sont bien définies, la température est contrôlée, etc.

La conception et l'optimisation de systèmes de production industrielle est l'objet du génie électrochimique. Les réacteurs électrochimiques sont plus complexes que les cellules des cinéticiens. Ils utilisent des électrodes poreuses, divisées, etc., et les mécanismes de transport par circulation de gaz, convection thermique ou mécanique, etc., sont plus complexes que dans les cellules des cinéticiens.

Toutefois, la séparation entre cinétique électrochimique et génie électrochimique est parfois arbitraire.

8. Les réactions chimiques au sein des phases volumiques ne sont pas prises en compte dans ce recueil, sauf indication contraire.

Question I.4

La réciproque n'est pas vraie. Une électrode à l'abandon peut être le siège de réactions d'oxydoréduction spontanées. Dans ce cas, au moins une réaction d'oxydation et une de réduction se déroulent simultanément à la surface de l'électrode, de telle manière que la somme des courants partiels soit nulle. On peut citer comme exemple le cas d'électrodes métalliques (Fe, Zn, etc.) se corrodant sous l'action d'un oxydant (H^+, O_2, etc.), du dépôt de métaux par cémentation (Ag sur Cu, Cu sur Zn, etc.), etc.

Pour une réaction d'électrode à l'équilibre, la vitesse de chaque étape du mécanisme réactionnel est nulle, ainsi que la vitesse de transformation de chaque espèce électroactive, et le flux de transport de chaque espèce électroactive volumique est égal à zéro à l'interface électrode | solution. Les concentrations de ces espèces sont constantes au sein de l'électrolyte et éventuellement de l'électrode lorsque qu'une réaction d'insertion est envisagée.

Question I.5

Des exemples sont la loi de Nernst pour une réaction de transfert électronique entre électrode et espèces de l'électrolyte, une isotherme d'adsorption ou d'insertion pour une réaction mettant en jeu des espèces adsorbées ou insérées, respectivement, la loi d'action de masse enfin pour les étapes chimiques couplées se déroulant en phase volumique.

Question I.6

Un anion, ion chargé négativement, migre vers l'anode d'une cellule électrochimique sous l'effet du champ électrique. Par contre, toute espèce réductrice, anion (par exemple Cl^-), cation (par exemple Fe^{2+}), ou molécule neutre (par exemple H_2O), est susceptible d'être oxydée à l'anode d'une cellule électrochimique. De même un cation, ion chargé positivement, migre vers la cathode d'une cellule électrochimique où toute espèce oxydante, anion (par exemple $Fe(CN)_6^{3-}$), cation (par exemple Fe^{3+}) ou molécule neutre (par exemple O_2), est susceptible d'être réduite.

Question I.7

La réponse oui est incomplète. Une électrode est dite uniformément accessible lorsque la vitesse de la réaction qui se déroule à sa surface est la même en tous les points de cette surface ([9]). Les électrodes dites "tachées",

9. Les exercices de ce recueil sont limités aux électrodes uniformément accessibles, sauf indication contraire.

c'est-à-dire qui présentent à leur surface des zones actives et des zones inactives, ainsi que les électrodes formées de l'assemblage de différents matériaux, ne sont pas des électrodes uniformément accessibles.

Question I.8

La définition de la vitesse de réaction en terme de variation de nombre de moles est commune aux réactions chimiques et électrochimiques. Toutefois, une réaction électrochimique est une réaction hétérogène et sa vitesse est en général rapportée à l'unité de surface d'électrode ([10]) alors que la vitesse est rapportée à l'unité de volume pour une réaction chimique se déroulant au sein d'une phase homogène volumique. La vitesse d'une réaction électrochimique dépend de la nature de l'interface électrode | électrolyte, de la tension d'électrode, de la température et des concentrations des espèces électroactives à l'interface.

Question I.9

Comme pour une réaction chimique, on distingue pour une réaction électrochimique le mécanisme réactionnel du bilan de la réaction. Le bilan tient compte des réactifs et des produits de la réaction, le mécanisme décrit la succession des transformations chimiques ou électrochimiques élémentaires que subissent les différentes espèces qui interviennent dans la réaction.

Prenons l'exemple de la réaction de formation du dihydrogène selon le mécanisme de Volmer-Heyrovsky, comportant une étape d'électrosorption suivie d'une étape d'électrodésorption :

$$H^+ + s + e^- \leftrightarrow H,s$$

$$H^+ + H,s + e^- \leftrightarrow H_2 + s$$

Le bilan de cette réaction s'écrit :

$$2\,H^+ + 2\,e^- = H_2$$

dans l'hypothèse du régime stationnaire sur la concentration surfacique de l'adsorbat H,s, régime pour lequel les vitesses des deux étapes sont égales ([11]). L'expression de la vitesse en fonction des constantes de vitesse et des concentrations interfaciales des espèces mises en jeu, élevées aux puissances de leurs coefficients stœchiométriques, n'est applicable qu'aux étapes élémentaires du mécanisme.

10. Les surfaces des électrodes sont supposées constantes dans ce recueil.

11. La notion de bilan réactionnel ne peut être utilisée lorsque les vitesses des deux étapes de cette réaction sont différentes en régime dynamique.

Question I.10

Une constante de vitesse de réaction ou d'étape d'une réaction chimique dépend de la température alors qu'une constante ([12]) de vitesse de réaction ou d'étape de réaction électrochimique dépend de la température et de la tension de l'électrode à la surface de laquelle se déroule la réaction.

Question I.11

La réponse est "cela dépend". $dn_R(t)/dt$ et $dn_O(t)/dt$ représentent les variations instantanées des quantités de R et O dues à la réaction qui se déroule à la surface de l'électrode considérée. Si l'espèce R réagit uniquement à l'anode de la cellule électrochimique, c'est-à-dire si la réaction cathodique ne met pas en jeu R, $dn_R(t)/dt$ est bien la variation instantanée du nombre total de moles de R dans la solution électrolytique. Si, par contre, R réagit ou est produit simultanément aux deux électrodes de la cellule d'électrolyse, il convient de distinguer les variations dues aux réactions se déroulant à la surface de l'anode (a) et de la cathode (c) de la cellule :

$$dn_R(t)/dt|_{total} = dn_R(t)/dt|_a + dn_R(t)/dt|_c$$

Dans le cas particulier où la réaction $R \leftrightarrow O + e$ se déroule seule à l'anode et la réaction inverse $O + e \leftrightarrow R$ se déroule seule à la cathode, alors :

$$dn_R(t)/dt|_a = -\, dn_R(t)/dt|_c$$

et le nombre total de moles de R reste constant dans la solution. Il en est alors de même pour l'espèce O. Dans tous les cas, la relation :

$$v(t) = -\,(1/S)\, dn_R(t)/dt = (1/S)\, dn_O(t)/dt$$

est utilisée par la suite au sens de vitesse de réaction et variation du nombre de moles relatives à l'électrode de travail de la cellule électrochimique.

Pour la réaction de formation d'un amalgame de sodium on peut écrire :

$$v(t) = -\,(1/S)\, dn_{Na^+}(t)/dt = (1/S)\, dn_{((Na))}(t)/dt$$

Le nombre de moles de cation Na^+ dans l'électrolyte dépend uniquement de la réaction cathodique si l'on utilise une anode en métal inattaquable (Pt par exemple) et $dn_{((Na))}(t)/dt$ est bien la variation du nombre total de moles de Na dissous dans le mercure puisque la réaction de réduction interfaciale est la seule source possible de sodium.

12. Le terme de constante de vitesse est consacré par l'usage, bien que cette constante varie avec la température et la tension d'électrode.

Question I.12

La vitesse de production ou de consommation d'une espèce dans une réaction électrochimique est rapportée à l'unité de surface de l'interface où se déroule la réaction. Cette vitesse s'exprime en mol cm^{-2} s^{-1} (13).

La réponse à la question est oui s'il s'agit d'une espèce adsorbée à la surface de l'électrode. On définit alors la concentration surfacique (mol cm^{-2}) de l'espèce X_i selon $X_i(t) = \Gamma\theta_{X_i}(t)$ où Γ est la densité de sites recouverts ou non par l'espèce adsorbée et $\theta_{X_i}(t)$ le taux de recouvrement de la surface de l'électrode par l'adsorbat X_i. La vitesse de production ou de consommation de cet adsorbat est alors :

$$v_{X_i}(t) = dX_i(t)/dt = \Gamma\ d\theta_{X_i}(t)/dt$$

La réponse est non s'il s'agit d'un espèce susceptible de se déplacer dans une phase volumique, électrolyte ou électrode. Dans le cas du régime dynamique, la concentration volumique (mol cm^{-3}) de l'espèce X_i est de manière générale fonction de la distance à l'interface électrode | électrolyte et du temps, $X_i(x, t)$, en se plaçant dans le cas d'une électrode plane et d'une seule coordonnée d'espace. La vitesse de production ou de consommation d'une espèce volumique est alors proportionnelle à la dérivée par rapport au temps d'une intégrale par rapport à la distance à l'interface (cf. Ex. I.5). Cette vitesse est aussi égale au flux de transport de l'espèce X_i dans la phase volumique écrit à l'interface électrode | électrolyte :

$$v_{X_i}(t) = \pm\ J_{X_i}(0, t)$$

expression de la relation de continuité flux, vitesse de production ou de consommation de l'espèce X_i à l'interface, où la présence du signe ± est discutée dans la Qu. I.20.

Question I.13

Classiquement, lorsque l'électrode est un métal, la concentration des électrons à l'interface métal | solution est considérée comme constante et, dès lors, n'intervient pas explicitement dans l'expression de la vitesse de la réaction. Dans certains cas, lorsque l'électrode est un semi-conducteur, la concentration des électrons peut varier à l'interface semi-conducteur | solution et intervient alors sur la cinétique de la réaction.

13. L'utilisation des multiples et sous-multiples des unités légales est légale. Il n'est donc pas obligatoire d'exprimer les longueurs en m. L'ordre de grandeur des dimensions en cinétique électrochimique est le cm, unité de longueur utilisée dans ce recueil.

Question I.14

Une réaction (ou étape) inversible est une réaction (ou étape) qui se déroule simultanément dans les deux sens. La vitesse globale de réaction ou d'étape s'écrit alors :

$$v(t) = v_d(t) - v_g(t)$$

où $v_d(t)$ et $v_g(t)$ sont les vitesses des réactions partielles se déroulant vers la droite ou vers la gauche, dans le sens de l'écriture de la réaction globale.

Selon les conditions expérimentales d'étude, une vitesse partielle peut devenir très grande par rapport à l'autre ou les deux vitesses partielles peuvent devenir voisines et très grandes devant leur différence.

Une réaction ou étape est dite cinétiquement irréversible vers la droite lorsque $v_d(t) >> v_g(t)$ entraînant :

$$v(t) \approx v_d(t)$$

Dans ce cas, l'expression de la vitesse globale se trouve simplifiée.

Une réaction ou étape est dite cinétiquement réversible lorsque $v_d(t) >> v(t)$ et $v_g(t) >> v(t)$, et donc :

$$v_d(t) \approx v_g(t)$$

En remplaçant ≈ par =, par passage à la limite, la condition précédente mène à une expression identique à une loi thermodynamique (loi de Nernst, isotherme d'adsorption ou d'insertion, etc., selon le type de réaction ou d'étape considérée) mais écrite hors équilibre (cf. Ex. II.5).

Une réaction ou étape inversible peut devenir, selon ses conditions d'étude, cinétiquement réversible ou irréversible (cf. Qu. II.19). Une réaction ou étape non inversible, c'est-à-dire qui ne peut se dérouler que dans un seul sens, est toujours cinétiquement irréversible.

Question I.15

Dans une cellule électrochimique en fonctionnement (Fig. 1, corrigé de la Qu. I.1), le même courant traverse les deux électrodes, anode et cathode. Les électrochimistes attribuent cependant un signe différent au courant d'électrode selon que des électrons sont produits ou consommés par la (ou les) réaction(s) électrochimique(s). Le courant correspondant à une réaction d'oxydation est compté positivement, alors que celui correspondant à une réaction de réduction est compté négativement. Cette convention tend à se généraliser, mais la convention inverse est encore parfois utilisée.

Question I.16

Toute espèce, ion ou molécule, participant à une réaction d'électrode, espèce parfois appelée espèce électroactive, est transportée par diffusion dès lors que sa concentration interfaciale diffère de celle qu'elle a au sein de la solution. Les espèces chargées sont, par contre, les seules transportées par migration électrique. Toute espèce présente dans un milieu liquide agité, réagissant ou non à l'interface, peut être transportée par convection forcée ou naturelle.

Question I.17

Le flux de diffusion est orienté en sens inverse du gradient de concentration. Le flux de migration s'effectue dans le sens du champ électrique pour un cation, en sens inverse pour un anion, le champ dans la solution électrolytique étant orienté de l'anode vers la cathode de la cellule électrochimique.

Dans le cas de la réduction de l'anion $Fe(CN)_6^{3-}$ par exemple, la diffusion s'effectue du sein de la solution vers l'interface électrode | électrolyte où l'ion est consommé par réduction, alors que la migration éloigne les anions de l'interface. La diffusion et la migration coopèrent, par contre, au transport de l'anion $Fe(CN)_6^{4-}$ dans le cas de son oxydation anodique. Un raisonnement identique pourrait être fait pour les cations Fe^{2+} et Fe^{3+} respectivement oxydés anodiquement et réduits cathodiquement.

Question I.18

Un sel ou électrolyte support joue plusieurs rôles. Il augmente la conductivité électrique de la solution dans laquelle on le dissout et permet ainsi de diminuer la chute ohmique dans la solution. Il sert également de tampon de force ionique. Pour ce qui intéresse la cinétique électrochimique, son utilisation permet, par exemple, de négliger les flux de migration des espèces électroactives devant ceux de diffusion et de convection, pourvu que les concentrations de ces espèces soient faibles devant celles de l'électrolyte support.

Question I.19

Le terme de diffusion linéaire semi-infinie implique que le transport de matière a lieu exclusivement ou de manière prépondérante par diffusion, que la diffusion a lieu selon la normale à une interface plane et que la phase volumique considérée est semi-infinie à l'échelle de temps de la mesure, c'est-à-dire que les concentrations des espèces électroactives sont invariantes lorsque l'on s'éloigne suffisamment de l'interface (concentration(∞, t) = cte).

Une diffusion linéaire restreinte implique les deux premières conditions précédentes ainsi que l'existence d'une surface imperméable à l'espèce considérée (flux = 0) à une distance finie de l'interface.

Une autre condition à la limite possible en cinétique électrochimique est une concentration d'espèce électroactive constante à distance finie de l'interface. On rencontre également parfois des systèmes électrochimiques à symétrie cylindrique ou sphérique avec les différentes conditions aux limites précédentes ([14]).

Question I.20

Cette orientation n'a aucune importance pour les lois de bilan de matière au sein des phases volumiques. Par contre, l'écriture de la relation de continuité flux, vitesse de transformation d'une espèce électroactive écrite à l'interface électrode | électrolyte dépend de l'orientation. L'écriture :

$$J_{X_i}(0, t) = v_{X_i}(t)$$

implique que l'axe des abscisses soit orienté de l'interface (x = 0) vers le sein de la phase contenant l'espèce X_i, espèce présente dans la solution électrolytique ou dans le matériau d'électrode. Une orientation en sens inverse entraîne l'écriture suivante :

$$J_{X_i}(0, t) = - v_{X_i}(t)$$

Question I.21

Soit l'exemple de la réaction de formation du dichlore par oxydation anodique de l'ion chlorure. L'équation $J_{Cl^-}(0, t) = v_{Cl^-}(t)$ est toujours valide. Par contre la relation de continuité $J_{Cl_2}(0, t) = v_{Cl_2}(t)$ suppose à priori que Cl_2 formé est entièrement dissous dans la solution électrolytique. Cette relation ne s'applique plus lorsque la solution est saturée en dichlore et que des bulles de Cl_2 gazeux se forment à la surface de l'électrode (cf. Pb. III.1).

2. Corrigés des exercices

Exercice I.1 (Sens du courant, sens de déplacement des espèces)

Lorsqu'on oxyde anodiquement un métal M selon :

$$M \leftrightarrow M^+ + e^-$$

14. Les exercices et problèmes de ce recueil sont limités au cas de la symétrie plane, sauf indication contraire.

des ions M^+ sont produits à l'interface métal | solution ainsi que des électrons. Les ions M^+ sont injectés dans la solution électrolytique. Ils se déplacent du lieu de l'interface électrode | électrolyte où ils sont produits vers le sein de la solution. Il y a donc globalement un flux d'espèces de l'électrode vers le sein de la solution (Fig.1). Les électrons produits lors de la réaction d'oxydation ne peuvent se déplacer dans la solution, ils s'échappent dans le circuit électrique extérieur. Le sens conventionnel du courant est en sens inverse du déplacement des électrons et le courant I se dirige donc du circuit extérieur vers l'anode (Fig. 1). I est alors compté positivement à la surface de cette électrode en utilisant la convention des électrochimistes.

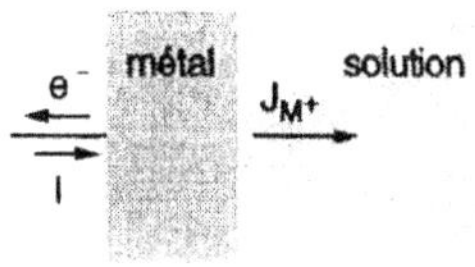

Figure 1 : Schéma électrode | solution pour la réaction M ↔ $M^+ + e^-$ se déroulant dans le sens de l'oxydation.

Exercice I.2 (Relations flux, vitesses, densité de courant faradique)

Le métal M est le réactif. Il est consommé dans la première étape. Son coefficient stœchiométrique est pris égal à – 1 ([15]) et sa vitesse de consommation est :

$$v_M(t) = - v_1(t)$$

L'ion M^+ est un intermédiaire réactionnel formé par la première étape et consommé dans la seconde avec des coefficients stœchiométriques égaux à + 1 et – 1 respectivement. Sa vitesse de transformation s'écrit :

$$v_{M^+}(t) = v_1(t) - v_2(t)$$

L'ion M^{2+} est produit dans la seconde étape et :

$$v_{M^{2+}}(t) = v_2(t)$$

Les deux étapes de la réaction se déroulent dans le sens de l'oxydation et la vitesse de production d'électrons est :

$$v_{e^-}(t) = v_1(t) + v_2(t)$$

d'où l'on déduit l'expression de la densité du courant faradique :

15. Par convention les coefficients stœchiométriques des réactifs sont pris négatifs, ceux des produits sont pris positifs.

$$i_f(t) = Fv_{e^-}(t) = F[v_1(t) + v_2(t)]$$

Il y a continuité à l'interface électrode | sel fondu entre la vitesse de transformation de chaque espèce participant à la réaction électrochimique et le flux de transport de matière de cette espèce pris à x = 0. Si l'on oriente l'axe des abscisses selon la normale à la surface de l'électrode, de l'interface électrode | sel fondu vers le sein du sel fondu, cette relation de continuité s'écrit (cf. Qu. I.20) : $v_{X_i}(t) = J_{X_i}(0, t)$, soit pour les ions M^+ et M^{2+} :

$$v_{M^+}(t) = J_{M^+}(0, t) \; ; \; v_{M^{2+}}(t) = J_{M^{2+}}(0, t)$$

Des expressions précédentes, on tire la relation qui lie la densité du courant faradique aux flux de transport interfaciaux des ions M^+ et M^{2+} :

$$i_f(t) = F[J_{M^+}(0, t) + 2\, J_{M^{2+}}(0, t)]$$

Exercice I.3 (État d'équilibre ou de non équilibre sous courant nul)

1. En négligeant toute réaction parasite à l'interface carbone vitreux | solution, la tension d'abandon de l'électrode est une tension d'équilibre égale au potentiel thermodynamique du couple M^{3+}/M^{2+}, donné par la relation de Nernst, à condition toutefois que la constante standard de vitesse du couple redox ne soit pas trop faible (cinétique "rapide").

2. Compte tenu de la position relative des potentiels thermodynamiques des couples redox M^{3+}/M^{2+} et M^{2+}/M, la corrosion du métal M par le cation M^{3+} est prévisible thermodynamiquement selon le bilan réactionnel :

$$M + 2\, M^{3+} = 3\, M^{2+}$$

L'électrode n'est pas dans un état d'équilibre et sa tension d'abandon est une tension mixte comprise entre les potentiels thermodynamiques des couples M^{3+}/M^{2+} et M^{2+}/M. La valeur de cette tension dépend de l'écart des potentiels thermodynamiques et des cinétiques des deux réactions se déroulant simultanément à l'interface :

$$M^{3+} + e^- \leftrightarrow M^{2+} \; ; \; M \leftrightarrow M^{2+} + 2\, e^-$$

Exercice I.4 (Expressions des vitesses des étapes, conditions d'équilibre)

Les vitesses s'écrivent, en faisant l'hypothèse de l'isotherme de Langmuir et en se souvenant que $\theta_s(t) + \theta_H(t) = 1$ [16] :

16. Pour simplifier, la notation θ_X est utilisée dans ce recueil au lieu de $\theta_{X,s}$, taux de recouvrement de l'adsorbat X,s. Il en est de même pour la vitesse de transformation de cette espèce, notée $v_X(t)$ au lieu de $v_{X,s}(t)$.

$$v_1(t) = K_{r1}(t)H^+(0, t)\Gamma[1 - \theta_H(t)] - K_{o1}(t)\Gamma\theta_H(t)$$

$$v_2(t) = K_{r2}(t)H^+(0, t)\Gamma\theta_H(t) - K_{o2}(t)H_2(0, t)\Gamma[1 - \theta_H(t)]$$

où $H_2(0, t)$ est la concentration en dihydrogène dissous dans la solution électrolytique à l'interface, avec :

$$K_{ri}(t) = k_{ri} \exp [- \alpha_{ri} f E(t)] \ ; i = 1, 2$$

$$K_{oi}(t) = k_{oi} \exp [\alpha_{oi} f E(t)] \ ; i = 1, 2$$

$$f = F/(RT) \ ; \alpha_{oi} + \alpha_{ri} = 1 \ ; i = 1, 2$$

Dans les conditions d'équilibre où $v_{1,éq} = v_{2,éq} = 0$, $H^+_{éq} = H^{+*}$ et $H_{2,éq} = H_2^*$ (17), on retrouve l'expression de l'isotherme de Langmuir :

$$\theta_{H,éq}/(1 - \theta_{H,éq}) = (k_{r1}H^{+*}/k_{o1}) \exp (- fE_{éq}) = [k_{o2}H_2^*/(k_{r2}H^{+*})] \exp (fE_{éq})$$

d'où l'on déduit l'expression de la relation de Nernst appliquée au couple redox H^+/H_2 :

$$E_{éq} = E_{th,H+/H2} = (2f)^{-1} \ln [k_{r1}k_{r2}(H^{+*})^2/(k_{o1}k_{o2}H_2^*)]$$

puis celle du potentiel standard correspondant, écrite en considérant H_2 à l'état de gaz :

$$E°_{H+/H2} = (2f)^{-1} \ln [k_{r1}k_{r2}c°/(k_{o1}k_{o2}K_{H2})]$$

où :

$$K_{H2} = (H_2^*/c°)/(P_{H2}/P°)$$

est la constante de Henry relative à l'équilibre de solubilité de H_2, c° et P° représentent respectivement la concentration standard (c° = 1 mol L^{-1}) d'une espèce dissoute et la pression standard (P° = 1 bar) d'un gaz et les coefficients d'activité de H^+ et de fugacité de H_2 sont pris égaux à un pour simplifier (18). Ce potentiel est nul par convention. Il a été choisi comme origine de l'échelle des potentiels thermodynamiques d'oxydoréduction. Les paramètres cinétiques des deux étapes du mécanisme de Volmer-Heyrovsky sont donc liés par la relation :

$$k_{r1}k_{r2}c° = k_{o1}k_{o2}K_{H2}$$

17. La notation X* indique la concentration d'une espèce dissoute à l'instant initial et/ou au sein d'une phase volumique loin de l'interface (milieu semi-infini).

18. Il en sera de même dans la suite de ce recueil.

Exercice I.5 (Définition erronée d'une vitesse de réaction)

Écrire une équation aux dimensions permet de répondre directement à la question posée. Une vitesse de réaction électrochimique est rapportée à l'unité de surface d'électrode et a pour unité mol cm^{-2} s^{-1}. La dérivée par rapport au temps d'une concentration volumique, d⟨H⟩(0, t)/dt par exemple, s'exprime en mol cm^{-3} s^{-1}. Les deux membres de l'équation de l'énoncé n'ont donc pas les mêmes dimensions. Cette équation est erronée.

Dans le cas du régime dynamique, la concentration de l'hydrogène inséré dans le métal (Fig. 1 de l'énoncé) est de manière générale fonction de la distance à l'interface métal | électrolyte et du temps, soit ⟨H⟩(x, t). Le nombre de moles d'hydrogène présentes dans le métal au temps t est donné par l'intégrale :

$$n_{<H>}(t) = S \int_0^L \langle H\rangle(x, t)\, dx \qquad (1)$$

où S est la surface de l'électrode et L l'épaisseur de la couche mince métallique plane. En utilisant la définition de la vitesse d'insertion à l'interface métal | électrolyte :

$$v(t) = (1/S)\, dn_{\langle H\rangle}(t)/dt \qquad (2)$$

il vient d'après (1) et (2) :

$$v(t) = d[\int_0^L \langle H\rangle(x, t)\, dx]/dt \qquad (3)$$

expression qui en aucun cas ne peut être réduite à celle proposée dans la littérature. v(t) peut être définie, par contre, comme la dérivée temporelle de la valeur moyenne de concentration dans le film métallique, multipliée par L. Par ailleurs il y a continuité à l'interface métal | électrolyte (côté métal) entre la vitesse d'insertion de l'hydrogène et son flux de diffusion écrit à x = 0 (cf. Qu. I.20) :

$$v(t) = v_{\langle H\rangle}(t) = J_{\langle H\rangle}(0, t) = - D_{\langle H\rangle}\, \partial\langle H\rangle(x, t)/\partial x_{|x=0} \qquad (4)$$

Dans le cas particulier d'une insertion homogène, c'est-à-dire dans des conditions expérimentales telles que la concentration en hydrogène inséré soit pratiquement indépendante de la coordonnée d'espace dans le métal, cette concentration peut être notée :

$$\langle H\rangle(x, t) \approx \langle H\rangle(t)\ ;\ x \in [0, L] \qquad (5)$$

et la vitesse d'insertion réécrite en utilisant (3) et (5) selon :

$$v(t) \approx L\, d\langle H\rangle(t)/dt \qquad (6)$$

Même dans le cas de l'insertion homogène, la relation précédente diffère de celle de la littérature.

Pour finir, notons que l'hypothèse d'une insertion homogène entraîne, d'après (4) et (5), que le gradient de concentration, le flux de diffusion interfacial et la vitesse d'insertion tendent vers zéro. Ce cas limite est observé, par exemple, pour de très faibles vitesses de balayage en tension lorsque la cinétique de la réaction d'insertion est étudiée par voltampérométrie à balayage linéaire en tension et, de même, pour les très faibles pulsations dans le cas de la spectroscopie d'impédance (cf. Exercices de Cinétique Électrochimique. Régime dynamique).

Exercice I.6 (Expression erronée d'une équation de transport de matière)

Le terme de gauche de l'égalité a pour unité mol cm^{-3} s^{-1} alors que les deux termes de droite ont les dimensions classiques des flux de transport de matière et des vitesses des réactions électrochimiques, soit mol cm^{-2} s^{-1}. Cette écriture erronée résulte de la confusion entre la relation de bilan matière (seconde relation de Fick) au sein du métal ($x > 0$) :

$$\partial\langle H\rangle(x, t)/\partial t = D_{\langle H\rangle}\, \partial^2\langle H\rangle(x, t)/\partial x^2$$

et la relation de continuité flux, vitesse de production de l'hydrogène à l'interface métal | électrolyte ($x = 0$), qui est une condition limite pour le transport de matière :

$$J_{\langle H\rangle}(0, t) = -\, D_{\langle H\rangle}\, \partial\langle H\rangle(x, t)/\partial x_{|x=0} = v_{\langle H\rangle}(t)$$

Exercice I.7 (Équations de transport de matière)

1. Les relations s'écrivent :

$$v_{M^+}(t) = v_{e^-}(t) = -\, v(t)\ ;\ v_{((M))}(t) = v(t)$$

2. La densité du courant faradique s'écrit :

$$i_f(t) = Fv_{e^-}(t) = -\,Fv(t)$$

3. La solution électrolytique n'est pas agitée et contient un électrolyte support. On peut donc négliger les flux de convection et de migration de l'ion M^+ devant son flux de diffusion au voisinage de l'interface électrode | électrolyte. Les équations de transport de matière sont alors les

équations de Fick, en supposant le coefficient de diffusion constant :

$$J_{M^+}(x, t) = -D_{M^+} \partial M^+(x, t)/\partial x$$

$$\partial M^+(x, t)/\partial t = D_{M^+} \partial^2 M^+(x, t)/\partial x^2$$

Le mercure n'est pas agité, le coefficient de diffusion de M est supposé indépendant de la concentration de l'amalgame et la concentration de saturation n'est pas atteinte au cours de l'étude. Le transport du métal M est alors également décrit par les équations de Fick :

$$J_{((M))}(x, t) = -D_{((M))} \partial((M))(x, t)/\partial x$$

$$\partial((M))(x, t)/\partial t = D_{((M))} \partial^2((M))(x, t)/\partial x^2$$

4. À l'interface électrolyte | amalgame, il y a continuité entre le flux de transport et la vitesse de production ou de consommation de chaque espèce dissoute mise en jeu dans la réaction électrochimique (cf. Qu. I.21). Si l'on oriente l'axe des abscisses de l'interface vers le sein du mercure (cf. Qu. I.20), il vient :

$$J_{M^+}(0, t) = -v_{M^+}(t) = v(t)$$

$$J_{((M))}(0, t) = v_{((M))}(t) = v(t)$$

où l'abscisse $x = 0$ est considérée du côté de l'électrolyte ($x = 0^-$) pour l'ion M^+ et du côté de l'amalgame ($x = 0^+$) pour le métal dissous. La solution électrolytique et le mercure étant considérés comme deux phases semi-infinies, on peut enfin écrire :

$$M^+(-\infty, t) = M^{+*} \; ; \; ((M))(\infty, t) = ((M))^* = 0$$

si l'on suppose qu'il n'y a pas de métal dissous initialement dans le mercure.

5. Il y a proportionnalité entre ces pentes et la densité du courant faradique, comme pour toute réaction comportant une seule étape (cf. Pb. I.5) :

$$i_f(t) = FD_{M^+} \partial M^+(x, t)/\partial x_{|x=0} = FD_{((M))} \partial((M))(x, t)/\partial x_{|x=0}$$

Exercice I.8 (Géométrie des cellules et conditions aux limites)

1. Dans la cellule électrochimique à couche mince d'électrolyte de la Fig. 1 de l'énoncé, la réaction $R \leftrightarrow O + e$ se déroule dans le sens de l'oxydation à l'anode (a) de la cellule et la réaction inverse $O + e \leftrightarrow R$ se déroule dans le sens de la réduction et à la même vitesse à la cathode (c). Les nombres de moles de O et R sont donc constants au cours du temps dans la couche mince d'électrolyte (cf. Qu. II.4). De plus, on peut écrire à $x = 0$, inter-

face anode | électrolyte, compte tenu de l'orientation de l'axe des abscisses de la Fig. 1 (cf. Qu. I.20) :

$$i_{f,a}(t) = FD_R\, \partial R(x, t)/\partial x_{|x=0} = -\, FD_O\, \partial O(x, t)/\partial x_{|x=0}$$

et de même à x = 2 L, interface cathode | électrolyte :

$$i_{f,c}(t) = -\, FD_R\, \partial R(x, t)/\partial x_{|x=2L} = FD_O\, \partial O(x, t)/\partial x_{|x=2L}$$

Il y a conservation du courant dans la cellule électrochimique et, compte tenu de l'égalité des surfaces des deux électrodes et de la convention de signe des électrochimistes (cf. Qu. I.15), on a :

$$i_{f,a}(t) = -\, i_{f,c}(t)$$

d'où :

$$\partial X(x, t)/\partial x_{|x=0} = \partial X(x, t)/\partial x_{|x=2L}\ ;\ X = O, R$$

Le point médian est centre de symétrie pour les deux profils de concentration (Fig. 1) et l'étude du transport de matière dans la cellule à couche mince d'électrolyte peut être limitée au domaine $0 \leq x \leq L$. Les conditions limites de transport des espèces O et R dans l'électrolyte s'écrivent donc :

$$J_R(0, t) = v_R(t) = -\, v(t) = -\, i_{f,a}(t)/F$$

$$J_O(0, t) = v_O(t) = v(t) = i_{f,a}(t)/F$$

$$R(L, t) = R^* \ ;\ O(L, t) = O^*$$

où O^* et R^* sont les concentrations initiales des espèces redox.

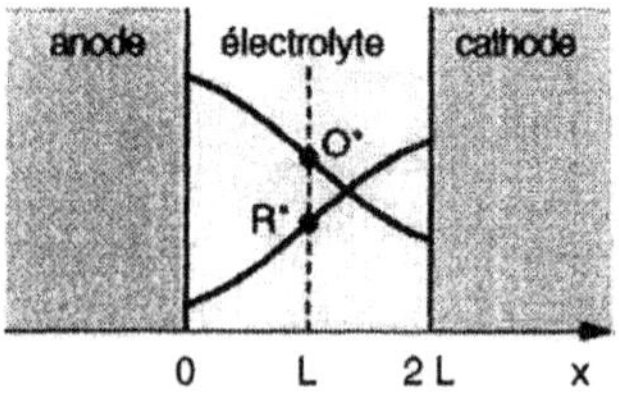

Figure 1 : Exemple d'allures des profils de concentration de R et de O dans une cellule à couche mince d'électrolyte, en régime dynamique.

2. Le schéma électrolyte | électrode de mercure est représenté sur la Fig. 2. À l'interface électrolyte | mercure il y a continuité entre flux de transport et vitesses de consommation ou de production de Na^+ et ((Na)). Compte tenu de l'orientation de l'axe des abscisses de la Fig. 2 (cf. Qu. I.20), il vient :

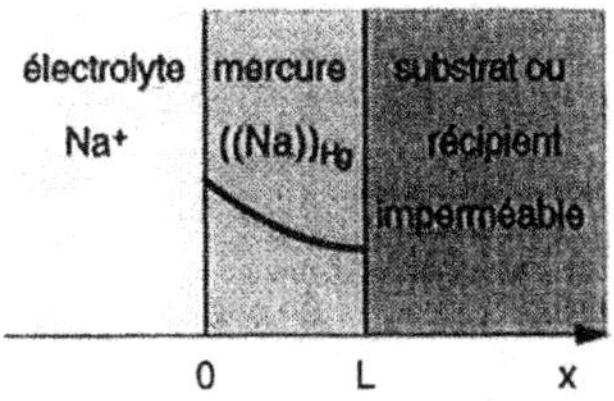

Figure 2 : Exemple d'allure du profil de concentration du sodium dissous dans une couche mince de mercure déposée sur un substrat ou dans un récipient imperméable, en régime dynamique.

$$J_{Na^+}(0, t) = -v_{Na^+}(t) = v(t) = -i_f(t)/F$$

$$J_{((Na))}(0, t) = v_{((Na))}(t) = v(t) = -i_f(t)/F$$

L'interface mercure | substrat ou mercure | récipient (x = L) est imperméable au sodium dissous (condition de diffusion restreinte) et donc :

$$J_{((Na))}(L, t) = 0$$

Pour le cation Na^+ en solution, la seconde condition limite de transport dépend des conditions de l'étude expérimentale. Pour un électrolyte non agité semi-infini :

$$Na^+(-\infty, t) = Na^{+*}$$

Par contre, si l'étude est réalisée à l'aide d'un film de mercure déposé sur une électrode à disque tournant, la condition suivante s'écrit à $x = -\delta_{Na^+}$ (approximation de la couche limite de diffusion) :

$$Na^+(-\delta_{Na^+}, t) = Na^{+*}$$

3. L'hydrogène est inséré, par réduction du proton, de manière symétrique et à la même vitesse aux deux interfaces d'abscisses x = 0 et x = L. Le profil de concentration de cette espèce dans le palladium est donc symétrique par rapport au plan médian d'abscisse x = L. Seul le profil de la Fig. 3A est physiquement satisfaisant, celui de la Fig. 3B présentant une discontinuité du flux à x = L. L'étude du système électrochimique peut donc être limitée à l'électrolyte, à l'interface et au domaine $0 \leq x \leq L$ dans le métal.

Soit $v_1(t)$ la vitesse de l'étape d'électrosorption et $v_2(t)$ celle de dissolution (absorption) de l'hydrogène dans le métal. Compte tenu de l'orientation de l'axe des abscisses de la Fig. 3A (cf. Qu. I.20), la relation de continuité flux, vitesse d'insertion à x = 0 s'écrit :

$$J_{\langle H\rangle}(0, t) = v_{\langle H\rangle}(t) = v_2(t)$$

et la condition de symétrie à x = L implique :

$$J_{\langle H\rangle}(L, t) = 0$$

Cette condition est identique à celle écrite à la surface d'un matériau imperméable à l'espèce insérée (cf. question 2, Fig. 2) et l'on parle également dans le cas de la Fig. 3A de diffusion linéaire restreinte. Pour le proton, compte tenu de l'orientation de l'axe des abscisses de la Fig. 3A, on peut écrire :

$$J_{H+}(0, t) = -\,v_{H+}(t) = v_1(t)$$

l'autre condition limite de transport de cette espèce dans l'électrolyte dépendant du mode de transport par diffusion semi-infinie, diffusion-convection, etc.

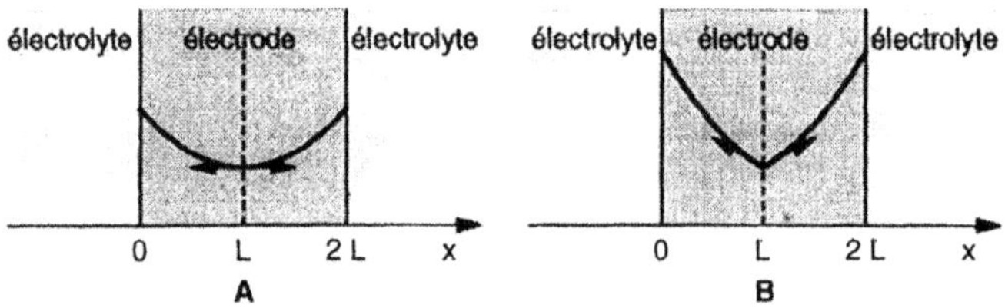

Figure 3 : Allures de profils de concentration d'hydrogène inséré dans un métal, pour une insertion symétrique et à la même vitesse en x = 0 et x = 2 L. (A) exemple de profil en régime dynamique. (B) profil physiquement irréaliste.

3. Corrigés des problèmes

Problème I.1 (Réaction d'électrosynthèse du dichlore)

1. Le second mécanisme envisageable est le mécanisme de Volmer-Tafel qui comporte une étape d'électrosorption suivie d'une étape de recombinaison chimique, s'écrit :

$$Cl^- + s \leftrightarrow Cl,s + e^- \qquad (1)$$

$$2\,Cl,s \leftrightarrow Cl_2 + 2\,s \qquad (2)$$

et, en régime stationnaire, conduit au même bilan réactionnel que le mécanisme de Volmer-Heyrovsky. Les espèces volumiques qui interviennent dans ce mécanisme, outre les électrons, sont l'ion chlorure Cl^- et le dichlore Cl_2 dissous dans la solution électrolytique (on suppose qu'il n'y a pas de dégagement gazeux à la surface de l'électrode). Les espèces de la phase adsorbée sont les sites libres s et les adatomes de chlore Cl,s. D'après les données du problème, les espèces dont les concentrations ont une influence sur la cinétique de réaction sont le dichlore dissous et les espèces de la phase adsorbée s et Cl,s. On suppose que la concentration en ions Cl^- est pratiquement constante à l'interface électrode | électrolyte, $Cl^-(0, t) \approx Cl^{-*}$, et l'on n'écrira donc pas par la suite de relation sur la vitesse de consommation et le flux de transport de cette espèce, ni les équations de transport de matière correspondantes.

2. Les vitesses de production ou de consommation des espèces s, Cl,s, Cl_2 et e^- peuvent s'écrire en fonction des vitesses $v_1(t)$ et $v_2(t)$ des deux étapes du mécanisme réactionnel en utilisant les expressions générales (cf. Rappels I). Il est possible de les écrire directement, la seule difficulté réside dans l'étape de Tafel. Lorsque cette étape se déroule, deux adatomes sont consommés et deux sites libres sont régénérés. Il suffit donc de multiplier par deux la vitesse de l'étape de Tafel lors du bilan sur les vitesses de transformation des adatomes et des sites libres. On obtient :

$$v_s(t) = -\,v_1(t) + 2\,v_2(t)$$

$$v_{Cl}(t) = v_1(t) - 2\,v_2(t)$$

$$v_{Cl2}(t) = v_2(t)$$

$$v_{e-}(t) = v_1(t)$$

3. La densité du courant faradique, $i_f(t)$, et celle du courant total, i(t), s'écrivent :

$$i_f(t) = Fv_{e-}(t) = Fv_1(t)$$

$$i(t) = i_f(t) + i_{dc}(t) = Fv_1(t) + C_{dc}\,dE(t)/dt$$

4. Les lois d'évolution temporelle des concentrations surfaciques des espèces de la phase adsorbée s'écrivent :

$$ds(t)/dt = \Gamma\,d\theta_s(t)/dt = v_s(t) = -\,v_1(t) + 2\,v_2(t)$$

$$dCl{,}s(t)/dt = \Gamma\,d\theta_{Cl}(t)/dt = v_{Cl}(t) = v_1(t) - 2\,v_2(t)$$

5. La loi d'évolution spatio-temporelle de la concentration volumique en Cl_2 dissous dans la solution électrolytique et les conditions aux limites s'écrivent, en notant V(x) la composante de la vitesse de déplacement de la solution selon la normale à la surface de l'EDT, en orientant l'axe des abscis-

ses du graphite vers le sein de la solution, en supposant le coefficient de diffusion D_{Cl2} constant et en faisant l'hypothèse d'un fluide incompressible :

$$\partial Cl_2(x, t)/\partial t = D_{Cl2}\ \partial^2 Cl_2(x, t)/\partial x^2 - V(x)\ \partial Cl_2(x, t)/\partial x$$

$$J_{Cl2}(0, t) = - D_{Cl2}\ \partial Cl_2(x, t)/\partial x_{|x=0} = v_{Cl2}(t) = v_2(t)$$

$$Cl_2(\infty, t) = Cl_2{}^*$$

6. Si l'on se place dans le cadre des hypothèses de l'isotherme de Langmuir, les constantes de vitesse de l'étape électrochimique (1) et de l'étape chimique (2) ne dépendent pas du taux de recouvrement en adsorbat (cf. Rappels I) et les expressions des vitesses s'écrivent :

$$v_1(t) = k_{o1} \exp[\alpha_{o1} fE(t)]\ Cl^-(0, t)\Gamma\theta_s(t) - k_{r1} \exp[-\alpha_{r1} fE(t)]\ \Gamma\theta_{Cl}(t)$$

$$v_2(t) = k_{d2}[\Gamma\theta_{Cl}(t)]^2 - k_{g2}[\Gamma\theta_s(t)]^2 Cl_2(0, t)$$

où k_{d2} et k_{g2} sont les constantes de vitesse des réactions chimiques partielles se déroulant vers la droite et vers la gauche respectivement et $\theta_s(t) + \theta_{Cl}(t) = 1$.

7. Les conditions initiales du système, choisies dans l'énoncé, sont les conditions d'équilibre thermodynamique pour lesquelles $v_{1,éq} = v_{2,éq} = 0$, $Cl^-_{éq} = Cl^{-*}$, $Cl_{2,éq} = Cl_2{}^*$ et $\theta_{s,éq} = 1 - \theta_{Cl,éq}$, soit :

$$\theta_{Cl,éq}/(1 - \theta_{Cl,éq}) = \sqrt{k_{g2}Cl_2{}^*/k_{d2}} = \left(k_{o1}Cl^{-*}/k_{r1}\right) \exp(fE_{éq})$$

qui, en utilisant les deux derniers termes, se réécrit sous la forme de la loi de Nernst pour le couple redox Cl_2/Cl^-, en considérant le dichlore dissous dans la solution et prenant les coefficients d'activité égaux à un, selon :

$$E_{éq} = E_{th,Cl2/Cl-} = E°'_{Cl2/Cl-} + (1/f) \ln\left[\sqrt{\left(Cl_2{}^*/c°\right)}/\left(Cl^{-*}/c°\right)\right]$$

avec :

$$E°'_{Cl2/Cl-} = (1/f) \ln\left[k_{r1}\sqrt{k_{g2}}/\left(k_{o1}\sqrt{k_{d2}c°}\right)\right]$$

dont la valeur tabulée à 25 °C est 1,39 V/ENH pour Cl_2 dissous alors que la valeur classique pour Cl_2 gaz, 1,36 V/ENH, correspond à :

$$E°_{Cl2/Cl-} = (1/f) \ln\left[k_{r1}\sqrt{k_{g2}K_{Cl2}}/\left(k_{o1}\sqrt{k_{d2}c°}\right)\right]$$

où K_{Cl2} est la constante de Henry relative à l'équilibre de solubilité du dichlore. Trois des quatre paramètres cinétiques de la réaction sont donc indépendants.

Problème I.2 (Réaction d'électroinsertion de l'hydrogène dans un métal)

1. La Fig. 1 présente le schéma du système électrochimique. Il comprend deux phases volumiques. L'une est la phase électrolytique qui contient le proton H^+ en solution aqueuse, l'autre est l'électrode qui contient l'hydrogène atomique ⟨H⟩ que l'on peut considérer comme dissous dans le métal constituant l'électrode.

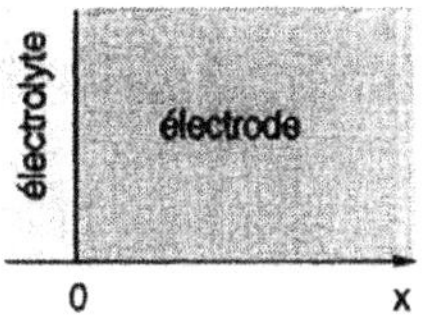

Figure 1 : Schéma du système électrochimique.

Les deux phases sont séparées par l'interface électrode | électrolyte où se déroule la réaction de réduction du proton, l'électrosorption en surface puis l'insertion de l'hydrogène dans le métal.

2. Les différentes espèces mises en jeu dans la réaction électrochimique sont le proton H^+ présent dans l'électrolyte, les électrons et l'hydrogène atomique ⟨H⟩ présents dans l'électrode et les espèces présentes dans la phase adsorbée à la surface de l'électrode, constituée des sites d'adsorption libres s et des sites recouverts par un atome adsorbé, appelé adatome et noté H,s. On suppose que la concentration du proton est pratiquement constante à l'interface métal | électrolyte, c'est-à-dire que l'on a toujours $H^+(0, t) \approx H^{+*}$, et l'on n'écrira donc par la suite de relation ni sur la vitesse de consommation, ni sur le flux de transport de cette espèce.

3. Les vitesses de production ou de consommation des espèces à l'interface métal | électrolyte s'écrivent en terme de variation de leurs nombres de moles selon :

$$v_{X_i}(t) = (1/S)\, dn_{X_i}(t)/dt \; ; \; X_i = s, \text{H et } \langle \text{H} \rangle$$

où H dénote l'espèce H,s pour simplifier la notation, s les sites libres, ⟨H⟩ les atomes d'hydrogène insérés dans le métal et S la surface de l'électrode. En terme de variation de concentration surfacique, on peut écrire pour l'adatome H,s et les sites libres :

$$v_H(t) = (1/S)\, dn_H(t)/dt = dH,s(t)/dt = \Gamma\, d\theta_H(t)/dt$$

$$v_s(t) = (1/S)\, dn_s(t)/dt = ds(t)/dt = \Gamma\, d\theta_s(t)/dt$$

où Γ est la densité de sites surfaciques libres ou recouverts par l'adsorbat, θ_s et θ_H les taux de recouvrement en sites libres et en sites recouverts par l'adsorbat, avec $\theta_H(t) + \theta_s(t) = 1$. Il n'est pas possible d'écrire une relation analogue pour l'espèce volumique $\langle H \rangle$. La concentration de cette espèce dans l'électrode dépend du temps et d'une coordonnée d'espace, soit $\langle H \rangle(x, t)$. Toute écriture d'équation différentielle relative à la concentration de $\langle H \rangle$ dans l'électrode en régime dynamique est alors obligatoirement une équation aux dérivées partielles (EDP) et non une équation aux dérivées droites ou ordinaires (EDO). Les vitesses de production ou de consommation d'espèces s'expriment en mol cm^{-2} s^{-1}.

4. Les deux étapes de la réaction, électrosorption puis absorption (insertion), s'écrivent :

$$H^+ + s + e^- \leftrightarrow H,s \qquad (1)$$

$$H,s + \langle\ \rangle \leftrightarrow \langle H \rangle + s \qquad (2)$$

où $\langle\ \rangle$ est un site disponible pour l'insertion dans le métal.

5. La vitesse de transformation, production ou consommation, d'une espèce s'écrit simplement en considérant les étapes dont le déroulement dans le sens de l'écriture entraîne une variation de la concentration de l'espèce considérée. L'adsorbat est fabriqué dans la première étape et consommé dans la seconde avec des coefficients stœchiométriques égaux à + 1 et – 1 respectivement et l'on a :

$$v_H(t) = v_1(t) - v_2(t)$$

Les sites libres sont au contraire consommés dans la première étape et produits dans la seconde, d'où :

$$v_s(t) = v_2(t) - v_1(t)$$

L'espèce volumique $\langle H \rangle$ n'est produite que dans la seconde étape, et donc :

$$v_{\langle H \rangle}(t) = v_2(t)$$

6. Il n'y a pas de convection dans un solide et l'espèce neutre $\langle H \rangle$ est uniquement transportée dans le métal par diffusion. L'équation bilan de transport de matière dans le métal est la seconde équation de Fick (électrode plane) si l'on suppose que le coefficient de diffusion $D_{\langle H \rangle}$ est constant :

$$\partial \langle H \rangle(x, t)/\partial t = D_{\langle H \rangle}\, \partial^2 \langle H \rangle(x, t)/\partial x^2$$

Lorsque l'on suppose, par contre, que le coefficient de diffusion varie avec la concentration de l'hydrogène inséré, l'équation bilan de transport de matière s'écrit plus généralement, toujours pour une électrode plane :

$$\partial\langle H\rangle(x, t)/\partial t = -\, \partial J_{\langle H\rangle}(x, t)/\partial x$$

et le flux de diffusion s'exprime selon :

$$J_{\langle H\rangle}(x, t) = -\, D_{\langle H\rangle}(x, t)\, \partial\langle H\rangle(x, t)/\partial x$$

Dans le cas particulier où le coefficient de diffusion est une fonction explicite de la concentration, $D_{\langle H\rangle}(x, t) = f[\langle H\rangle(x, t)]$, les relations précédentes se réécrivent, en notant $D_{\langle H\rangle}(x, t) = D_{\langle H\rangle}$ pour simplifier et en posant $D_{\langle H\rangle}' = dD_{\langle H\rangle}/d\langle H\rangle$, selon :

$$\partial\langle H\rangle(x, t)/\partial t = D_{\langle H\rangle}\, \partial\langle H\rangle(x, t)/\partial x^2 + D_{\langle H\rangle}'\, [\partial\langle H\rangle(x, t)/\partial x]^2$$

7. L'espèce $\langle H\rangle$ est produite à l'interface métal | électrolyte par la seconde étape de la réaction. Cette espèce se trouve injectée dans le métal et se déplace par diffusion de l'interface ($x = 0$) vers le sein de l'électrode. La quantité d'espèce injectée à l'interface est égale à la vitesse de production de $\langle H\rangle$ et au flux de transport de cette espèce à $x = 0$ (cf. Qu. I.20) :

$$J_{\langle H\rangle}(x, t)_{|x=0} = v_{\langle H\rangle}(t) = v_2(t)$$

Cette relation constitue la relation de continuité flux, vitesse de production de l'hydrogène inséré à l'interface métal | électrolyte.

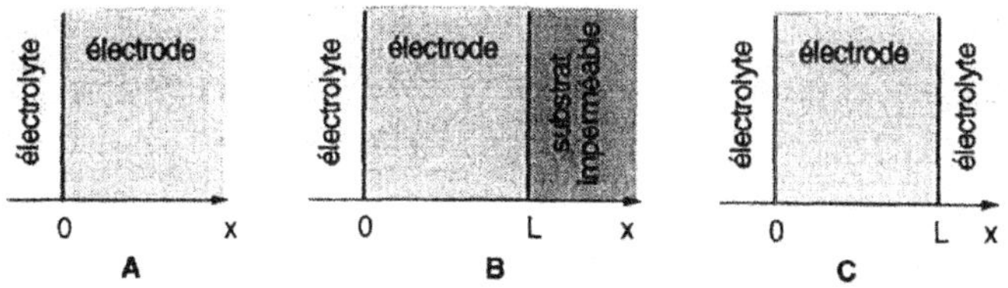

Figure 2 : Schémas des différents types d'électrode envisagés. (A) électrode semi-infinie, (B) film mince déposé sur un substrat imperméable, (C) électrode bipolaire (membrane) dans une cellule à perméation.

Deux constantes d'intégration s'introduisent lors de la résolution de l'EDP décrivant le transport de l'hydrogène inséré, qui contient une dérivée partielle seconde par rapport à x. Il est nécessaire de connaître deux conditions aux limites pour déterminer ces constantes. La première condition à la limite est la relation de continuité flux, vitesse de production de $\langle H\rangle$ à $x = 0$ écrite précédemment. La seconde dépend de la géométrie du système électrochimique (Fig. 2). Dans le cas d'une électrode semi-infinie (Fig. 2A), la seconde condition à la limite s'écrit, s'il n'y a pas d'hydrogène inséré dans le métal à l'état initial :

$$\langle H \rangle(\infty, t) = \langle H \rangle^* = 0$$

Dans le cas d'une électrode de type film mince (Fig. 2B) déposé sur un substrat imperméable à l'espèce insérée (condition de diffusion restreinte), la seconde condition à la limite s'écrit sur le flux de l'espèce à la distance L, où L est l'épaisseur du film mince :

$$J_{\langle H \rangle}(L, t) = 0$$

Dans le cas d'une électrode bipolaire d'une cellule à perméation (Fig. 2C), l'hydrogène est formé à la surface d'abscisse x = 0, diffuse dans la membrane métallique et est oxydé en proton à la surface d'abscisse x = L. Les deux conditions aux limites x = 0 et x = L sont dans ce cas des relations de continuité flux, vitesse de production ou de consommation, respectivement. La première a déjà été écrite et pour la seconde, le mécanisme de la réaction d'oxydation qui a lieu à la surface d'abscisse L se déroule en sens inverse de (1, 2) et s'écrit :

$$\langle H \rangle + s \leftrightarrow H,s + \langle\ \rangle \qquad (1')$$

$$H,s \leftrightarrow H^+ + s + e^- \qquad (2')$$

et l'on a :

$$J_{\langle H \rangle}(x, t)|_{x=L} = -\,v'_{\langle H \rangle}(t) = v_1'(t)$$

le signe moins tenant compte de l'orientation de l'axe des abscisses (cf. Qu. I.20) et le ' caractérisant les vitesses à l'interface d'abscisse x = L.

8. Lorsque la tension d'électrode imposée est inférieure à la tension d'équilibre de l'ERH, la réaction de formation et de dégagement de dihydrogène gazeux peut se dérouler à l'interface métal | électrolyte simultanément à l'insertion d'hydrogène dans le métal. Le mécanisme réactionnel complet s'écrit alors :

$$H^+ + s + e^- \leftrightarrow H,s \text{ (étape d'électrosorption de Volmer)} \qquad (1)$$

$$H,s + \langle\ \rangle \leftrightarrow \langle H \rangle + s \text{ (étape d'absorption dans le métal)} \qquad (2)$$

$$H^+ + H,s + e^- \leftrightarrow H_2 + s \text{ (étape d'électrodésorption d'Heyrovsky)} \qquad (3)$$

$$2\,H,s \leftrightarrow H_2 + 2\,s \text{ (étape de désorption de Tafel)} \qquad (4)$$

Les vitesses de transformation des différentes espèces s'écrivent :

$$v_H(t) = v_1(t) - v_2(t) - v_3(t) - 2\ v_4(t)$$

$$v_s(t) = -\ v_1(t) + v_2(t) + v_3(t) + 2\ v_4(t)$$

$$v_{\langle H\rangle}(t) = v_2(t)$$

$$v_{H2}(t) = v_3(t) + v_4(t)$$

9. La réaction de piégeage de l'hydrogène dans le métal s'écrit :

$$\langle H\rangle + p \leftrightarrow H_p + \langle\ \rangle$$

p symbolisant les pièges et H_p l'hydrogène piégé. Cette réaction met en jeu l'espèce mobile $\langle H\rangle$ et des pièges fixes p. Deux espèces volumiques supplémentaires interviennent donc dans la réaction, les pièges p et l'hydrogène piégé H_p.

Les expressions des vitesses de transformation des espèces à l'interface (questions 3 et 5), l'écriture du mécanisme réactionnel à l'interface (question 4) et les conditions aux limites pour le transport de l'hydrogène inséré (question 7) sont indépendantes des conditions de transport au sein du métal et sont donc inchangées. Par contre, l'équation décrivant le transport de l'hydrogène inséré (question 6) est modifiée par la présence des défauts dans le métal. Cette équation s'écrit désormais, lorsque le coefficient de diffusion de l'hydrogène est constant, selon :

$$\partial\langle H\rangle(x, t)/\partial t = D_{\langle H\rangle}\ \partial^2\langle H\rangle(x, t)/\partial x^2 - v_{rc}(x, t)$$

où $v_{rc}(x, t)$, exprimée en mol cm^{-3} s^{-1}, est la vitesse de réaction chimique de l'hydrogène inséré avec les défauts de l'électrode. Cette vitesse dépend des concentrations locales en hydrogène inséré et défauts de structure du métal. Elle est donc à la fois fonction de x et de t, contrairement à la vitesse d'une réaction chimique en phase homogène qui ne dépend que du temps. Dans le cas général d'une réaction de piégeage inversible, et en absence d'interaction attractive ou répulsive dans la phase insérée, cette vitesse s'écrit, en posant :

$$y(x, t) = \langle H\rangle(x, t)/\langle\ \rangle_{max}$$

$$z(x, t) = H_p(x, t)/p_{max}$$

où $\langle\ \rangle_{max}$ et p_{max} sont les concentrations volumiques maximales en sites d'insertion et en pièges (supposés uniformément répartis dans le métal) et y(x, t) et z(x, t) les taux d'insertion et de remplissage des pièges, selon :

$$v_{rc}(x, t) = \langle\ \rangle_{max}\, p_{max}\, \{k_p\, y(x, t)\, [1 - z(x, t)] - k_l\, z(x, t)\, [1 - y(x, t)]\}$$

en notant k_p et k_l les constantes de vitesse de piégeage et de libération des pièges respectivement. L'équation de transport de l'hydrogène inséré dans le métal est donc fonction simultanément de y(x, t) et de z(x, t). Elle est couplée à l'équation de bilan matière écrite pour les pièges fixes selon :

$$\partial p(x, t)/\partial t = - v_{rc}(x, t)$$

Pour traiter le cas d'une réaction de piégeage non-inversible, il suffit de faire $k_l = 0$ dans les équations précédentes.

Problème I.3 (Cinétique électrochimique et thermodynamique)

1. La relation de Nernst s'écrit pour le couple redox Fe^{3+}/Fe^{2+} :

$$E_{th,Fe3+/Fe2+} = E°_{Fe3+/Fe2+} + (1/f) \ln (Fe^{3+*}/Fe^{2+*})$$

en supposant identiques les coefficients d'activité des deux ions. La formulation la plus générale possible de la vitesse de la réaction $Fe^{3+} + e^- \leftrightarrow Fe^{2+}$ compatible avec la relation de Nernst précédente, en posant :

$$\xi(t) = f[E(t) - E°_{Fe3+/Fe2+}]$$

est :

$$v(t) = K[E(t)]\, [Fe^{3+}(0, t) - Fe^{2+}(0, t) \exp \xi(t)]$$

puisque $v_{éq} = 0$ porté dans cette équation conduit à la relation de Nernst indépendamment de toute hypothèse préalable sur la loi de variation de la constante cinétique K[E(t)] en fonction de la tension d'électrode. L'expression classique utilisée en cinétique électrochimique, où les paramètres cinétiques k_o, k_r, la constante standard de vitesse k°, et les facteurs de symétrie α_o et α_r sont supposés indépendants de la tension d'électrode, se déduit de la relation générale précédente en posant :

$$K[E(t)] = K_r[E(t)] = k_r \exp [- \alpha_r f E(t)] = k° \exp [- \alpha_r \xi(t)]$$

$$K[E(t)] \exp \xi(t) = K_o[E(t)] = k_o \exp [\alpha_o f E(t)] = k° \exp [\alpha_o \xi(t)]$$

avec :

$$\alpha_o + \alpha_r = 1$$

2. De même, lorsque le processus d'électrosorption $H^+ + s + e^- \leftrightarrow H,s$ est décrit dans les conditions d'équilibre par l'isotherme de Langmuir, on a :

$$\theta_{H,éq}/(1 - \theta_{H,éq}) = (H^{+*}/c°) \exp [- f(E_{éq} - E°)]$$

où le potentiel standard $E°$ est défini pour $\theta_H° = 1/2$ et $c°$ est la concentration standard ($c° = 1$ mol L^{-1} pour une espèce dissoute, soit $c° = 10^{-3}$ mol cm^{-3} dans le système d'unités des relations cinétiques de ce recueil). L'expression la plus générale de la vitesse de réaction correspondante est :

$$v(t) = K[E(t)] \{[H^+(0, t)/c°]\Gamma[1 - \theta_H(t)] - \Gamma\theta_H(t) \exp \xi(t)\}$$

où Γ est la densité des sites d'adsorption libres ou recouverts par l'adsorbat, puisque la condition $v_{éq} = 0$ mène à l'isotherme considérée sans hypothèse préalable sur la constante $K[E(t)]$. Lorsque k_o, k_r, α_o et α_r sont indépendants de la tension d'électrode, la vitesse de réaction se réécrit de manière conventionnelle :

$$v(t) = K_r[E(t)]\ H^+(0, t)\Gamma[1 - \theta_H(t)] - K_o[E(t)]\ \Gamma\theta_H(t)$$

Par contre, en tenant compte des interactions entre les espèces adsorbées, l'isotherme de Frumkin décrit le processus d'électrosorption à l'équilibre, avec $\theta_H° = 1/2$, selon :

$$[\theta_{H,éq}/(1 - \theta_{H,éq})] \exp [g(\theta_{H,éq} - \theta_H°)] = (H^{+*}/c°) \exp [- f(E_{éq} - E°)]$$

où g, paramètre adimensionnel d'interaction de Frumkin, est positif lorsque les interactions sont répulsives et négatif lorsqu'elles sont attractives. La forme la plus générale de la vitesse de la réaction d'électrosorption est alors, pour la même raison que précédemment, toujours en posant $\xi = f[E(t) - E°]$:

$$v(t) = K[E(t),\theta_H(t)]\big([H^+(0,t)/c°]\Gamma[1-\theta_H(t)] - \Gamma\theta_H(t) \exp\{\xi(t)+g[\theta_H(t)-1/2]\}\big)$$

qui peut être réécrite de manière conventionnelle :

$$v(t) = K_r[E(t), \theta_H(t)]\ H^+(0, t)\Gamma[1 - \theta_H(t)] - K_o[E(t), \theta_H(t)]\ \Gamma\theta_H(t)$$

où (cf. Rappels I) :

$$K_r[E(t), \theta_H(t)] = k_r \exp \{- \alpha_r[fE(t) + g\theta_H(t)]\}$$

$$K_o[E(t), \theta_H(t)] = k_o \exp \{\alpha_o[fE(t) + g\theta_H(t)]\}$$

Problème I.4 (Réversibilité, irréversibilité cinétique)

1. Les relations flux, vitesse, densité du courant faradique s'écrivent :

$$J_{M^+}(0, t) = v_{M^+}(t) = v(t) = i_f(t)/F$$

et mènent à un système de deux équations comprenant la relation densité du courant faradique, vitesse de réaction et la condition limite à l'interface métal | solution pour le transport du cation M^+ en solution :

$$i_f(t) = Fv(t) \; ; \; J_{M^+}(0, t) = v(t) \qquad (I)$$

Il conviendrait pour résoudre ce système de lui adjoindre les équations du transport de M^+ dans la solution, par exemple les équations de Fick pour un mode de transport diffusionnel, munies d'une seconde condition limite (milieu semi-infini par exemple) et de leurs conditions initiales.

2. La vitesse de réaction s'écrit :

$$v(t) = v_o(t) - v_r(t) = K_o(t) - K_r(t)M^+(0, t)$$

où $v_o(t)$ et $v_r(t)$ sont les vitesses des réactions partielles dans le sens de l'oxydation et celui de la réduction et $K_o(t)$ et $K_r(t)$ les constantes de vitesse de transfert correspondantes. L'activité du métal est unitaire et n'apparaît pas dans l'expression de la vitesse partielle d'oxydation.

3. Dans l'hypothèse d'irréversibilité cinétique de la réaction dans le sens de l'oxydation, $v_r(t) << v_o(t)$, le système d'équations (I) n'est pas modifié, mais l'expression de la vitesse de la réaction globale est simplifiée selon :

$$v(t) = v_o(t) = K_o(t)$$

où $\approx$ est remplacé par le signe =, par passage à la limite.

Par contre, l'hypothèse de réversibilité cinétique (cf. Qu. I.14), c'est-à-dire $v_o(t) >> v(t)$, $v_r(t) >> v(t)$ et donc $v_o(t) \approx v_r(t)$, mène à :

$$M^+(0, t) \approx K_o(t)/K_r(t) = (k_o/k_r) \exp [fE(t)]$$

qui peut être identifié à :

$$M^+(0, t) = c° \exp \{f[E(t) - E°_{M^+/M})]\}$$

relation semblable à celle de Nernst écrite pour le couple M^+/M, avec :

$$E°_{M^+/M} = (1/f) \ln (k_r c°/k_o)$$

où c° est la concentration standard. Le système redox M^+/M est alors dit Nernstien dans la mesure où la concentration interfaciale de l'ion M^+ est liée à la tension d'électrode, hors d'équilibre, par une relation de même forme que celle de Nernst.

La condition $v_o(t) \approx v_r(t)$ ne peut pas être portée dans la vitesse globale de réaction puisqu'elle conduirait irrémédiablement à $v(t) \approx 0$ et donc à $i_f(t) \approx 0$. La vitesse v(t) doit donc être éliminée du système (I) par combinaison de ses deux équations, la seconde équation étant remplacée par l'expression du système Nernstien, selon :

$$i_f(t) = FJ_{M^+}(0, t) \ ; \ M^+(0, t) = c° \exp \{f[E(t) - E°_{M^+/M})]\} \qquad (I')$$

où ≈ est remplacé par le signe =, par passage à la limite. Les équations de transport de matière de M^+ en solution, indépendantes des hypothèses sur la cinétique du transfert électronique interfacial, ne sont pas modifiées.

4. De manière plus générale, il faut éliminer du système d'équations décrivant la cinétique d'une réaction multi-étapes toute vitesse d'étape supposée cinétiquement réversible. Soit l'exemple du mécanisme d'oxydation d'un métal M en deux étapes (cf. Ex I.2). Les relations flux, vitesses des étapes, densité du courant faradique ont été données dans la solution de cet exercice. Elles conduisent au système d'équations suivant qui comprend l'expression de $i_f(t)$ en fonction des vitesses des étapes et les conditions limites à $x = 0$ pour le transport des ions M^+ et M^{2+} en solution :

$$i_f(t) = F[v_1(t) + v_2(t)]$$

$$J_{M^{2+}}(0, t) = v_2(t) \ ; \ J_{M^+}(0, t) = v_1(t) - v_2(t) \qquad (II)$$

où :

$$v_1(t) = K_{o1}(t) - K_{r1}(t)M^+(0, t)$$

$$v_2(t) = K_{o2}(t)M^+(0, t) - K_{r2}(t)M^{2+}(0, t)$$

équations auxquelles il convient d'adjoindre celles décrivant le transport des deux ions en solution, équations de Fick par exemple pour un transport diffusionnel, munies de leurs conditions aux limites (milieu semi-infini par exemple) et de leurs conditions initiales.

Dans l'hypothèse où la première étape du mécanisme réactionnel est cinétiquement réversible et la seconde cinétiquement irréversible dans le sens de l'oxydation, il faut éliminer $v_1(t)$ du système d'équations précédent (II) par combinaison de ces équations et simplifier l'expression de $v_2(t)$ selon :

$$i_f(t) = F[J_{M^+}(0, t) + 2 J_{M^{2+}}(0, t)]$$

$$J_{M^{2+}}(0, t) = v_2(t) = v_{2o}(t) = K_{o2}(t)M^+(0, t)$$

$$M^+(0, t) = (k_{o1}/k_{r1}) \exp [fE(t)] = c° \exp \{f[E(t) - E°_{M^+/M})]\} \qquad (II')$$

les équations de transport de matière des deux ions en solution restant inchangées.

Si les deux étapes sont, par contre, supposées cinétiquement réversibles, les vitesses $v_1(t)$ et $v_2(t)$ doivent toutes deux être éliminées du système d'équations cinétiques (II). Il vient :

$$i_f(t) = F[J_{M^+}(0, t) + 2\ J_{M^{2+}}(0, t)]$$

$$M^+(0, t) = (k_{o1}/k_{r1}) \exp [fE(t)] = c° \exp \{f[E(t) - E°_{M^+/M})]\}$$

$$M^{2+}(0, t) = [k_{o1}k_{o2}/(k_{r1}k_{r2})] \exp [2fE(t)] \qquad \text{(II'')}$$

les équations de transport de matière dans la solution étant inchangées. On montre alors que le système redox M^{2+}/M est Nernstien puisque la dernière équation peut être réécrite :

$$M^{2+}(0, t) = c° \exp \{2f[E(t) - E°_{M^{2+}/M}]\}$$

avec :

$$E°_{M^{2+}/M} = (2f)^{-1} \ln [k_{r1}k_{r2}c°/(k_{o1}k_{o2})]$$

Problème I.5 (Relations flux, courant pour un mécanisme multi-étapes)

1. Une réaction électrochimique comportant une seule étape s'écrit de façon générale :

$$\sum_{i=1}^{N} r_i\ X_i \leftrightarrow \sum_{i=1}^{N} p_i\ X_i \pm n\ e$$

où N est le nombre d'espèces, réactifs ou produits de réaction. La densité du courant faradique est donnée, avec $s_e = \pm$ n, par :

$$i_f(t) = Fv_e(t) = Fs_e v(t)$$

où v(t) est la vitesse de la réaction. Pour chaque espèce volumique de l'électrolyte ou de l'électrode, qui intervient dans la réaction, le flux interfacial vérifie la relation de continuité (cf. Qu. I.20 et I.21) :

$$J_{X_i}(0, t) = v_{X_i}(t) = s_i v(t)$$

avec $s_i = p_i - r_i$, en supposant l'axe des abscisses orienté de l'interface vers le sein de la phase contenant l'espèce X_i (cf. Qu. I.20). On déduit des expressions précédentes, pour $s_i \neq 0$:

$$i_f(t)/J_{X_i}(0, t) = Fs_e/s_i$$

ce qui montre que le flux interfacial de chaque espèce X_i, produite ou consommée dans la réaction électrochimique, est proportionnel, à tout instant, à la densité du courant faradique. Ceci est vérifié pour toutes les réactions comportant une seule étape, par exemple pour les réactions des Ex. I.1, I.5, I.7.

2. Lorsque la réaction électrochimique comporte R étapes :

$$\sum_{i=1}^{N} r_{ij} X_i \leftrightarrow \sum_{i=1}^{N} p_{ij} X_i \pm n_j e \; ; j = 1, \ldots, R$$

la densité du courant faradique est donnée, avec $s_{ej} = \pm n_j$, par :

$$i_f(t) = Fv_e(t) = F\sum_{j=1}^{R} s_{ej} v_j(t)$$

où $v_j(t)$ est la vitesse de l'étape de rang j. Pour chaque espèce volumique qui intervient dans la réaction, le flux interfacial s'écrit, avec $s_{ij} = p_{ij} - r_{ij}$, en orientant l'axe des abscisses dans le même sens que précédemment :

$$J_{Xi}(0, t) = v_{Xi}(t) = \sum_{j=1}^{R} s_{ij} v_j(t)$$

On déduit des expressions précédentes :

$$i_f(t)/J_{Xi}(0, t) = F \sum_{j=1}^{R} s_{ej} v_j(t) \Big/ \sum_{j=1}^{R} s_{ij} v_j(t)$$

Soit la relation $s_{ij} = \lambda_{ij} s_{ej}$ entre la différence des coefficients stœchiométriques ($s_{ij} = p_{ij} - r_{ij}$) et le nombre d'électrons échangés pour une espèce i et pour l'étape j, où λ_{ij} peut être positif, négatif ou nul. Si λ_{ij} est constant pour toutes les étapes réactionnelles, on peut écrire $\lambda_{ij} = \lambda_i$. Lorsque la condition $s_{ij} = \lambda_i s_{ej}$, avec $\lambda_i \neq 0$, est remplie pour toutes les étapes réactionnelles, il vient :

$$i_f(t)/J_{Xi}(0, t) = F \sum_{j=1}^{R} s_{ej} v_j(t) \Big/ \sum_{j=1}^{R} \lambda_i s_{ej} v_j(t) = F/\lambda_i$$

et le flux de chaque espèce vérifiant la relation $s_{ij} = \lambda_i s_{ej}$, $\forall$ j, avec $\lambda_i \neq 0$, est proportionnel à tout instant à la densité du courant faradique :

$$J_{Xi}(0, t) = \lambda_i i_f(t)/F$$

Lorsque s_{ij} et s_{ej} ne sont pas dans un même rapport dans toutes les étapes du mécanisme, le flux interfacial de l'espèce concernée n'est pas proportionnel à tout instant à la densité du courant faradique en régime dynamique. La discussion sera poursuivie ultérieurement dans le cas du régime stationnaire (cf. Pb. III.5).

3. Ainsi, pour les deux mécanismes de formation du dichlore par oxydation anodique des ions chlorure du Pb. I.1 (mécanismes de Volmer-Heyrovsky et de Volmer-Tafel), l'ion Cl^- satisfait la condition $s_{Cl^-,j} = - s_{ej}$ pour $j = 1, 2$ ($\lambda_{Cl^-} = - 1$) et donc $J_{Cl^-}(0, t) = - i_f(t)/F$ dans les deux cas. Par contre, les coefficients stœchiométriques du dichlore dissous et des électrons ne vérifient pas une même relation de proportionnalité dans les deux étapes du mécanisme et il n'existe pas de relation simple entre $J_{Cl_2}(0, t)$ et $i_f(t)$ en régime dynamique, comme noté dans le Pb. I.1. Le cas du régime stationnaire sera discuté ultérieurement (cf. Pb. III.5).

On pourrait également discuter le cas de mécanismes de réactions redox à plusieurs étapes mettant en jeu uniquement des espèces dissoutes, ou le mécanisme d'oxydation d'un métal en deux étapes de l'Ex. I.2, ou celui de la réaction d'insertion de l'hydrogène en deux étapes de l'Ex. I.8.3, ou enfin un des mécanismes envisageables pour la réduction du dioxygène dissous en eau et eau oxygénée en quatre étapes :

$$O_2 + 2\ s \leftrightarrow 2\ O,s$$

$$O,s + H^+ + e^- \leftrightarrow OH,s$$

$$OH,s + H^+ + e^- \leftrightarrow H_2O + s$$

$$2\ OH,s \leftrightarrow H_2O_2 + 2\ s$$

DEUXIÈME PARTIE

Réactions redox en régime stationnaire

CHAPITRE 1

Rappels de cours

1. Relations en régime stationnaire

1.1. Rappel des relations cinétiques

On rappelle que le comportement électrochimique d'une interface métal | électrolyte, plane et uniformément accessible, où se déroulent les R étapes du mécanisme réactionnel :

$$\sum_{i=1}^{N} r_{ij}\, X_i \underset{K'_j}{\overset{K_j}{\longleftrightarrow}} \sum_{i=1}^{N} p_{ij}\, X_i \pm n_j\, e \; ; j = 1, \ldots, R \qquad (1)$$

faisant intervenir N_v espèces volumiques X_i de l'électrolyte ou du matériau d'électrode et N_s espèces X_i dans une phase adsorbée à la surface du métal ($N = N_v + N_s$) est décrit par les équations suivantes qui donnent :

- la densité du courant faradique :

$$i_f(t) = F \sum_{j=1}^{R} s_{ej} v_j(t) \; ; \; s_{ej} = \pm n_j \qquad (2)$$

- la densité du courant total :

$$i = i_f(t) + i_{dc}(t) = i_f(t) + C_{dc}\, dE(t)/dt \qquad (3)$$

- les vitesses de transformation, production ou consommation, des espèces par unité de surface d'électrode, soit pour les espèces volumiques :

$$v_{X_i}(t) = \sum_{j=1}^{R} s_{ij} v_j(t) \text{ avec } s_{ij} = p_{ij} - r_{ij} \; ; \; i = 1, \ldots, N_v \qquad (4)$$

et pour les espèces de la phase adsorbée :

$$v_{X_i}(t) = dX_i(t)/dt = \Gamma\, d\theta_{X_i}(t)/dt = \sum_{j=1}^{R} s_{ij}v_j(t) \; ; \; i = N_v + 1, \ldots, N \quad (5)$$

- les variations des concentrations volumiques dans l'hypothèse de diffusion-convection :

$$\partial X_i(x, t)/\partial t = D_{X_i}\, \partial^2 X_i(x, t)/\partial x^2 - V(x, t)\, \partial X_i(x, t)/\partial x \; ; \; i = 1, \ldots, N_v \quad (6)$$

$V(x, t)$ pouvant être nul pour un transport diffusionnel,

- les conditions de continuité sur les vitesses de transformation des espèces volumiques et leurs flux de transport à l'interface métal | solution électrolytique (la présence du signe ± étant discutée dans la Qu. I.20) :

$$J_{X_i}(0, t) = -\, D_{X_i}\, \partial X_i(x, t)/\partial x_{|x=0} = \pm\, v_{X_i}(t) = \pm \sum_{j=1}^{R} s_{ij}v_j(t) \; ; \; i = 1, \ldots, N_v \quad (7)$$

- les conditions de transport de matière loin de cette interface, fixées par la géométrie du système électrochimique étudié,

- les valeurs initiales des concentrations fixées par les conditions expérimentales d'étude.

1.2. Relations cinétiques en régime stationnaire

L'état stationnaire d'équilibre ou état d'équilibre d'un système électrochimique se caractérise par la nullité de la densité du courant, de toutes les vitesses des étapes du mécanisme, des vitesses de consommation ou de production des espèces électroactives adsorbées ou volumiques et des flux de diffusion de ces dernières. Les concentrations des espèces adsorbées sont constantes, celles des espèces volumiques sont homogènes dans l'électrolyte ou le matériau d'électrode.

Un état ou régime stationnaire de non équilibre s'observe lorsque les variables d'entrée et de sortie du système (tension, courant ou l'inverse) ainsi que ses variables internes (concentrations des espèces électroactives) sont invariantes dans le temps. Les concentrations des espèces adsorbées sont constantes, celles des espèces volumiques ne dépendent que de la distance à l'interface électrode | solution électrolytique, les vitesses des étapes du mécanisme et les flux de diffusion interfaciaux des espèces volumiques sont constants mais non nuls, les vitesses de transformation des espèces volumiques sont constantes et celles des espèces de la phase adsorbée sont nulles.

Un tel état correspond aux conditions d'invariance dans le temps des signaux d'entrée et de sortie :

$$E(t) = E \; ; \; i(t) = i \qquad (8)$$

et aux conditions de stationnarité des concentrations des espèces électroactives volumiques :

$$\partial X_i(x, t)/\partial t = 0 \; ; \; i = 1, \ldots, N_v \qquad (9)$$

et des concentrations surfaciques ou des taux de recouvrement des espèces de la phase adsorbée :

$$dX_i(t)/dt = 0 \Leftrightarrow d\theta_{X_i}(t)/dt = 0 \; ; \; i = N_v + 1, \ldots, N \qquad (10)$$

On note par la suite $X_i(x)$ les concentrations volumiques stationnaires à la distance x de l'interface électrode | solution électrolytique, X_i et θ_{X_i} les concentrations surfaciques et taux de recouvrement stationnaires des espèces de la phase adsorbée.

Les Éq. (2-7) s'écrivent alors dans les conditions de stationnarité :

- densité du courant faradique :

$$i_f = F \sum_{j=1}^{R} s_{ej} v_j \qquad (11)$$

- densité du courant total :

$$i = i_f \qquad (12)$$

puisque le courant de charge de la capacité de double couche dans l'Éq. (3) est nul lorsque la tension de l'électrode est constante ;

- vitesses de transformation des espèces électroactives :

$$v_{X_i} = \sum_{j=1}^{R} s_{ij} v_j \; ; \; i = 1, \ldots, N_v \qquad (13)$$

$$v_{X_i} = \sum_{j=1}^{R} s_{ij} v_j = 0 \; ; \; i = N_v + 1, \ldots, N \qquad (14)$$

- équations différentielles des concentrations volumiques, en présence d'un sel support et de convection dans la solution (EDT) :

$$D_{X_i} \, d^2X_i(x)/dx^2 - V(x) \, dX_i(x)/dx = 0 \; ; \; i = 1, \ldots, N_v \qquad (15)$$

V(x) étant éventuellement nul pour un transport diffusionnel ;

- conditions de continuité à l'interface réactionnelle (la présence du signe ± est discutée dans la Qu. I.20) :

$$J_{X_i}(0) = -D_{X_i}\, dX_i(x)/dx_{|x=0} = \pm v_{X_i} = \pm \sum_{j=1}^{R} s_{ij} v_j \; ; i = 1, \ldots, N_v \quad (16)$$

Dans ces relations, les vitesses v_j des étapes de la réaction ont pour expressions :

$$v_j = K_j \prod_{i=1}^{N} X_i^{r_{ij}} - K'_j \prod_{i=1}^{N} X_i^{p_{ij}} \; ; j = 1, \ldots, R \quad (17)$$

où X_i désigne, pour simplifier, soit la concentration surfacique $X_i = \Gamma\, \theta_{X_i}$ d'une espèce adsorbée, soit la concentration volumique interfaciale $X_i(0)$ d'une espèce de l'électrolyte ou du matériau d'électrode. Les constantes de vitesse K_j et K'_j des étapes électrochimiques varient exponentiellement avec la tension stationnaire d'électrode E selon :

$$K_j \text{ ou } K'_j = K_{oj} = k_{oj} \exp(\alpha_{oj} n_j f E) \quad (18)$$

$$K'_j \text{ ou } K_j = K_{rj} = k_{rj} \exp(-\alpha_{rj} n_j f E) \quad (19)$$

pour une réaction électrochimique qui ne met pas en jeu d'espèces adsorbées ou, dans le cas contraire, lorsque le comportement de la phase adsorbée est décrit à l'équilibre par l'isotherme de Langmuir (cf. Rappels I).

Pour une étape chimique interfaciale, les constantes cinétiques sont indépendantes de la tension de l'électrode. $K_j = k_{dj}$ désigne alors dans l'Éq. (17) la constante de vitesse de la réaction chimique partielle de rang j se déroulant vers la droite et $K'_j = k_{gj}$ celle de la réaction partielle qui se déroule vers la gauche.

2. Profils de concentration des espèces électroactives volumiques en régime stationnaire

2.1. Diffusion linéaire dans une phase immobile

Le transport des espèces électroactives s'effectuant dans une phase non agitée, V(x) = 0 et l'Éq. (15) se réduit à la seconde loi de Fick, écrite en régime stationnaire :

$$D_{X_i}\, d^2X_i(x)/dx^2 = 0 \tag{20}$$

dont l'intégration conduit, pour une condition de diffusion restreinte, soit $J_{X_i}(\delta_{X_i}) = 0$, à la solution :

$$X_i(x) = \text{cte} \; ; \; x \in [0, \delta_{X_i}] \tag{21}$$

correspondant à un profil de concentration horizontal dans la couche de diffusion, et pour la condition $X_i(\delta_{X_i}) = X_i^*$, à la solution :

$$X_i(x) = X_i(0) + [X_i^* - X_i(0)]x/\delta_{X_i} \; ; \; x \in [0, \delta_{X_i}] \tag{22}$$

correspondant à une concentration qui suit une loi affine de la distance à l'électrode dans la couche de diffusion (Fig. 1) :

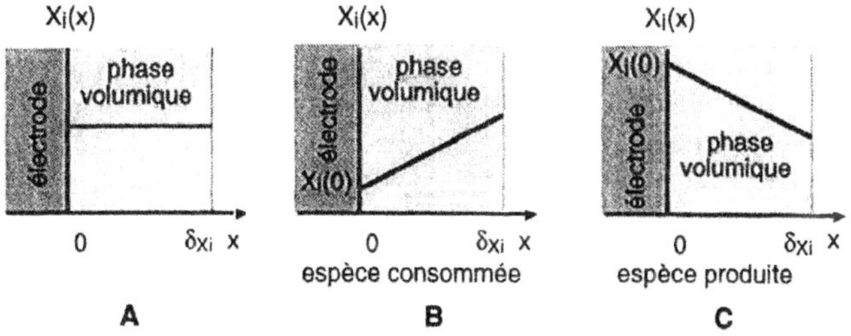

Figure 1 : Profils stationnaires de concentration des espèces électroactives en fonction de la distance à l'interface pour la diffusion linéaire. (A) flux nul (diffusion restreinte) à $x = \delta_{X_i}$; (B, C) concentration constante à $x = \delta_{X_i}$.

2.2. Modèle de diffusion-convection de Nernst

Le modèle simplifié de Nernst décrit la diffusion-convection dans un fluide en mouvement devant une électrode immobile. Il suppose l'existence, au contact de l'électrode, d'une couche mince d'électrolyte immobile d'épaisseur δ_{X_i} où seule la diffusion assure le transport de l'espèce X_i, c'est-à-dire où $V(x) = 0$.

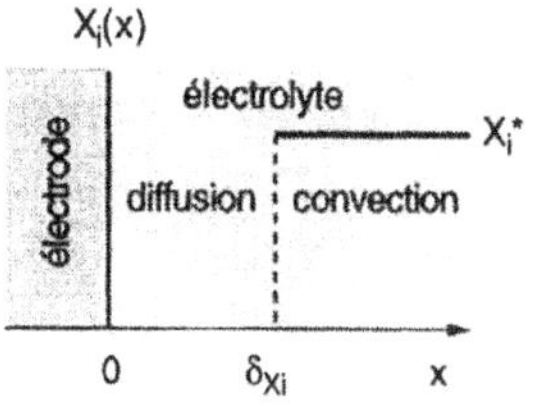

Figure 2 : Modèle de diffusion-convection de Nernst.

Au delà de cette couche, la solution électrolytique est supposée uniformément agitée et la concentration de l'espèce indépendante de la distance à l'interface (Fig. 2).

La condition $V(x) = 0$ pour $x \in [0, \delta_{Xi}]$ introduite dans l'Éq. (15) conduit à :

$$d^2X_i(x)/dx^2 = 0 \; ; \; x \in [0, \delta_{Xi}] \tag{23}$$

dont l'intégration, compte tenu de la condition à la limite :

$$X_i(\delta_{Xi}) = X_i^* \tag{24}$$

mène à :

$$X_i(x) = X_i(0) + [X_i^* - X_i(0)]x/\delta_{Xi} \; ; \; x \in [0, \delta_{Xi}] \tag{25}$$

x et δ_{Xi} sont exprimés en cm, $X_i(0)$ et X_i^* en mol cm^{-3} désignent respectivement la valeur stationnaire de la concentration interfaciale et sa valeur initiale. La concentration de l'espèce X_i varie selon une loi affine de la distance à l'électrode dans la couche de diffusion de Nernst et prend une valeur constante au delà (Fig. 3).

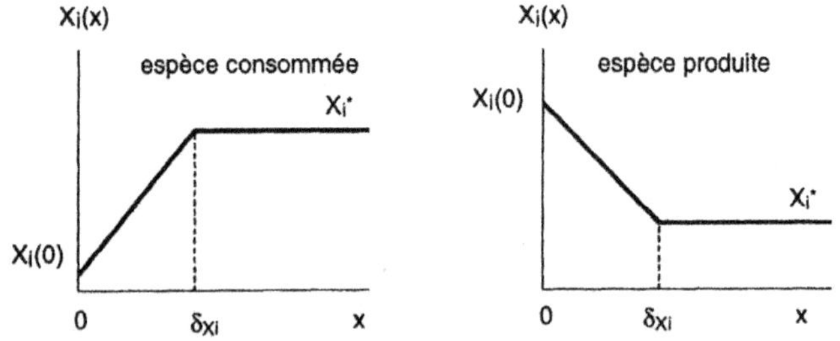

Figure 3 : Profils de concentration des espèces électroactives en fonction de la distance x à la surface de l'électrode. Modèle de diffusion-convection de Nernst.

Les valeurs stationnaires des flux de transport des espèces X_i s'écrivent à l'interface :

$$J_{Xi}(0) = -D_{Xi}\, dX_i(x)/dx_{|x=0} = -D_{Xi}[X_i^* - X_i(0)]/\delta_{Xi} = -m_{Xi}[X_i^* - X_i(0)] \tag{26}$$

où :

$$m_{Xi} = D_{Xi}/\delta_{Xi} \tag{27}$$

est la constante de transport de matière par diffusion de l'espèce X_i. $J_{Xi}(0)$ est exprimé en mol $cm^{-2}\,s^{-1}$, D_{Xi} en $cm^2\,s^{-1}$ et m_{Xi} en cm s^{-1}. Le modèle de

Nernst ne permet pas d'établir une expression théorique de l'épaisseur δ_{X_i} de la couche de diffusion et il introduit une discontinuité du flux et du mode de transport de matière à $x = \delta_{X_i}$ qui est peu satisfaisante d'un point de vue physique.

2.3. Électrode à disque tournant (EDT), Théorie de la diffusion-convection de Levich

L'Éq. (15) ne peut être résolue que lorsque la composante V(x) du vecteur vitesse du fluide selon la normale à la surface de l'électrode est connue. Celle-ci est solution de l'équation de Navier-Stokes. L'un des dispositifs pour lequel la résolution de cette équation peut être menée en régime hydrodynamique stationnaire est celui d'un disque en rotation autour de son axe à une vitesse angulaire Ω constante.

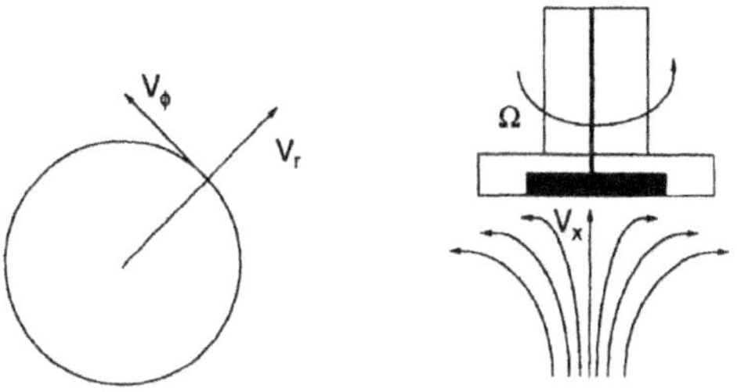

Figure 4 : Mouvement d'un fluide créé par un disque en rotation uniforme autour de son axe.

La rotation du disque entraîne dans son mouvement le fluide qui est rejeté vers l'extérieur selon des directions radiales. Le renouvellement de la solution devant le disque s'effectue grâce à un mouvement ascendant de solution le long de la direction normale à sa surface (Fig. 4). Lorsque l'on suppose que l'électrode est uniformément accessible, le fluide électrolytique incompressible et qu'un état stationnaire est établi, l'équation de diffusion-convection s'écrit :

$$D_{X_i}\, d^2X_i(x)/dx^2 - V(x)\, dX_i(x)/dx = 0 \qquad (28)$$

avec comme condition loin de l'interface (milieu semi-infini) :

$$X_i(\infty) = X_i^* \qquad (29)$$

L'Éq. (28) s'intègre une première fois entre zéro (interface électrode | électrolyte) et x, puis une seconde fois entre zéro et l'infini, compte tenu de sa condition limite (29), selon :

$$X_i(0) = X_i^* - (dX_i(x)/dx_{|x=0}) \int_0^{\infty} \exp \left[\int_0^{x} (V(u)/D_{Xi})\, du \right] dx \qquad (30)$$

L'intégrale se calcule en utilisant une expression de V(x), composante de la vitesse du déplacement du fluide selon la normale à la surface de l'électrode, donnée sous forme d'un développement polynômial. Pour une solution aqueuse dans laquelle $D_{Xi} \approx 10^{-6}$ cm^2 s^{-1}, on peut limiter le développement à son premier terme :

$$V(x) = -\,0{,}510\, \nu^{-1/2}\Omega^{3/2}x^2 \qquad (31)$$

où ν désigne la viscosité cinématique de la solution (cm^2 s^{-1}) et Ω la vitesse angulaire de rotation de l'électrode exprimée en rad s^{-1}. Le calcul mène à l'expression :

$$\delta_{Xi} = \int_0^{\infty} \exp \left[\int_0^{x} (V(u)/D_{Xi})\, du \right] dx = 1{,}611\, D_{Xi}^{1/3}\nu^{1/6}\Omega^{-1/2} \qquad (32)$$

Le paramètre δ_{Xi} à la dimension d'une longueur. Il s'agit d'une longueur caractéristique du transport de l'espèce X_i par diffusion et convection, parfois appelée épaisseur de couche de diffusion par analogie avec le modèle de Nernst décrit dans le paragraphe précédent. Il faut utiliser cette dernière expression avec précaution car elle peut entraîner des confusions. Cette couche n'a pas d'existence physique et le transport de matière n'y a pas lieu uniquement par diffusion mais par diffusion et convection. L'expression du flux de transport de l'espèce X_i à l'interface se tire des Éq. (16, 30, 32) :

$$J_{Xi}(0) = -\,D_{Xi}\, dX_i(x)/dx_{|x=0} = -\,D_{Xi}\,[X_i^* - X_i(0)]/\delta_{Xi} = -\,m_{Xi}[X_i^* - X_i(0)] \qquad (33)$$

où $m_{Xi} = D_{Xi}/\delta_{Xi}$ est la constante de transport de matière par diffusion-convection de l'espèce X_i. Elle est donnée, en utilisant (32), par :

$$m_{Xi} = 0{,}620\, D_{Xi}^{2/3}\nu^{-1/6}\Omega^{1/2} \qquad (34)$$

Le flux interfacial de l'espèce X_i est proportionnel à la différence de sa concentration au sein de la solution et à l'interface. On obtient l'expression suivante du profil concentration, distance à l'interface :

$$X_i(x) = X_i(0) + (1/\delta_{Xi})[X_i^* - X_i(0)] \int_0^x \exp\left[\int_0^u (V(v)/D_{Xi})\, dv\right] du \qquad (35)$$

où V(x) est donné par l'Éq. (31). L'intégrale se calcule numériquement. La Fig. 5 présente les profils de concentration des espèces électroactives en fonction de la distance à l'interface électrode | électrolyte.

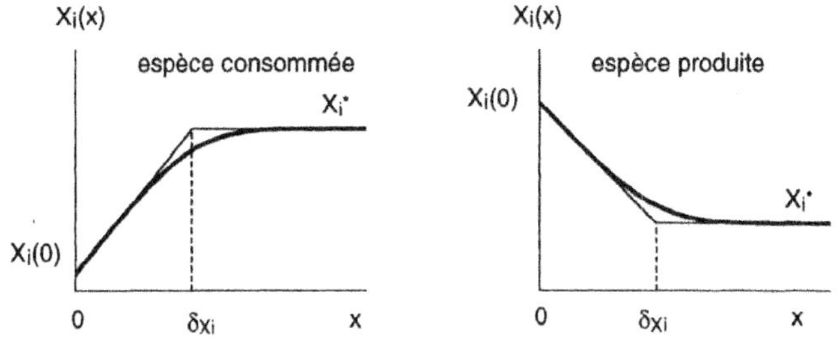

Figure 5 : Profils de concentration des espèces électroactives (traits épais) et profils linéarisés (traits fins) en fonction de la distance x à la surface d'une EDT.

On peut placer sur les diagrammes concentration, distance à la surface de l'électrode les longueurs δ_{Xi} en traçant les tangentes en x = 0 aux profils de concentration. Les points d'intersection de ces tangentes avec les droites horizontales d'ordonnée X_i^* déterminent les valeurs de δ_{Xi}. Il est utile, dans de nombreux cas, de raisonner en remplaçant les profils de concentration des espèces par leurs profils linéarisés définis par la tangente en x = 0 au profil de concentration pour $x \in [0, \delta_{Xi}]$ et de l'horizontale correspondant à $X_i = X_i^*$ pour $x > \delta_{Xi}$ (Fig. 5).

3. Étude de la réaction redox (E) sur EDT

La réaction de réduction de l'ion complexe cyané $Fe(CN)_6^{3-}$ ou la réaction inverse d'oxydation de l'ion complexe $Fe(CN)_6^{4-}$ se déroulant selon :

$$Fe(CN)_6^{3-} + e^- \leftrightarrow Fe(CN)_6^{4-} \qquad (36)$$

à la surface d'une électrode inattaquable, platine par exemple, plongée dans une solution aqueuse d'hexacyanoferrate III de potassium, d'hexacyanoferrate II de potassium et de potasse, est considérée comme une réaction redox simple car, d'une part, le mécanisme réactionnel comporte une seule étape de transfert électronique à l'interface électrode | solution et, d'autre part, la réaction s'effectue sans modification de la géométrie de coordination de l'ion complexe. Il n'y a donc pas d'étape chimique précédant ou suivant l'étape de transfert électronique. Un tel mécanisme, appelé mécanisme (E) (pour électrochimique) par les électrochimistes organiciens s'écrit plus généralement :

$$O + n\,e \leftrightarrow R \tag{37}$$

O et R désignant respectivement l'espèce oxydée et l'espèce réduite d'un couple redox, toutes deux dissoutes dans l'eau, ou dans un solvant organique, ou dans un sel fondu, etc., et n le nombre d'électrons échangés dans la réaction. Ce nombre est le plus souvent égal à un. Une réaction électrochimique procédant selon le mécanisme (E) met en jeu deux processus physiques élémentaires : le transfert électronique interfacial entre l'électrode et les espèces du couple redox et le transport des espèces au sein de la solution.

3.1. Relations cinétiques générales

Pour faire l'étude cinétique d'une réaction électrochimique redox, on suppose que cette réaction se déroule à la surface d'une électrode plane et uniformément accessible, c'est-à-dire que la vitesse de transfert électronique est la même en tous points de l'interface électrode | solution. On considère le transport de matière dans la solution électrolytique selon la normale à la surface de l'électrode et l'on néglige les flux de migration électrique des espèces électroactives devant leurs flux de diffusion-convection en présence d'un sel support. Le choix d'une EDT permet de contrôler les mouvements de convection dans la solution.

Pour le mécanisme redox (E) écrit dans le sens de la réduction :

$$O + n\,e \underset{K_o}{\overset{K_r}{\leftrightarrow}} R \tag{38}$$

la vitesse globale de la réaction électrochimique v(t), en mol cm^{-2} s^{-1}, s'exprime comme la différence entre la vitesse de la réaction partielle de réduction $v_r(t)$ et celle de la réaction partielle d'oxydation $v_o(t)$:

$$v(t) = v_r(t) - v_o(t) = K_r(t)O(0,\,t) - K_o(t)R(0,\,t) \tag{39}$$

Les constantes de vitesse de transfert électronique $K_o(t)$ et $K_r(t)$ varient exponentiellement avec la tension d'électrode E(t), selon :

$$K_o(t) = k_o \exp[\alpha_o n f E(t)] \quad (40)$$

$$K_r(t) = k_r \exp[-\alpha_r n f E(t)]\ ;\ f = F/(RT)\ ;\ \alpha_o + \alpha_r = 1 \quad (41)$$

où k_o, k_r, en cm s^{-1}, sont les paramètres cinétiques du transfert électronique dans le sens de l'oxydation et de la réduction et α_o, α_r les facteurs de symétrie correspondants supposés invariants avec la tension d'électrode.

La densité i(t) du courant traversant l'électrode est la somme de la densité $i_f(t)$ du courant faradique lié au déroulement de la réaction électrochimique et de la densité $i_{dc}(t)$ du courant de charge de la capacité de double couche interfaciale C_{dc} supposée indépendante de la tension d'électrode :

$$i(t) = i_f(t) + i_{dc}(t) = i_f(t) + C_{dc}\, dE(t)/dt \quad (42)$$

avec :

$$i_f(t) = -nFv(t) = nF[v_o(t) - v_r(t)] = nF[K_o(t)R(0,t) - K_r(t)O(0,t)] \quad (43)$$

La réaction redox est étudiée sur une EDT. Si l'on suppose les coefficients de diffusion des deux espèces redox constants et l'on néglige les flux de migration électrique de ces espèces devant ceux de diffusion-convection, les concentrations volumiques interfaciales O(0, t) et R(0, t) sont solutions des équations de diffusion-convection dans la solution, où V(x) désigne la vitesse de déplacement de la solution perpendiculairement à la surface de l'électrode :

$$\partial O(x, t)/\partial t = D_O\, \partial^2 O(x, t)/\partial x^2 - V(x)\, \partial O(x, t)/\partial x \quad (44)$$

$$\partial R(x, t)/\partial t = D_R\, \partial^2 R(x, t)/\partial x^2 - V(x)\, \partial R(x, t)/\partial x \quad (45)$$

compte tenu des conditions de continuité entre les vitesses de consommation ou de production des espèces redox et leurs flux de transport de matière à l'interface électrode | solution, l'axe des abscisses étant orienté de l'interface vers le sein de la solution :

$$J_O(0, t) = -D_O\, \partial O(x, t)/\partial x_{|x=0} = v_O(t) = -v(t) \quad (46)$$

$$J_R(0, t) = -D_R\, \partial R(x, t)/\partial x_{|x=0} = v_R(t) = v(t) \quad (47)$$

et de l'hypothèse d'un milieu électrolytique semi-infini :

$$O(\infty, t) = O^*\ ;\ R(\infty, t) = R^* \quad (48)$$

O^* et R^* désignant les concentrations constantes au sein de la solution.

3.2. Relations cinétiques en régime stationnaire

Un état stationnaire de non équilibre d'un système électrochimique est réalisé lorsque le courant et la tension d'électrode sont constants dans le temps, ce qui implique que les concentrations des espèces qui participent à la réaction d'électrode, les conditions de convection de la solution, la température de la cellule électrochimique, la surface active de l'électrode soient invariantes. Les Éq. (39-41) deviennent en régime stationnaire :

$$v = K_rO(0) - K_oR(0) \tag{49}$$

avec :

$$K_o = k_o \exp(\alpha_o n f E) \tag{50}$$

$$K_r = k_r \exp(-\alpha_r n f E) \tag{51}$$

La cinétique de la réaction redox est décrite par les équations suivantes tirées des Éq. (42, 43) et de la résolution des équations de transport de matière (43-48) dans le cadre de la théorie de Levich (cf. Éq. (33) et (34)):

$$i = i_f = -nFv = nF[K_oR(0) - K_rO(0)] \tag{52}$$

$$J_O(0) = -m_O[O^* - O(0)] = v_O = -v = K_oR(0) - K_rO(0) \tag{53}$$

$$J_R(0) = -m_R[R^* - R(0)] = v_R = v = K_rO(0) - K_oR(0) \tag{54}$$

où :

$$m_O = D_O/\delta_O \; ; \; m_R = D_R/\delta_R \tag{55}$$

sont les constantes de transport des espèces O et R par diffusion-convection en régime stationnaire, dont les expressions s'écrivent pour une EDT :

$$m_O = 0{,}620\, D_O^{2/3} \nu^{-1/6} \Omega^{1/2} \tag{56}$$

$$m_R = 0{,}620\, D_R^{2/3} \nu^{-1/6} \Omega^{1/2} \tag{57}$$

où D_O et D_R sont les coefficients de diffusion des espèces redox et δ_O et δ_R les longueurs caractéristiques de transport tirées de la théorie de Levich.

3.3. État d'équilibre, état standard

Le courant d'électrolyse, la vitesse de la réaction redox, les flux de diffusion des espèces électroactives sont nuls à l'état d'équilibre (éq) et leurs concentrations interfaciales sont égales aux concentrations du sein de la solution :

$$i_{éq} = i_{f,éq} = 0 \; ; \; R_{éq}(0) = R^* \; ; \; O_{éq}(0) = O^* \; ; \; E = E_{éq} \tag{58}$$

$$i_{f,éq} = nF[k_o R^* \exp(\alpha_o n f E_{éq}) - k_r O^* \exp(-\alpha_r n f E_{éq})] = 0 \tag{59}$$

Bien que le courant d'électrolyse soit nul, il y a échange continuel entre l'électrolyte et l'électrode à l'état d'équilibre. Les deux réactions partielles de transfert électronique dans le sens de l'oxydation et dans celui de la réduction se déroulent avec des vitesses égales à l'interface électrode | solution : $v_{o,éq} = v_{r,éq} = i_0/(nF)$. Chacune de ces vitesses est proportionnelle à la densité du courant d'échange, i_0 en A cm^{-2}, dont les deux expressions équivalentes suivantes sont tirées de la condition d'équilibre (59) :

$$i_0 = nFk_o R^* \exp(\alpha_o n f E_{éq}) = nFk_r O^* \exp(-\alpha_r n f E_{éq}) \tag{60}$$

La tension d'abandon de l'électrode ou tension sous courant nul, tirée également de l'expression (59), est dans ce cas une tension d'équilibre qui suit la loi de Nernst :

$$E_{éq} = E_{th,O/R} = E^\circ_{O/R} + (nf)^{-1} \ln(O^*/R^*) \tag{61}$$

où :

$$E^\circ_{O/R} = (nf)^{-1} \ln[k_r c^\circ/(k_o c^\circ)] = (nf)^{-1} \ln(k_r/k_o) \tag{62}$$

désigne la tension d'équilibre dans les conditions standard de concentration ($c^\circ = 1$ mol L^{-1}) ou plus simplement la tension ou potentiel standard du couple redox et $f = F/(RT)$.

Les expressions (60) de i_0 se réécrivent, compte tenu de (61) :

$$i_0 = nFk_o R^{*\alpha_r} O^{*\alpha_o} \exp(\alpha_o n f E^\circ_{O/R}) \tag{63}$$

et, de manière équivalente :

$$i_0 = nFk_r R^{*\alpha_r} O^{*\alpha_o} \exp(-\alpha_r n f E^\circ_{O/R}) \tag{64}$$

soit :

$$i_0 = nFk^\circ R^{*\alpha_r} O^{*\alpha_o} \tag{65}$$

en posant :

$$k^\circ = k_o \exp(\alpha_o n f E^\circ_{O/R}) = k_r \exp(-\alpha_r n f E^\circ_{O/R}) \tag{66}$$

$$k^\circ = k_o^{\alpha_r} k_r^{\alpha_o} \tag{67}$$

k°, en cm s^{-1}, est la constante standard de vitesse de transfert électronique du système redox. C'est la valeur commune des constantes de vitesse K_o et K_r lorsque la tension stationnaire de l'électrode est égale au potentiel standard du système $E = E°_{O/R}$. La valeur de la constante standard de vitesse de transfert électronique k° est indépendante du choix de l'électrode de référence utilisée lors de l'étude d'un système redox, alors que celles des paramètres cinétiques de transfert, k_o dans le sens de l'oxydation et k_r dans celui de la réduction, en dépendent.

3.4. Relations densité de courant, concentrations interfaciales

Il est possible, à partir des relations (52-54), d'exprimer la densité du courant stationnaire en fonction de la concentration interfaciale de l'espèce produite ou de l'espèce consommée par la réaction d'électrode selon :

$$i_f = -\,nFm_O[O^* - O(0)] \Leftrightarrow O(0) = O^* + i_f/(nFm_O) \qquad (68)$$

$$i_f = nFm_R[R^* - R(0)] \Leftrightarrow R(0) = R^* - i_f/(nFm_R) \qquad (69)$$

Sur ces expressions, on vérifie qu'il y a appauvrissement (resp. enrichissement) interfacial en O et enrichissement (resp. appauvrissement) en R lorsque la réaction redox se déroule globalement dans le sens de la réduction correspondant à $i_f < 0$ (resp. de l'oxydation pour $i_f > 0$). De (68) et (69), on déduit :

$$m_O[O(0) - O^*] + m_R[R(0) - R^*] = 0 \qquad (70)$$

ou encore après simplification, compte tenu des expressions (56, 57) des constantes de vitesse de transport de matière m_O et m_R :

$$D_O^{2/3}[O(0) - O^*] + D_R^{2/3}[R(0) - R^*] = 0 \qquad (71)$$

ce qui montre que lorsque les coefficients de diffusion sont égaux, la somme des concentrations interfaciales des deux espèces redox est constante et égale à la somme des concentrations de ces mêmes espèces au sein de la solution électrolytique :

$$D_O = D_R \Rightarrow O(0) + R(0) = O^* + R^* \qquad (72)$$

3.5. Relation densité de courant, tension en k_o, k_r, E

En remplaçant les concentrations interfaciales R(0) et O(0) dans la relation (52) par leurs expressions tirées des relations (68) et (69), on établit une première expression de la densité du courant d'électrolyse en fonction de la tension d'électrode en régime stationnaire :

$$i_f = \frac{nF(K_oR^* - K_rO^*)}{1 + K_o m_R^{-1} + K_r m_O^{-1}} \qquad (73)$$

qui s'écrit encore, en explicitant les constantes de vitesse K_o et K_r selon (50) et (51) :

$$i_f = \frac{nF[k_oR^* \exp(\alpha_o nfE) - k_rO^* \exp(-\alpha_r nfE)]}{1 + k_o m_R^{-1} \exp(\alpha_o nfE) + k_r m_O^{-1} \exp(-\alpha_r nfE)} \qquad (74)$$

3.6. Relation densité de courant, tension en k°, E – E°$_{O/R}$

En utilisant les deux expressions équivalentes (66) de la constante standard de vitesse de transfert électronique, k°, puis en posant :

$$\xi = nf(E - E°_{O/R}) \qquad (75)$$

on déduit de (74) l'expression suivante de la densité du courant stationnaire en fonction de la tension d'électrode réduite ξ :

$$i_f = \frac{nFk°[R^* \exp(\alpha_o\xi) - O^* \exp(-\alpha_r\xi)]}{1 + k°[m_R^{-1} \exp(\alpha_o\xi) + m_O^{-1} \exp(-\alpha_r\xi)]} \qquad (76)$$

3.7. Relation densité de courant, surtension en i_0, η

On obtient une troisième expression de la densité de courant en introduisant dans la relation (73) la densité du courant d'échange définie précédemment selon (60) et la surtension d'électrode relative à la réaction redox, qui est égale à la différence entre la tension stationnaire de l'électrode et la tension d'équilibre du système redox :

$$\eta = E - E_{éq} = E - E_{th,O/R} \qquad (77)$$

Multipliant et divisant l'expression (73) de i_f par i_0, il vient :

$$i_f = i_0\{[R(0)/R^*] \exp(\alpha_o nf\eta) - [O(0)/O^*] \exp(-\alpha_r nf\eta)\} \qquad (78)$$

De (68) et (69), on tire pour $O^* \neq 0$ et $R^* \neq 0$:

$$O(0)/O^* = 1 + i_f/(nFm_OO^*) \qquad (79)$$

$$R(0)/R^* = 1 - i_f/(nFm_RR^*) \qquad (80)$$

et l'on déduit, en portant les expressions précédentes dans (78), que :

$$i_f = \frac{i_0\,[\exp(\alpha_o n f\eta) - \exp(-\alpha_r n f\eta)]}{1 + (i_0/nF)\,[(R^* m_R)^{-1}\exp(\alpha_o n f\eta) + (O^* m_O)^{-1}\exp(-\alpha_r n f\eta)]} \qquad (81)$$

ou encore, en faisant apparaître les densités des courants limites i_{dR} et i_{dO} définies selon (83) et (84) :

$$i_f = \frac{i_0\,[\exp(\alpha_o n f\eta) - \exp(-\alpha_r n f\eta)]}{1 + i_0\,\{[\exp(\alpha_o n f\eta)/i_{dR}] - [\exp(-\alpha_r n f\eta)/i_{dO}]\}} \qquad (82)$$

$$\eta \to \infty \Rightarrow i_f \to i_{dR} = nFm_R R^* \qquad (83)$$

$$\eta \to -\infty \Rightarrow i_f \to i_{dO} = -\,nFm_O O^* \qquad (84)$$

i_{dR} est la densité du courant limite stationnaire d'oxydation de l'espèce R observé lorsque la concentration de l'espèce consommée par la réaction électrochimique, ici l'espèce R, est nulle à l'interface électrode | solution. De même, i_{dO} est la densité du courant limite stationnaire de réduction de l'espèce O observé lorsque la concentration de cette espèce est nulle à l'interface électrode | solution.

Remarque 1 : Lorsque les deux espèces du couple redox sont présentes au sein de la solution à l'instant initial, $O^* \neq 0$ et $R^* \neq 0$, les trois expressions de la densité de courant (73, 76, 82) peuvent être utilisées indifféremment. Dans le cas contraire, lorsque $O^* = 0$ ou lorsque $R^* = 0$, la densité du courant d'échange et la surtension d'électrode relative à la réaction ne peuvent pas être définies. Les deux premières expressions de la densité de courant (73) et (76) sont alors seules valides.

Remarque 2 : Les numérateurs des Éq. (73), (76) et (82) sont trois expressions équivalentes de la densité du courant de transfert obtenu lorsque $O(0) \approx O^*$ et $R(0) \approx R^*$.

CHAPITRE 2

Énoncés

1. Questions

Question II.1

Définir état ou régime stationnaire, dynamique, transitoire, permanent d'un système électrochimique.

Question II.2

Définir les conditions de stationnarité d'une interface électrode | électrolyte.

Question II.3

Le transport de matière par diffusion d'une espèce électroactive peut-il être réalisé en régime stationnaire dans le cas de la diffusion linéaire semi-infinie, finie ou restreinte, et dans celui de la diffusion radiale cylindrique ou sphérique ([1]), en considérant dans ce dernier cas la diffusion dans un électrolyte semi-infini, du sein de l'électrolyte vers la surface du cylindre ou de la sphère ?

Question II.4

La condition d'invariance de la concentration à une distance finie de l'interface réactionnelle est nécessaire à l'établissement d'un régime stationnaire pour une électrode plane (cf. Qu. II.3). Formaliser cette condition pour une cellule électrochimique classique sur l'exemple d'une réaction redox simple $O + n\,e \leftrightarrow R$.

1. Seules les électrodes planes sont considérées dans la suite de ce recueil.

Question II.5

L'utilisation d'une électrode à disque tournant (EDT) permet de contrôler la vitesse d'écoulement du fluide électrolytique au voisinage de l'électrode. Imaginer d'autres dispositifs capables de remplir le même rôle. Quel est l'intérêt de l'EDT par rapport aux autres dispositifs ?

Question II.6

Le modèle de diffusion-convection de Nernst (couche limite de diffusion) est parfois utilisé en cinétique électrochimique. Quels en sont les inconvénients ?

Question II.7

Quelles sont les conditions de validité du modèle de diffusion-convection développé par Levich pour l'EDT ?

Question II.8

Donner l'expression de la longueur caractéristique δ_X et celle de la constante (2) de transport de matière m_X par diffusion et convection d'une espèce électroactive X de l'électrolyte lorsque la vitesse de rotation de l'électrode à disque tournant est exprimée en tr min^{-1}.

Question II.9

Calculer la longueur caractéristique δ_X de transport de matière par diffusion et convection d'une espèce X pour $D_X = 6\ 10^{-6}$ $cm^2\ s^{-1}$, $\nu = 10^{-2}$ $cm^2\ s^{-1}$ et une vitesse de rotation de l'électrode de 10^3 tr min^{-1}. Comparer cette longueur à la dimension typique d'une électrode et d'un bécher. Calculer également la constante de transport de matière pour les valeurs des paramètres précédents.

Question II.10

Que peut-on dire des constantes de transport de matière par diffusion-convection des deux espèces d'un couple redox lorsque leurs coefficients de diffusion sont égaux ?

Question II.11

Qu'appelle-t-on réaction électrochimique simple et, par opposition, réaction électrochimique non-simple ?

---

2. Notons que la constante de transport de matière, terme consacré par l'usage, varie toutefois avec la vitesse de rotation de l'électrode.

Question II.12

Les paramètres cinétiques de transfert électronique figurant dans la relation courant, tension caractéristique d'une réaction simple O + n e ↔ R sont la constante standard de vitesse de transfert électronique k° ou de manière équivalente les paramètres k_o et k_r respectivement dans le sens de l'oxydation et de la réduction (cf. Rappels II). Quel est l'intérêt d'utiliser k° plutôt que k_o et k_r ? Montrer que k_o et k_r sont liés au potentiel thermodynamique standard du couple redox O/R.

Question II.13

Les trois expressions (cf. Rappels II) de la densité de courant en fonction de la tension d'électrode en régime stationnaire, pour une réaction redox simple, peuvent-elles être utilisées indifféremment lorsqu'une seule espèce du couple est mise en solution à l'instant initial ($O^* = 0$ ou $R^* = 0$) ? Proposer différentes formes de courbes i_f vs. E qui peuvent exister pour cette réaction ([3]).

Question II.14

Les relations i_f vs. E de la question précédente sont valides lorsque la tension de l'électrode de travail relative à une électrode de référence est corrigée du terme de chute ohmique dans la solution électrolytique. Montrer sur un exemple comment la résistance de l'électrolyte modifie la courbe i_f vs. V, où V est la tension d'électrode incluant la chute ohmique.

Question II.15

La densité du courant de transfert électronique i_t peut être définie pour une réaction redox simple, O + n e ↔ R où O et R sont deux espèces dissoutes, comme la densité du courant hypothétique que l'on obtiendrait si, quelle que soit la tension d'électrode imposée, les valeurs des concentrations interfaciales de O et de R ne s'écartaient pas de leurs valeurs initiales au sein de la solution. Dans quelle condition l'égalité $i_f = i_t$ est-elle strictement valide ? Quelle condition sur la constante standard de vitesse de transfert électronique k°, les constantes de transport de matière m_O et m_R et la tension d'électrode E doit être remplie pour que i_f s'écarte peu de i_t ? Quelle conséquence cela entraîne-t-il sur la valeur de k° ? L'expression "en absence de diffusion" est parfois utilisée pour caractériser le régime limite de transfert électronique ($i_f \approx i_t$). Commenter cette expression.

3. La notation y vs. x désigne le graphe de la fonction y(x) ou son expression.

Question II.16

Lorsque la concentration interfaciale d'une espèce consommée électrochimiquement tend vers zéro, il est tentant de dire que "l'espèce est totalement consommée à l'interface". Cette idée se retrouve dans certains ouvrages d'électrochimie, par exemple dans l'un récent où l'on peut lire : "En effet, si le réactif est transformé instantanément à la surface de l'électrode, la vitesse d'apport des espèces de la solution vers l'électrode ne comble pas la disparition du réactif et sa concentration à l'interface tend à s'annuler". Ces commentaires sont-ils pertinents ?

Question II.17

Lorsque le courant stationnaire atteint sa valeur limite due au transport de matière du réactif au voisinage de l'interface électrode | électrolyte, la cinétique de la réaction électrochimique est dite contrôlée par le transport du réactif. Le terme contrôle diffusionnel est consacré par l'usage, bien que contrôle par diffusion-convection soit plus correct pour une EDT. Montrer qu'un contrôle diffusionnel peut être réalisé hors du courant limite. Dans quelles conditions ?

Question II.18

Un ouvrage récent de thermodynamique et cinétique électrochimique propose la définition suivante du régime cinétique mixte de diffusion-transfert pour une réaction électrochimique simple : "lorsque la vitesse de transfert de charge à l'interface est de l'ordre de grandeur de la vitesse d'apport des réactifs à l'électrode, on a affaire à un régime mixte de diffusion-transfert". Discuter cette définition et éventuellement en proposer une autre.

Question II.19

Rapidité et réversibilité cinétique d'un transfert électronique interfacial sont parfois utilisées comme synonymes. Définir ces deux termes puis en prenant l'exemple d'une réaction redox simple, $O + n\,e \leftrightarrow R$ où O et R sont deux espèces dissoutes, et en supposant pour simplifier que la concentration initiale R^* est nulle, montrer que rapidité et réversibilité cinétique d'un transfert électronique sont liées mais non synonymes.

Question II.20

Lorsque plusieurs réactions électrochimiques se déroulent simultanément à une interface électrode | électrolyte, comme, par exemple, lors de l'oxydation d'un métal et de la réduction simultanée du proton, le courant total d'électrode est la somme des courants partiels relatifs aux différentes réactions, à condition que les mécanismes de ces réactions soient indépendants c'est-à-dire ne possèdent pas d'étapes communes. Dans quelle condition l'additivité des courants entraîne-t-elle celle des densités de courant ? Existe-t-il des contre-exemples ?

Question II.21

Définir potentiel et courant de corrosion d'un métal, en se limitant au cas de la corrosion uniforme. Le potentiel de corrosion peut-il être prévu uniquement à partir de considérations d'ordre thermodynamique ?

2. Exercices

Exercice II.1 (État stationnaire, coulométrie potentiostatique)

1. On étudie sur une EDT de surface S la réduction d'une espèce O dans une solution contenant cette espèce à une faible concentration initiale et un électrolyte support. Quelle est l'expression du courant limite stationnaire de réduction de l'espèce O ?

2. L'expression précédente suppose que la concentration en espèce O est constante au sein de la solution, c'est-à-dire à distance de l'interface. Les conditions de validité de cette hypothèse ont été discutées qualitativement (cf. Qu. II.4). On suppose tout d'abord que la réaction O + n e ↔ R se déroule en sens inverse, sans réactions parasites, donc à la même vitesse sur l'électrode de travail et l'électrode auxiliaire de la cellule électrochimique. L'hypothèse précédente est-elle vérifiée ?

3. On suppose ensuite que la réaction O + n e ↔ R se déroule seule à la surface de l'électrode de travail et que les espèces O et R ne réagissent pas à celle de l'électrode auxiliaire. Établir l'expression de la variation du nombre de moles, $dN_O(t)/dt$, d'espèce O au cours du temps. La concentration de l'espèce O peut-elle être considérée comme constante au sein de la solution ?

4. Le potentiel de l'électrode de travail est fixé à une valeur correspondant au courant limite cathodique. Les hypothèses du milieu électrolytique semi-infini et du régime stationnaire ne sont pas valides pour un temps d'expérience suffisamment long. Toutefois, l'évolution temporelle du système étant suffisamment lente, on peut, en première approximation, continuer à utiliser l'expression du courant limite établie en régime stationnaire pour décrire la valeur instantanée de ce courant en régime dynamique, en remplaçant

I_{dO} et O* par $I_{dO}(t)$ et $O(\infty, t)$ dans cette expression. Montrer, en utilisant les expressions précédentes de $dN_O(t)/dt$ et de $I_{dO}(t)$, que $O(\infty, t)$ est solution d'une équation différentielle. Établir, par intégration, la loi de variation de $O(\infty, t)$ puis celle de $I_{dO}(t)$ avec le temps. De quels paramètres dépend cette variation ? Comment la minimiser (état "quasi stationnaire") ou au contraire l'amplifier (coulométrie potentiostatique) ? Quelle est, par exemple, la variation relative du courant limite sur une durée d'une heure lorsque $D_O = 5\ 10^{-6}$ cm^2 s^{-1}, $\delta_O = 10$ µm, S = 0,1 cm^2 et V = 0,1 L où S et V sont respectivement la surface de l'électrode et le volume de solution électrolytique ?

Exercice II.2 (Construction de Tafel pour le courant de transfert)

On étudie un système redox O/R dans une solution aqueuse désaérée qui contient les deux espèces O et R à la concentration de 10^{-1} mol L^{-1} chacune. Calculer le potentiel thermodynamique standard du couple redox sachant que la tension d'équilibre d'une électrode de platine mesurée dans cette solution à 20 °C vaut 0,150 V/ENH et supposant les coefficients d'activité égaux.

On admet que le mécanisme de la réaction d'électrode est simple c'est-à-dire qu'il comporte une seule étape de transfert électronique interfacial R $\leftrightarrow$ O + 2 e. On utilise une électrode en platine de 0,2 cm^2 de surface et la solution précédente pour tracer le graphe log | I_f | vs. η (Fig. 1) en régime stationnaire. Le graphe est indépendant des conditions d'agitation de la solution. Quelles conclusions peut-on en déduire en ce qui concerne les concentrations interfaciales des espèces O et R ?

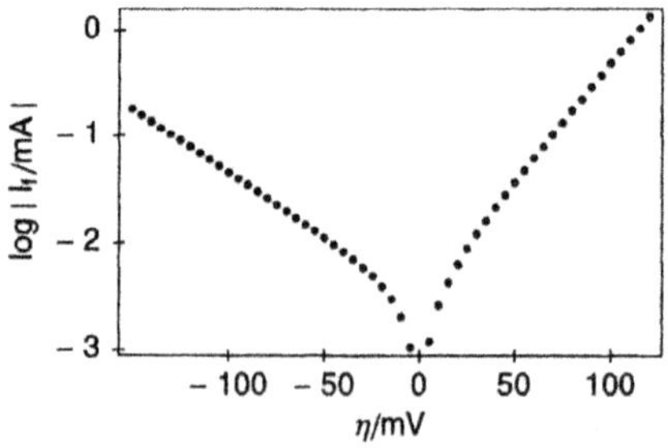

Figure 1 : Graphe log | I_f | vs. η pour l'électrode de Pt dans la solution considérée. Le graphe est corrigé du terme de chute ohmique dans l'électrolyte.

Calculer les valeurs du courant d'échange I_0 à l'équilibre, de la densité de ce courant i_0, des facteurs de symétrie du transfert interfacial α_o et α_r, de la constante standard de vitesse du transfert électronique k° et celles des paramètres cinétiques k_o et k_r.

Exercice II.3 (Profils de concentration)

On étudie un système redox O + e ↔ R sur une EDT dans une solution électrolytique contenant les deux espèces redox O et R dissoutes (concentrations initiales O* = 2 R*) et un sel support. On trace la courbe courant, tension d'électrode caractéristique du système redox en régime stationnaire (Fig. 1).

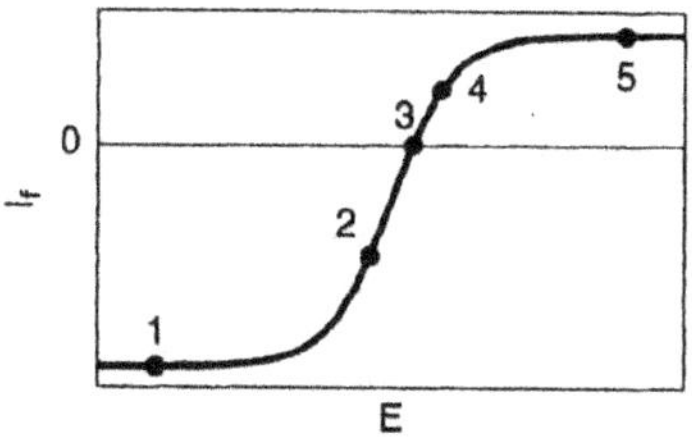

Figure 1 : Courbe stationnaire courant, tension d'électrode pour O* = 2 R* et $D_O = D_R$. (1) courant limite cathodique, (2) tension de demi-courant limite cathodique, (3) tension d'équilibre, (4) tension de demi-courant limite anodique, (5) courant limite anodique.

Représenter les profils de concentration linéarisés (4) des deux espèces redox au voisinage de l'interface pour les tensions d'électrode qui correspondent aux points 1-5 de la Fig. 1. On suppose que $D_O = D_R$.

Exercice II.4 (Densité de courant d'échange, concentrations interfaciales)

On étudie un système électrochimique composé d'une EDT de carbone vitreux (électrode de travail) et d'une solution électrolytique contenant l'espèce Fe^{III} (5) et l'espèce Fe^{II} dissoutes en faibles concentrations et un sel support en forte concentration. Le système fait partie d'une cellule électrochimique comportant en outre une électrode auxiliaire de Pt et une électrode de référence. Lorsqu'aucun courant ne traverse la cellule, on suppose que l'équilibre entre les espèces Fe^{III} et Fe^{II} est réalisé à la surface de l'électrode de travail. On étudie la cinétique de la réaction Fe^{III} + e ↔ Fe^{II} en polarisant anodiquement puis cathodiquement cette électrode. On néglige la chute ohmique dans la solution électrolytique. Soit $D_{FeII} = D_{FeIII} = 6\ 10^{-6}\ cm^2\ s^{-1}$.

4. On appelle profil de concentration linéarisé un profil réduit à ses deux asymptotes.

5. La notation X^N où N est un chiffre romain est utilisée pour une forme complexée de l'espèce X au degré d'oxydation N.

1. Pour la réaction considérée, on connaît $k° = 10^{-4}$ cm s^{-1}, $\alpha_o = \alpha_r = 0,5$, $Fe^{III*} = Fe^{II*} = 10^{-2}$ mol L^{-1}. Calculer la valeur de la densité du courant d'échange i_0.

2. Calculer les concentrations volumiques interfaciales des espèces Fe^{II} et Fe^{III} pour les valeurs suivantes de la densité de courant : 2 10^{-3} A cm^{-2} puis – 2 10^{-3} A cm^{-2}, une vitesse de rotation d'électrode de 2000 tr min^{-1} et une viscosité cinématique de 10^{-2} cm^2 s^{-1}.

3. Calculer les surtensions d'électrode relatives à la réaction redox Fe^{III} + e $\leftrightarrow$ Fe^{II} pour les valeurs des paramètres et de la densité du courant indiquées précédemment.

Exercice II.5 (Réversibilité cinétique, système Nernstien)

Montrer que l'hypothèse d'un transfert électronique interfacial cinétiquement réversible pour la réaction O + n e $\leftrightarrow$ R, conduit à une relation, de la forme de la relation de Nernst, entre les valeurs stationnaires de la tension d'électrode et des concentrations interfaciales des espèces redox, hors équilibre.

Exercice II.6 (Prévision de réactions aux électrodes)

On étudie le système redox $Fe(CN)_6^{3-}/Fe(CN)_6^{4-}$ sur une EDT de platine de 2 mm de diamètre tournant à la vitesse de 4000 tr min^{-1}. La solution électrolytique est une solution de potasse 1 M contenant 2 10^{-2} mol L^{-1} de chacune des espèces redox, dégazée par barbotage d'argon et thermostatée à 25 °C, dont la viscosité cinématique vaut 10^{-2} cm^2 s^{-1}. L'électrode auxiliaire est en platine et l'électrode de référence (Réf) une électrode à oxyde mercurique. La tension d'abandon de l'électrode de travail est égale à 340 mV/Réf.

1. On impose une tension d'électrode de 400 mV/Réf pour laquelle on peut négliger toute réaction parasite. Dans quel sens se déroule globalement la réaction redox ? Calculer la valeur du courant stationnaire en négligeant la chute ohmique dans la solution, en supposant que $D_O = D_R = 6\ 10^{-6}$ cm^2 s^{-1} et que le transfert électronique interfacial est cinétiquement réversible (système Nernstien).

2. On impose ensuite un courant cathodique d'intensité 0,25 mA en valeur absolue. Calculer la tension de l'électrode de travail en régime stationnaire en conservant l'hypothèse d'un transfert électronique interfacial réversible. Donner l'allure de la courbe I_f vs. E pour la réaction considérée.

3. Que peut-on dire de la valeur de la tension de l'électrode de travail lorsqu'on impose dans le domaine cathodique un courant d'intensité égale en valeur absolue à 1 mA ?

Exercice II.7 (Contrôle cinétique d'une réaction redox)

Le diagramme de zones de contrôle cinétique d'une réaction redox simple O + n e ↔ R étudiée sur EDT dans une solution contenant les espèces R et/ou O dissoutes en faibles concentrations et un électrolyte support est rappelé sur la Fig. 1. Les conditions d'observation des différents types de contrôle cinétique ont été discutées dans les Qu. II.15, 17 et 18. Le principe de construction de diagrammes de zones cinétiques est indiqué dans l'ouvrage : Cinétique Électrochimique, Hermann, 1996. Chaque zone est définie par la condition $(i_{lim} - i_f)/i_f \leq 0{,}05 \Leftrightarrow i_f \approx i_{lim}$ où i_{lim} désigne la densité du courant limite correspondant, soit $i_{lim} = i_t$ pour le contrôle cinétique par le transfert électronique interfacial et $i_{lim} = i_d$ pour le contrôle par le transport de matière dans la solution.

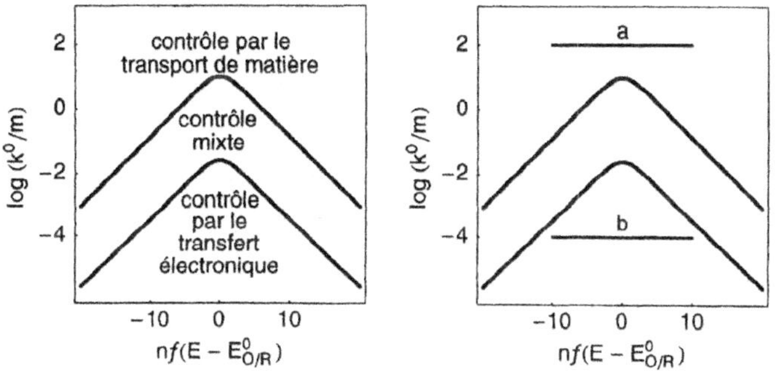

Figure 1 : Diagramme de zones de contrôle cinétique d'une réaction redox O + n e ↔ R (O et R espèces dissoutes) et trajectoires en tension d'électrode pour deux systèmes redox a et b lorsque $\alpha_o = \alpha_r = 0{,}5$, $D_O = D_R$ et donc $m_O = m_R = m$.

Deux trajectoires en tension d'électrode caractéristiques des conditions d'étude de deux systèmes redox a et b sont portées sur la Fig. 1. On suppose que $D_O = D_R$ et l'on envisage tout d'abord le cas où $R^* = 0$. Pour les deux systèmes redox considérés, a et b, donner les expressions simplifiées de la densité de courant en fonction de la tension d'électrode qui peuvent être utilisées en régime stationnaire, en choisissant l'expression générale de i_f en $k°$ et $E - E°_{O/R}$, puis représenter les graphes i_f vs. $E - E°_{O/R}$ et $\log |i_f|$ vs. $E - E°_{O/R}$ correspondants en faisant apparaître sur le second graphe les asymptotes éventuelles et donner les expressions des pentes des asymptotes obliques. Reprendre l'ensemble de l'exercice pour $O^* = R^*$.

Exercice II.8 (Surtensions de transfert électronique, de transport de matière)

On considère une réaction redox simple $O + n\,e \leftrightarrow R$, où O et R sont deux espèces dissoutes en faibles concentrations en présence d'un électrolyte support. On étudie cette réaction sur une EDT en métal inattaquable.

1. Rappeler l'expression i_f vs. η qui s'applique dans ce cas (Éq. (1)) en utilisant la densité du courant d'échange i_0 et les densités des courants limites de transport de matière de R et O, i_{dR} et i_{dO} respectivement.

2. Quelle est la forme simplifiée de la relation (1) dans l'hypothèse du contrôle de la cinétique de réaction par le transfert électronique ? La surtension η est alors appelée surtension de transfert, anciennement appelée surtension d'activation, et notée η_t.

3. Quelle est la forme simplifiée de la relation (1) dans l'hypothèse du contrôle de la cinétique de réaction par le transport de matière dans tout le domaine de surtension d'électrode ? La surtension est alors appelée surtension de diffusion, bien que surtension de diffusion-convection soit plus correct pour une EDT, et notée η_d. Exprimer η_d en fonction de i_d, i_{dO} et i_{dR}.

4. Pour un système redox de rapidité intermédiaire, ni rapide ni lent, peut-on décomposer, comme indiqué sur la Fig. 1, la surtension η en la somme de la surtension de transfert électronique η_t et de la surtension de transport de matière η_d ? Peut-on utiliser dans ce cas les expressions de η_t et η_d tirées respectivement des questions 2 et 3 ?

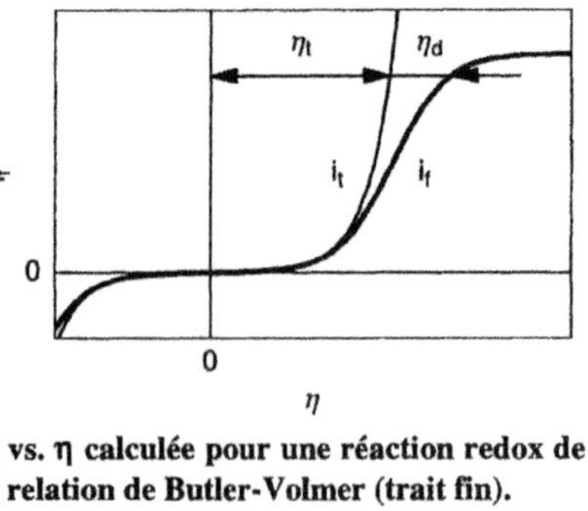

Figure 1 : Courbe i_f vs. η calculée pour une réaction redox de rapidité intermédiaire (trait épais) et relation de Butler-Volmer (trait fin).

Exercice II.9 (Réversibilité et contrôle cinétique)

Le diagramme de zones de contrôle cinétique de l'Ex. II.7 est reporté sur la Fig. 1A. Les conditions d'observation d'un comportement cinétique réversible, irréversible ou ni réversible, ni irréversible de la même réaction électrochimique, lorsque $R^* = 0$, sont indiquées sur la Fig. 1B. en utilisant les résultats de la Qu. II.19. La superposition des deux diagrammes sur la Fig. 1C permet de mieux comprendre les relations qui existent pour une réaction simple entre les concepts de rapidité et de réversibilité ou d'irréversibilité cinétique d'un transfert électronique et celui de contrôle cinétique de la réaction redox correspondante. Mener cette discussion.

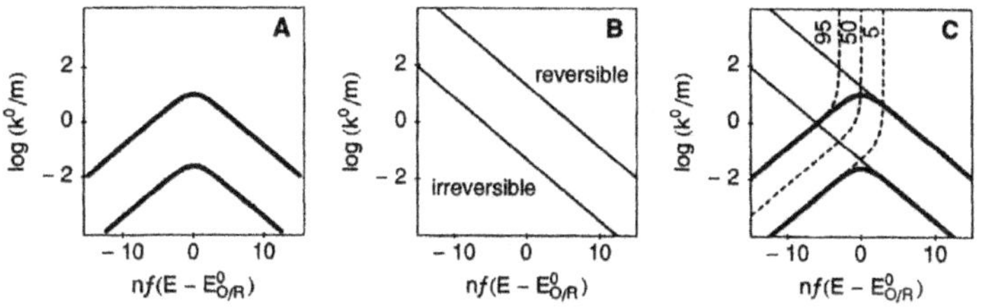

Figure 1 : Diagrammes de zones cinétiques pour une réaction redox simple O + n e ↔ R où O et R sont deux espèces dissoutes, tracés pour $\alpha_o = \alpha_r = 0,5$ et $D_O = D_R$ d'où $m_O = m_R = m$. (A) zones de contrôle cinétique de la réaction (cf. Fig. 1, Ex. II.7). (B) zones de réversibilité et d'irréversibilité cinétique du transfert électronique pour $R^* = 0$. (C) superposition des diagrammes de zones. Les courbes en pointillés représentent les courbes iso $\psi = i_f/i_{dO}$ paramétrées en %.

Exercice II.10 (Influence de la vitesse de rotation d'électrode sur le courant)

On considère la réaction redox O + n e ↔ R se déroulant à une interface métal inattaquable | solution électrolytique. L'électrode est une EDT, uniformément accessible, tournant à vitesse angulaire constante. La solution contient initialement l'espèce O dissoute en faible concentration et un sel support en forte concentration. L'espèce produite R, également dissoute, est initialement absente de la solution ($R^* = 0$).

1. On impose une valeur de tension d'électrode correspondant au palier limite de transport de l'espèce O. Pour cette valeur de tension et une vitesse de rotation de l'électrode de 4000 tr min^{-1}, on mesure un courant cathodique d'intensité – 0,24 mA. Quelle serait l'intensité du courant mesuré à la même tension d'électrode pour une vitesse de rotation de 1000 tr min^{-1} en faisant tout d'abord l'hypothèse d'un transfert électronique réversible puis celle d'un transfert irréversible ?

2. On impose ensuite la valeur de tension d'électrode correspondant à la moitié du courant limite de transport de l'espèce O, pour la vitesse de rotation de 4000 tr min^{-1}. Quelle serait l'intensité du courant mesuré à la même tension d'électrode pour la vitesse de rotation de 1000 tr min^{-1} en faisant tout d'abord l'hypothèse d'un transfert électronique cinétiquement réversible puis celle d'un transfert irréversible ?

Exercice II.11 (Critère de Levich)

Dans le Tab. I sont reportées les valeurs absolues du courant limite de réduction d'un complexe chloré du fer, noté Fe^{III}, mesuré sur une EDT de platine de 2 mm de diamètre à 25 °C dans une solution de viscosité cinématique 10^{-2} cm^2 s^{-1} contenant 5 10^{-2} mol L^{-1} d'espèce Fe^{III} et 1 mol L^{-1} d'acide chlorhydrique.

Tableau I : Courants limites de réduction de Fe^{III}.

Ω/(tr min^{-1})	500	1000	2000	4000
$\mid I_{dFeIII}$/mA $\mid$	0,46	0,65	0,91	1,29

En déduire la valeur du coefficient de diffusion de l'espèce Fe^{III} dans ces conditions d'expérience.

Exercice II.12 (Densité de courant d'échange, constante standard de vitesse)

Rappeler les définitions de la densité de courant d'échange, i_0, et de la constante standard de vitesse de transfert électronique, k°, pour une réaction redox simple O + n e ↔ R, O et R étant deux espèces dissoutes. Les expressions de i_0 et k° en fonction des paramètres cinétiques d'oxydation et de réduction, k_o et k_r respectivement, ont été rappelées (cf. Rappels II).

Utiliser le même type de calcul pour définir i_0 et k° pour une réaction M^{n+} + n e^- ↔ M considérée comme une réaction électrochimique simple, où la forme réduite du couple redox est un métal attaquable.

Exercice II.13 (Expressions de Butler-Volmer et de Stern)

Rappeler l'expression de Butler-Volmer pour une réaction redox simple O + n e ↔ R, faisant intervenir la densité de courant d'échange i_0 et la surtension d'électrode η relatives à cette réaction.

On considère ensuite la réaction de corrosion d'un métal M selon M ↔ M^{n_1+} + n_1 e^- en milieu acide non complexant, couplée à la réduction précédente O + n_2 e ↔ R. En faisant l'hypothèse du régime de transfert électronique, ces deux réactions électrochimiques sont décrites par des relations de Butler-Volmer. Représenter schématiquement les courbes courant, tension caractéristiques des deux réactions électrochimiques puis la courbe courant, tension de l'électrode métallique. Représenter le potentiel (E_{cor}) et le courant (I_{cor}) de corrosion du métal M sur la Fig. précédente et montrer que E_{cor} est solution d'une équation implicite dont les paramètres sont I_{01} et I_{02}, courants d'échange des deux réactions, α_{oj} et α_{rj} (j = 1, 2) facteurs de symétrie des transferts électroniques à l'interface et E_{th1}, E_{th2}, potentiels thermodynamiques des deux couples redox mis en jeu.

Indiquer dans quelles conditions on peut négliger, au voisinage de E_{cor}, un courant partiel d'oxydation ou de réduction par rapport à l'autre courant partiel, pour chacune des deux réactions électrochimiques. Montrer que dans ce cas la relation courant, tension de l'électrode métallique peut au voisinage de E_{cor} être réécrite en fonction de I_{cor} et $E - E_{cor}$ (relation de Stern). En déduire une méthode graphique de détermination de I_{cor} dans le plan $\log |I_f|$ vs. E (méthode de Stern). Comparer les relations de Butler-Volmer et de Stern.

Exercice II.14 (Corrosion d'un métal)

Un métal M se corrode selon $M \leftrightarrow M^I + e$, où M^I est un ion complexe, avec réduction simultanée d'une espèce O dissoute selon $O + e \leftrightarrow R$. On étudie la corrosion de M sur une EDT constituée de ce métal. Le courant total d'électrode s'écrit $I_f(E) = I_{f1}(E) + I_{f2}(E)$ où $I_{f1}(E)$ est le courant partiel relatif au couple M^I/M et $I_{f2}(E)$ celui du couple O/R. Le potentiel de corrosion à l'abandon, E_{cor}, est défini selon $I_f(E_{cor}) = I_{f1}(E_{cor}) + I_{f2}(E_{cor}) = 0$ et le courant de corrosion est égal à $I_{cor} = I_{f1}(E_{cor}) = - I_{f2}(E_{cor})$.

Pour l'exemple considéré, au potentiel de corrosion, le courant partiel de réduction de O correspond au courant limite de diffusion-convection de cette espèce, soit $I_{f2}(E_{cor}) = I_{dO} = - \lambda_O O^* \sqrt{\Omega}$ où λ_O est constant dans les conditions d'expérience et O^* et Ω ont leurs significations habituelles.

1. Quelle est l'expression du courant de corrosion du métal M en fonction des paramètres précédents ?

2. Le courant partiel d'oxydation du métal présente une variation exponentielle en fonction de la tension d'électrode, soit $I_{f1}(E) = a \exp (bE)$. Comment varie E_{cor} en fonction de O^* et Ω dans les deux cas suivants :

- soit a est indépendant de Ω (contrôle cinétique par le transfert électronique),

- soit $a = a'\sqrt{\Omega}$ (contrôle cinétique par le transport de l'ion M^I en solution).

3. Problèmes

Problème II.1 (Tension de demi-vague)

La tension de demi-vague $E_{1/2}$ est, pour la réaction redox simple $O + n\,e \leftrightarrow R$, où O et R sont deux espèces dissoutes, la tension d'électrode correspondant à $i_f(E_{1/2}) = (i_{dO} + i_{dR})/2$. Dans le cas particulier où $R^* = 0$, $i_f(E_{1/2}) = i_{dO}/2$. Cette condition portée dans la relation i_f vs. E (cf. Rappels II, relation en k°) conduit à une équation implicite en $E_{1/2}$ qui peut-être résolue numériquement. Le diagramme de zones de comportements cinétiques réversible ou irréversible de la réaction redox (cf. Fig. 1B, Ex. II.9) est représenté sur la Fig. 1. L'évolution de la valeur de $E_{1/2}$ en fonction de celle de log (k°/m) est reportée sur le diagramme de zones cinétiques pour n = 1, $\alpha_o = \alpha_r = 0{,}5$, $D_R = D_O$ et donc $m_O = m_R = m$.

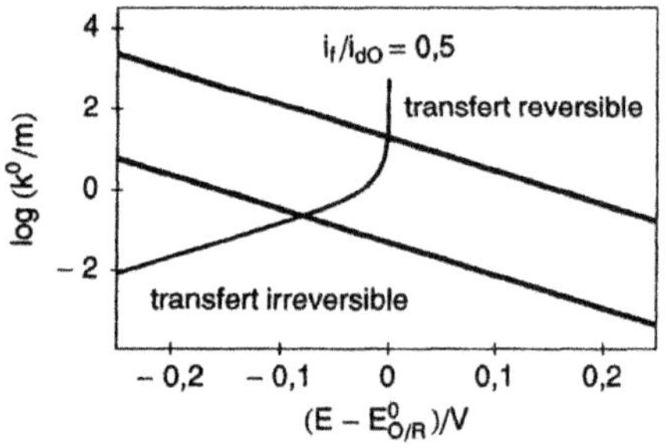

Figure 1 : Comportements cinétiques réversible ou irréversible d'une réaction redox et tension de demi-vague ($i_f/i_{dO} = 0{,}5$) de la réaction redox à 25 °C pour $R^* = 0$; n = 1 ; $\alpha_o = \alpha_r = 0{,}5$; $D_O = D_R$ d'où $m_O = m_R = m$.

1. Établir l'équation implicite en $E_{1/2}$ lorsque $R^* = 0$ puis déduire des résultats de la Qu. II.19 les expressions limites de $E_{1/2}$ correspondant aux deux asymptotes observées dans le domaine de réversibilité et dans celui d'irréversibilité cinétique du transfert électronique interfacial (Fig. 1), dans le cas particulier où $D_O = D_R$.

2. Représenter l'allure de la variation de $E_{1/2}$ en fonction de log Ω pour $D_O = D_R$. En déduire un critère expérimental de réversibilité et un critère d'irréversibilité du transfert électronique fondés sur la mesure de $E_{1/2}$ pour différentes vitesses de rotation d'électrode.

Problème II.2 (Correction de diffusion)

Soit la réaction redox simple O + n e ↔ R se déroulant à une interface métal inattaquable | solution électrolytique. L'électrode est une EDT, tournant à vitesse angulaire constante. La solution contient initialement l'espèce O dissoute en faible concentration et un sel support en forte concentration. L'espèce produite R est absente à l'instant initial dans la solution ($R^* = 0$).

1. Donner la relation densité de courant, tension d'électrode en régime stationnaire qui s'applique à l'électrode considérée. On choisira l'expression en k°, on prendra pour simplifier $D_O = D_R = D$, donc $m_O = m_R = m$, et on posera $\xi = nf(E - E°_{O/R})$. Donner l'expression i_{dO} de la densité du courant limite de réduction de l'espèce O.

2. Lorsque $R^* = 0$, la tension de demi-vague $E_{1/2}$ est la tension d'électrode pour laquelle le courant est égal à la moitié du courant limite de réduction (cf. Pb. II.1). $E_{1/2}$ est solution d'une équation implicite dont les paramètres sont k°, m, α_o et $E°_{O/R}$ et possède deux expressions analytiques dans les cas limites d'un transfert électronique cinétiquement réversible ou irréversible. Tirer ces expressions du Pb. II.1.

3. On étudie la réaction de réduction de l'espèce Ce^{IV} sur une EDT d'or de 8 mm de diamètre tournant à la vitesse de 4000 tr min^{-1}, selon :

$$Ce^{IV} + e \leftrightarrow Ce^{III}$$

La solution électrolytique est une solution aqueuse d'H_2SO_4 1 M contenant 5 10^{-2} mol L^{-1} d'espèce Ce^{IV}. La solution est dégazée par barbotage d'argon et thermostatée à 25 °C. Sa viscosité vaut 10^{-2} cm^2 s^{-1}. L'électrode auxiliaire est en platine et l'électrode de référence une électrode Hg | Hg_2SO_4 dont la solution est saturée en K_2SO_4 (ESS). On trace à l'aide d'une régulation en tension d'électrode (potentiostat) la courbe courant, tension d'électrode en régime stationnaire. Les valeurs de tension corrigées de la chute ohmique dans la solution et les valeurs absolues du courant sont données dans le Tab. I.

Tableau I : Valeurs de tension d'électrode corrigée de la chute ohmique dans la solution et valeurs absolues du courant relevées pour le système Ce^{IV}/Ce^{III} étudié dans le sens de la réduction sur EDT d'or.

E/(mV/ESS)	660	600	560	520	480	440	400	360	320
$\|I_f/mA\|$	0	0,62	1,10	1,68	2,50	3,55	5,00	6,75	8,61
E/(mV/ESS)	280	240	200	160	120	80	40	0	– 100
$\|I_f/mA\|$	10,39	11,75	13,2	14,0	14,5	14,7	14,8	14,9	14,9

Représenter la courbe I_f vs. E. Que peut-on dire de la tension à l'abandon de l'électrode d'or sachant que $E°_{Ce^{IV}/Ce^{III}}$ = 1,44 V/ENH et E_{ESS} = 0,64 V/ENH ?

Déterminer la valeur du coefficient de diffusion $D_{Ce^{IV}}$. Montrer que le transfert électronique peut être considéré comme cinétiquement irréversible dans les conditions d'expérience.

4. Soit I_t le courant de transfert électronique et $I_{dCe^{IV}}$ le courant limite de réduction de l'espèce Ce^{IV}. Compte tenu de l'observation faite à la fin de la question 3, établir une relation entre les inverses de I_f, I_t et $I_{dCe^{IV}}$.

5. Montrer comment déterminer I_t à partir des mesures de I_f et $I_{dCe^{IV}}$. Calculer par cette méthode la valeur de I_t pour les valeurs de tension d'électrode du Tab. I.

6. Proposer une méthode graphique de détermination des paramètres cinétiques de transfert électronique. Utiliser cette méthode pour déterminer les valeurs numériques des paramètres cinétiques pour la réduction de Ce^{IV}.

7. Quelles autres méthodes pourraient être utilisées pour déterminer ces valeurs ?

Problème II.3 (Méthode de Koutecky-Levich)

On étudie à 25 °C le système électrochimique composé d'une EDT de Pt de 2 mm de diamètre (électrode de travail) et d'une solution électrolytique désoxygénée par barbotage d'argon, contenant 5 10^{-2} mol L^{-1} d'espèce Fe^{III} complexée (solution de $FeCl_3$) et 1 mol L^{-1} d'acide chlorhydrique. La solution ne contient pas initialement de Fe^{II}, sa viscosité cinématique est égale à 10^{-2} cm^2 s^{-1}. Ce système est placé dans une cellule électrochimique comportant en outre une électrode auxiliaire de platine et une électrode de référence au calomel saturée en KCl (ECS). On étudie la cinétique de la réaction redox $Fe^{III} + e \leftrightarrow Fe^{II}$ en polarisant cathodiquement l'électrode de travail tournant à une vitesse angulaire Ω constante, à l'aide d'une régulation en tension d'électrode et en mesurant les valeurs du courant faradique en régime quasi-stationnaire (balayage linéaire de la tension d'électrode avec une vitesse de balayage suffisamment faible).

La Fig. 1A montre le faisceau de courbes courant, tension tracées pour des vitesses de rotation d'électrode de 500, 1000, 2000 et 4000 tr min^{-1}. La tension d'électrode est corrigée du terme de chute ohmique dans la solution électrolytique.

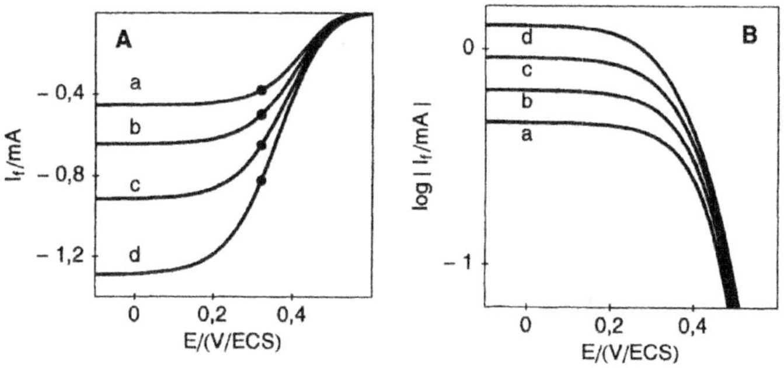

Figure 1 : (A) Courbes I_f vs. E et exemple de valeurs de I_f mesurées pour une même tension d'électrode corrigée de chute ohmique et (B) courbes log I I_f I vs. E correspondantes tracées pour Ω/(tr min^{-1}) = 500 (a) ; 1000 (b) ; 2000 (c) ; 4000 (d).

1. Les valeurs des courants limites cathodiques relevées sur les courbes de la Fig. 1A vérifient le critère de Levich (cf. Ex. II.11) et la pente de la droite obtenue en portant I_{dFeIII} vs. $\sqrt{\Omega}$ vaut $p_L = -6{,}31\ 10^{-5}$ A (rd s^{-1})$^{-1/2}$. Déterminer D_{FeIII}.

2. Peut-on, en observant les courbes log I I_f I vs. E de la Fig. 1B, avoir une indication sur l'ordre de grandeur de la constante standard de vitesse de transfert électronique k° pour le couple Fe^{III}/Fe^{II} (cf. Ex. II.7 et Pb. II.1) ?

3. La valeur de k° étant trop élevée pour que l'on puisse la mesurer directement sur un graphe expérimental log I I_f I vs. E, on peut essayer de calculer les valeurs du courant de transfert I_t à partir des valeurs mesurées du courant d'électrolyse, puis de déterminer k° sur un graphe log I I_t I vs. E. Donner l'expression du courant faradique, en régime stationnaire, en fonction de la constante standard de vitesse de transfert électronique, de la tension d'électrode imposée et des concentrations interfaciales des espèces Fe^{III} et Fe^{II}.

4. Éliminer les concentrations interfaciales de l'équation précédente en utilisant les résultats de la théorie de Levich et donner l'expression générale de la relation courant, tension d'électrode. Montrer que l'on observe une droite en portant sur un graphe les inverses des valeurs du courant mesurées à tension d'électrode constante pour différentes vitesses de rotation d'électrode, en fonction de $\Omega^{-1/2}$. Donner les expressions de la pente de la droite, p_{KL}, et de son ordonnée à l'origine. Que représente cette dernière ? En appliquant la

construction précédente pour différentes valeurs de tension d'électrode, on obtient un faisceau de droites. Dans quelle condition ces droites sont-elles parallèles ?

5. On applique la construction précédente aux mesures expérimentales de la Fig. 1 et l'on obtient le faisceau de droites de la Fig. 2. Les pentes des droites obtenues sont données dans le Tab. I. En déduire la valeur du potentiel thermodynamique standard apparent du couple Fe^{III}/Fe^{II} en traçant $\log(p_{KL}\, p_L - 1)$ vs. E. Déterminer ensuite les valeurs de α_r et de $k°$ à l'aide des données du Tab. II.

Tableau I : Pentes des droites de la Fig. 2 dans la représentation de Koutecky-Levich.

E/(V/ECS)	0,25	0,28	0,31	0,34	0,37	0,4	0,43	0,46	0,49
$\lvert p_{KL}\rvert$ / mA^{-1} $(rd\ s^{-1})^{1/2}$	15,84	15,86	15,9	16,05	16,54	18,1	23,1	39,2	91,0

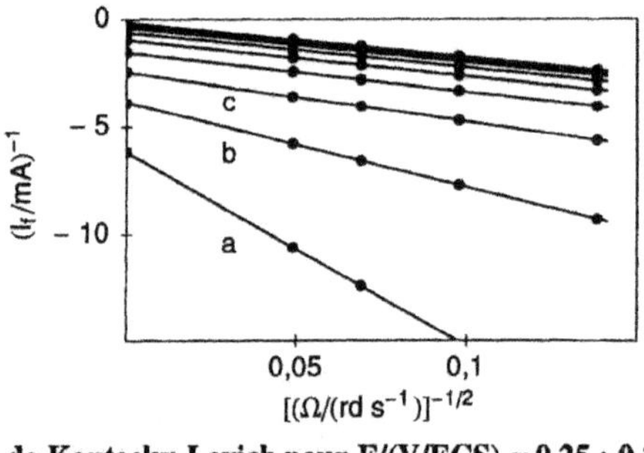

Figure 2 : Tracé de Koutecky-Levich pour E/(V/ECS) = 0,25 ; 0,28 ; 0,31 ; 0,34 ; 0,37 ; 0,4 ; 0,43 (c) ; 0,46 (b) ; 0,49 (a).

Tableau II : Valeurs de $\lvert I_f \rvert^{-1}$ extrapolées à $\Omega \to \infty$ sur la Fig. 2.

E/(V/ECS)	0,25	0,28	0,31	0,34	0,37	0,4	0,43	0,46	0,49
$\lvert I_f/mA \rvert^{-1}$	0,147	0,234	0,373	0,595	0,949	1,51	2,42	3,85	6,15

Problème II.4 (Réaction sur électrode de Pt recouverte d'un film polymère)

On étudie la réduction d'une espèce oxydée dissoute O, à la surface d'une EDT de platine recouverte d'une couche mince de polymère perméable à cette espèce, selon le schéma de la Fig. 1.

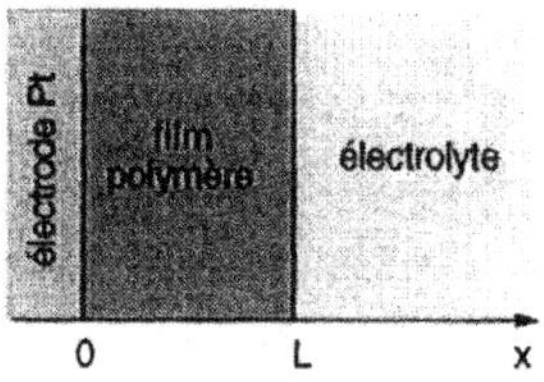

Figure 1 : Schéma de principe du système électrochimique étudié.

L'espèce O, dont la concentration initiale dans l'électrolyte est notée O_e^*, se déplace par diffusion-convection dans la solution électrolytique, est transférée dans le film polymère (x = L), diffuse dans ce film et réagit enfin à la surface de l'électrode de platine (x = 0). Les hypothèses suivantes sont prises en compte dans les développements théoriques ultérieurs : chute ohmique négligeable dans l'électrolyte et le film polymère, réaction de réduction sur platine, O + n e ↔ R, traitée comme une réaction du premier ordre par rapport à O avec une cinétique de transfert électronique irréversible (de constante de vitesse écrite $K_r = k_r \exp(-b_r E)$) à l'interface platine | film polymère, soit $i_f = -nFK_rO_f(0)$, et enfin cinétique de transfert réversible de l'espèce O à l'interface film | électrolyte, selon $O_f(L^-, t) = \gamma\, O_e(L^+, t)$ où γ désigne le coefficient de partage entre les deux phases et L^- et L^+ symbolisent l'interface d'abscisse x = L considérée respectivement du côté du film polymère (f) et de celui de l'électrolyte (e).

1. Représenter les profils de concentration de l'espèce O dans le film polymère et l'électrolyte dans les conditions initiales : électrode supposée au repos (courant nul) avec $\gamma > 1$.

2. L'électrode tournant à vitesse angulaire Ω constante, on impose à t = 0 un échelon de tension d'électrode dans le sens de la consommation de l'espèce O à l'interface (x = 0) et l'on attend le temps nécessaire à la réalisation d'un état stationnaire. À ce propos, augmente-t-on ou diminue-t-on la tension d'électrode dans l'expérience précédente ? Schématiser les profils de concentration stationnaire de l'espèce O dans le film polymère et dans l'électrolyte pour $\gamma > 1$ en supposant constants les coefficients de diffusion de O dans le film (D_f) et dans l'électrolyte (D_e).

3. Montrer que la relation densité de courant, tension d'électrode s'écrit en régime stationnaire :

$$i_f = \frac{-nFK_r\gamma O_e^*}{1 + K_r(m_f^{-1} + \gamma m_e^{-1})}$$

avec $m_f = D_f/L$ et $m_e = D_e/\delta$, où D_f, D_e et δ désignent respectivement le coefficient de diffusion de l'espèce O dans le film polymère, son coefficient de diffusion dans l'électrolyte et la longueur caractéristique de diffusion-convection tirée de la théorie de Levich pour l'EDT.

4. A partir de la relation précédente, établir les expressions limites de la densité du courant faradique dans l'hypothèse du régime limite de transfert électronique (i_t), du régime limite de transport de matière (i_d), du régime limite de diffusion dans le film polymère (i_{df}) et enfin du régime limite de diffusion-convection dans l'électrolyte (i_{de}). Montrer que l'inverse de i_d s'exprime de manière simple à partir de ceux de i_{df} et i_{de}, et de même exprimer $1/i_f$ en fonction des inverses des trois densités des courants limites i_t, i_{df} et i_{de}. Représenter schématiquement i_t, i_d et i_f en fonction de E sur un même graphe et de même $\log | i_t |$, $\log | i_d |$ et $\log | i_f |$ sur un autre graphe.

5. Quelles sont les conditions, en régime stationnaire, d'établissement de chacun des régimes cinétiques limites de la question 4 ? Ces conditions conduisent à la construction du diagramme de zones cinétiques de la Fig. 2A où l'on a porté $\log(\gamma m_f/m_e)$ en fonction de $\log(m_f/K_r)$. Chaque zone est définie par la condition $(i_{lim} - i_f)/i_f \leq 0{,}05 \Leftrightarrow i_f \approx i_{lim}$, où i_{lim} désigne la densité du courant limite correspondant. Que représentent les paramètres adimensionnels $\gamma m_f/m_e$ et m_f/K_r du point de vue cinétique ? Quelles autres zones cinétiques pourrait-on tracer sur la Fig. 2A ?

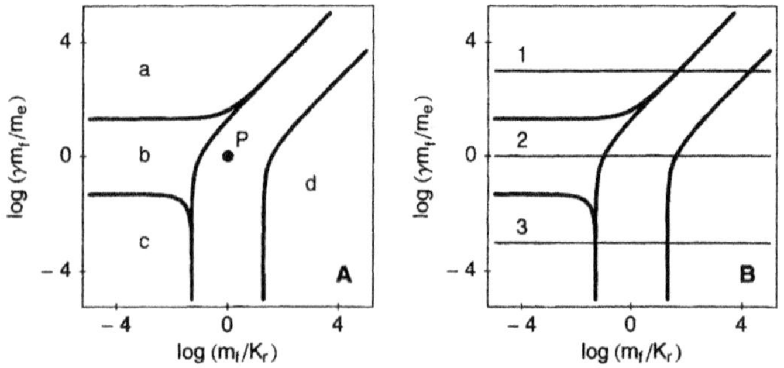

Figure 2 : Diagramme de zones cinétiques pour la réaction considérée. (A) Zones (a) $i_f \approx i_{de}$; (c) $i_f \approx i_{df}$; (a ∪ b ∪ c) $i_f \approx i_d$; (d) $i_f \approx i_t$ et exemple de point P caractéristique de l'état du système. (B) Exemples de trajectoires en tension d'électrode.

6. Chaque état stationnaire du système électrochimique (i_f, E) correspond, pour les valeurs des paramètres du système (k_r, b_r, D_f, D_e et γ) et les valeurs imposées des paramètres expérimentaux (température, vitesse angulaire de rotation d'électrode Ω, épaisseur de film polymère L et tension d'électrode E), à un point du plan log ($\gamma m_f/m_e$), log (m_f/K_r). Supposons le système à l'état stationnaire représenté par le point P de la Fig. 2A. Indiquer la direction du déplacement de ce point caractéristique lorsqu'on diminue la tension d'électrode, les autres paramètres expérimentaux étant maintenus constants. La droite ainsi obtenue est appelée trajectoire en tension d'électrode. Faire de même pour une augmentation de la vitesse angulaire de rotation d'électrode puis une augmentation de l'épaisseur du film polymère.

7. Considérons les trois trajectoires en tension d'électrode de la Fig. 2B, à épaisseur de film, vitesse angulaire de rotation d'électrode et température constantes. Pour chacune de ces trajectoires, représenter l'allure de la courbe stationnaire i_f vs. E prévisible. Tracer également sur chaque figure la nouvelle courbe i_f vs. E obtenue lorsqu'on multiplie par quatre la vitesse angulaire de rotation Ω de l'électrode.

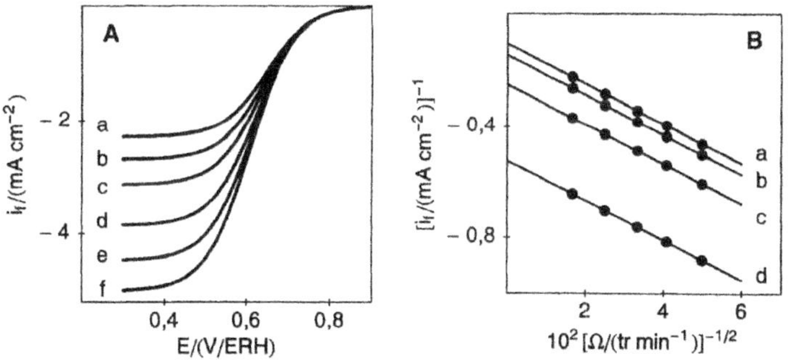

Figure 3 : (A) Courbes i_f vs. E de réduction de O_2 à 25 °C sur une EDT de Pt recouverte d'une couche mince de polybenzimidazole, d'épaisseur L = 3 µm. Solution H_3PO_4 0,1 M saturée en dioxygène (P_{O2} = 1 bar). Vitesse de rotation de l'EDT : Ω/(tr min^{-1}) = 400 (a), 600 (b), 900 (c), 1600 (d), 2500 (e) et 3600 (f). ERH : électrode réversible à hydrogène. (B) Représentation de Koutecky-Levich (points) pour la densité du courant faradique de la Fig. 3A, avec E/(V/ERH) = 0,50 (a) ; 0,55 (b) ; 0,60(c) ; 0,65 (d). Droites de moindres carrés et extrapolations à vitesse de rotation infinie en traits pleins.

8. Le modèle précédent a été utilisé récemment pour décrire la réduction du dioxygène à 25 °C à la surface d'une électrode de platine recouverte d'une couche mince de polybenzimidazole (polymère utilisé, parmi d'autres, comme électrolyte solide dans les piles à combustible), d'épaisseur L = 3 μm, au contact d'une solution aqueuse 0,1 M d'H_3PO_4 de viscosité cinématique $\nu = 10^{-2}$ cm^2 s^{-1}. Il a été montré qu'en régime stationnaire la réaction est cinétiquement irréversible et du premier ordre par rapport à O_2. Le développement théorique précédent s'applique donc. La Fig. 3A montre les courbes i_f vs. E "quasi-stationnaires" (c'est-à-dire obtenues par balayage linéaire de la tension d'électrode, à vitesse de balayage suffisamment faible) avec compensation expérimentale de chute ohmique. Positionner, au moins grossièrement, les trajectoires en tension d'électrode correspondantes sur le diagramme de zones cinétiques de la Fig. 2A, en justifiant ces tracés.

9. L'inverse de la densité du courant stationnaire est tracée sur la Fig. 3B, dans la représentation de Koutecky-Levich, pour différentes valeurs de tension d'électrode. De même, l'inverse de la densité du courant limite cathodique est portée en fonction de $\Omega^{-1/2}$ sur la Fig. 4A.

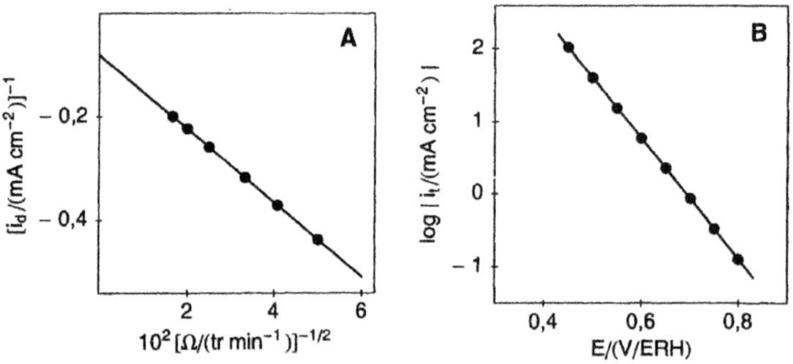

Figure 4 : (A) Représentation de Koutecky-Levich (points) pour la densité du courant limite cathodique de la Fig. 3A. Droite de moindres carrés et extrapolation à vitesse de rotation infinie en trait plein. (B) Représentation de Tafel de la densité du courant de transfert pour la réaction étudiée (points) et droite de moindres carrés (trait plein).

La même pente est mesurée pour les droites des Fig. 3B et 4A. Pourquoi ? Quelle est l'expression de cette pente ? En déduire le nombre d'électrons mis en jeu dans la réaction de réduction de O_2 sachant que la solubilité de O_2 est de 1,18 10^{-3} mol L^{-1} à 25 °C dans la solution d'H_3PO_4 0,1 M saturée en O_2 sous une pression P_{O2} = 1 bar et que le coefficient de diffusion de cette espèce dans la solution électrolytique est D_e = 1,9 10^{-5} cm^2 s^{-1}. Peut-on déterminer séparément les valeurs de D_f et γ à partir des résultats présentés ? Avec quelles hypothèses pourrait-on tirer la valeur de γ de celles de i_t et $i_{t,Pt}$ déterminées pour l'électrode recouverte d'un film polymère et le platine nu, respectivement ? Calculer D_f pour γ = 1,3.

10. Montrer comment obtenir la densité du courant de transfert électronique à partir des résultats précédents (deux méthodes peuvent être utilisées ; donner brièvement leurs principes). Le tracé de log | i_t | en fonction de E est présenté sur la Fig. 4B. Déduire du tracé précédent les valeurs des paramètres de transfert électronique k_r et b_r pour la réduction de O_2 à l'interface platine | polybenzimidazole pour γ = 1,3. Ces valeurs dépendent-elles du choix de l'électrode de référence, ERH dans le cas présent ?

Problème II.5 (Contrôle cinétique du comportement redox des métaux)

On étudie la réaction M $\leftrightarrow$ M^+ + e^- se déroulant dans le sens de l'oxydation ou dans celui de la réduction à une interface électrode à disque tournant en métal M | solution aqueuse. La solution contient un sel support électroinactif en forte concentration et l'espèce M^+ en faible concentration notée M^{+*}. La solution est désaérée par barbotage d'argon et agitée mécaniquement par la rotation de l'électrode. On considère la réaction d'électrode comme simple : les processus physiques influant sur la cinétique de la réaction sont le transfert électronique interfacial et le transport de l'ion M^+ dans la solution. On néglige l'influence de l'électrocristallisation sur cette cinétique dans le sens de la réduction ainsi que les variations de la surface active de l'électrode sous l'effet du dépôt métallique ou de l'oxydation anodique du métal.

Avec les hypothèses précédentes, la relation entre la densité du courant faradique i_f, la surtension d'électrode η relative à la réaction précédente, égale à la différence entre la tension de l'électrode et sa tension d'équilibre, et la concentration interfaciale $M^+(0)$ s'écrit en régime stationnaire (cf. Ex. II.12) :

$$i_f = i_0\{\exp(\alpha_o f\eta) - [M^+(0)/M^{+*}]\exp(-\alpha_r f\eta)\}$$

où i_0 est la densité du courant d'échange et f = F/(RT), l'activité du métal M, égale à un, n'apparaissant pas dans l'expression de i_f.

1. Exprimer le rapport $M^+(0)/M^{+*}$ en fonction de i_f/i_{dM+}, en utilisant les résultats de la théorie de Levich pour l'EDT, puis établir l'expression générale de la densité de courant en fonction de la surtension d'électrode, en notant i_{dM+} la densité du courant limite de diffusion-convection de l'ion M^+.

2. Le graphe densité de courant, surtension d'électrode présente différentes formes selon les valeurs des paramètres i_0 et i_{dM+} du système électrochimique. Considérons tout d'abord l'hypothèse d'un contrôle cinétique par le transfert électronique interfacial, lorsque $(i_0/| i_{dM+} |) \exp(-\alpha_r f\eta) << 1$. Établir l'expression simplifiée i_t de i_f qui s'applique dans ce cas. Représenter schématiquement, dans les domaines anodique et cathodique, les deux graphes i_t vs. η et $\log | i_t |$ vs. η en faisant apparaître clairement sur le second schéma les asymptotes du graphe et en indiquant les expressions de leurs pentes.

Que se passe-t-il pour les graphes précédents si l'on multiplie la vitesse de rotation de l'électrode par quatre ? Les asymptotes obliques du graphe $\log | i_t |$ vs. η sont-elles des droites de Tafel ? Pourquoi ? Quel(s) paramètre(s) est (ou sont) accessible(s) expérimentalement sur les graphes précédents ?

3. Le second cas limite est celui d'un contrôle cinétique par le transport de matière lorsque $(i_0/| i_{dM+} |) \exp(-\alpha_r f\eta) >> 1$. Quelle est dans ce cas l'expression limite i_d de la densité de courant i_f ? Représenter schématiquement, dans les domaines anodique et cathodique, les deux graphes i_d vs. η et $\log | i_d |$ vs. η correspondant aux conditions définies précédemment, en faisant apparaître les asymptotes des graphes. Donner les expressions de leurs pentes.

Que se passe-t-il pour les graphes précédents si l'on multiplie la vitesse de rotation de l'électrode par quatre ? L'asymptote oblique du graphe $\log | i_d |$ vs. η est-elle une droite de Tafel ? Pourquoi ? Quel(s) paramètre(s) cinétique(s) peut-on mesurer sur les graphes précédents ?

4. Donner la relation simple qui existe entre les inverses des trois densités de courant i_f, i_t et i_d. Que peut-on dire de la valeur absolue de i_f par rapport à celles de i_t et de i_d ? En particulier, que se passe-t-il lorsque $| i_t | << | i_d |$ ou inversement lorsque $| i_d | << | i_t |$?

5. En pratique, la cinétique de transfert électronique pour le système électrochimique étudié n'est ni très rapide, ni très lente. Dans les conditions expérimentales de l'étude, la cinétique de la réaction est caractérisée par la

valeur du rapport $i_0/| i_{dM^+} | = 10^3$ qui correspond à un transfert électronique interfacial relativement (mais pas infiniment) rapide. En utilisant les résultats des questions 2 et 3, représenter les graphes limites i_t et i_d vs. η puis log $| i_t |$ et log $| i_d |$ vs. η et en déduire, à partir des résultats de la question 4, l'allure des graphes i_f vs. η et log $| i_f |$ vs. η caractéristiques du système électrochimique étudié, en faisant apparaître clairement sur les schémas les asymptotes des graphes et en indiquant les expressions de leurs pentes.

6. Faire de même pour un transfert électronique relativement lent, pour lequel $i_0/| i_{dM^+} | = 10^{-3}$.

7. Établir les conditions théoriques d'observation des densités des courants limites i_t et i_d.

Problème II.6 (Corrosion de Fe en milieu acide)

La corrosion électrochimique du fer en solution aqueuse acide désaérée est thermodynamiquement prévisible par formation de Fe^{II} (Fe^{2+} ou ion complexe) et réduction simultanée du proton. Une électrode de fer est utilisée comme électrode de travail dans un montage classique à trois électrodes. La courbe densité de courant, tension d'électrode a été tracée en régime stationnaire pour l'électrode de fer au contact d'une solution d'HCl 1 M à 25 °C. Les résultats de mesure sont donnés dans le Tab. I.

Tableau I : Densité de courant vs. tension d'électrode corrigée de chute ohmique, en régime stationnaire, pour une électrode de fer dans une solution aqueuse désaérée de HCl 1 M à 25 °C.

E/(V/ENH)	–0,5	–0,45	–0,4	–0,35	–0,3	–0,245	–0,2	–0,15	–0,1	–0,05
i_f/(mA cm^{-2})	–4,01	–2,2	–1,2	–0,65	–0,3	0,0	0,55	2,15	7,3	24,3

1. Rappeler les hypothèses du modèle de Stern pour la corrosion métallique et utiliser la méthode de Stern pour déterminer la densité du courant de corrosion du fer (cf. Ex. II.13) et l'épaisseur (en μm) de métal consommé par heure d'immersion de l'électrode dans la solution précédente, connaissant la masse molaire, M_{Fe} = 55,8 g mol^{-1} et la masse volumique, ρ_{Fe} = 7,9 g cm^{-3}, de ce métal, et en supposant la corrosion uniforme et constante dans le temps. Quelles autres méthodes pourraient-être utilisées pour déterminer i_{cor} ?

2. On met en contact, dans la solution d'HCl précédente, une plaque de fer de même pureté que l'électrode de la question 1, de 10 cm^2 de surface

active, et une plaque de cuivre de 15 cm^2 de surface active. Quelle est la valeur du courant de corrosion du fer et la masse de fer corrodé par heure d'immersion, si l'on suppose que la vitesse de réduction du proton est identique sur fer et sur cuivre ?

3. On considère une électrode de fer de 1 cm^2 de surface et la solution aqueuse désaérée d'HCl 1 M à 25 °C de la question 1. On veut limiter la vitesse de corrosion du fer en ajoutant en solution un inhibiteur de corrosion qui agit soit sur la réaction de réduction du proton, soit sur la réaction d'oxydation du fer. On ajoute tout d'abord un inhibiteur cathodique qui diminue d'un facteur 10 la densité du courant d'échange de la réaction de réduction du proton et laisse inchangée la vitesse d'oxydation du fer ainsi que la surface active de l'électrode. Déterminer les nouvelles valeurs de E_{cor} et I_{cor} pour l'électrode de fer dans ces conditions.

Répondre aux mêmes questions lorsqu'on ajoute en solution un inhibiteur anodique qui diminue d'un facteur 10 la densité du courant d'échange de la réaction d'oxydation du fer sans modifier la vitesse de réduction du proton et la surface active de l'électrode. Quel inhibiteur est le plus efficace ?

4. On considère toujours l'électrode de fer de surface 1 cm^2 et la solution aqueuse désaérée d'HCl 1 M à 25 °C. On veut limiter la vitesse de corrosion du fer à l'aide d'une anode sacrificielle de zinc de 10 cm^2 de surface. La densité de courant de réduction du proton sur Zn est supposée négligeable, par rapport à celle sur fer, au potentiel de corrosion du fer et celle d'oxydation du zinc est décrite par $i_f/(\text{mA cm}^{-2}) = 10^{-2} \exp [b(E - E°_{Zn^{2+}/Zn})]$ où $E°_{Zn^{2+}/Zn} = -0{,}76$ V/ENH et le paramètre b a la même valeur que pour l'oxydation de Fe. Déterminer la nouvelle valeur de I_{cor} pour l'électrode de fer dans ces conditions.

Quelle est la masse de zinc consommé par jour pour protéger le fer, sachant que $M_{Zn} = 65{,}4$ g mol^{-1}, en supposant que les vitesses des réactions sont constantes dans le temps ?

Problème II.7 (Corrosion de Cu par Cu^{II} en milieu chlorure)

L'étude cinétique de la réduction de l'espèce dissoute Cu^{II} en espèce Cu^{I} sur une EDT de platine (diamètre = 2 mm) au contact d'une solution aqueuse désaérée de $CuCl_2$ 2 10^{-3} M et HCl 0,5 M, montre l'existence d'un courant limite de transport de Cu^{II} pour des valeurs de tension d'électrode comprises entre – 200 et + 100 mV/ECS. Ce courant vaut 40 μA pour une vitesse de rotation d'électrode de 2000 tr min^{-1}.

1. Déterminer le coefficient de diffusion de l'espèce Cu^{II} sachant que la viscosité cinématique de la solution est $\nu = 10^{-2}$ cm^2 s^{-1}.

2. On plonge une EDT de cuivre (diamètre 5 mm) dans la solution précédente désaérée. Le potentiel de corrosion du cuivre en régime stationnaire est égal à – 125 mV/ECS. Donner l'allure des courbes I_f vs. E (courants partiels et courant total) expliquant le principe de la corrosion de ce métal, en supposant que la corrosion est uniforme et que la vitesse de réduction de l'espèce Cu^{II} est la même sur Cu et sur Pt.

3. Le potentiel de corrosion du cuivre dans la solution précédente ne dépend pas de la vitesse de rotation d'électrode. Par contre, ce potentiel varie avec la concentration de l'espèce Cu^{II}, à vitesse de rotation constante, selon $dE_{cor}/d\log Cu^{II*} \approx 0{,}06$ V à 25 °C. Discuter ces résultats en fonction de ceux de l'Ex. II.14 et calculer le coefficient b pour le cuivre (cf. Ex. II.14, question 2). Que représente cette valeur ?

4. Quelles sont les valeurs des concentrations interfaciales $Cu^{I}(0)$ et $Cu^{II}(0)$ au potentiel de corrosion, sachant que l'espèce Cu^{I} est absente initialement de la solution ($Cu^{I*} = 0$) et en supposant que $D_{Cu^I} = D_{Cu^{II}}$? Représenter schématiquement sur le même graphe les profils de concentration (concentration, distance à l'interface Cu | solution) des espèces Cu^{I} et Cu^{II} à ce même potentiel.

5. Que vaut le courant de corrosion du cuivre dans la solution considérée ? Quelle est l'épaisseur de cuivre consommé par heure d'immersion dans la solution, exprimée en µm, pour une vitesse de rotation d'électrode de 2000 tr min^{-1} si l'on suppose le courant de corrosion constant au cours du temps ? On connait la masse molaire, $M_{Cu} = 63{,}5$ g mol^{-1}, et la masse volumique, $\rho_{Cu} = 8{,}9$ g cm^{-3}, de ce métal.

6. En réalité, les concentrations des espèces Cu^{I} et Cu^{II} varient lentement au sein de la solution (à distance de l'interface) à cause de la réaction de corrosion du cuivre. Ceci entraîne une diminution lente du courant de corrosion au cours du temps. Les hypothèses du milieu électrolytique semi-infini et du régime stationnaire des questions 2 à 5 ne sont pas valides pour un temps de corrosion suffisamment long.

Toutefois, l'évolution du système dans le temps étant suffisamment lente, on peut, en première approximation, continuer à utiliser les relations courant, tension établies en régime stationnaire pour décrire les cinétiques instantanées des réactions simultanées (cf. Ex. II.1).

On montre alors, à partir de la loi de Faraday et de la relation de continuité flux, vitesse de corrosion à l'interface électrode | solution, que le courant de corrosion, qui est égal à la valeur absolue du courant limite de réduction de Cu^{II}, diminue selon l'expression suivante où $I_{cor}(0)$ désigne le courant de corrosion initial calculé en réponse à la question 5 et V le volume de solution (cf. Ex. II.1) :

$$I_{cor}(t) = I_{cor}(0) \exp(-kt) \; ; \; k = S_{Cu} m_{Cu^{II}}/V \; ; \; m_{Cu^{II}} = D_{Cu^{II}}/\delta_{Cu^{II}}$$

Établir l'expression de l'épaisseur de cuivre consommé en fonction du temps. Quelle est cette épaisseur après 24 h de corrosion pour V = 0,1 L ?

7. Représenter les profils instantanés de concentration des espèces Cu^{I} et Cu^{II} dans la solution prévisibles pour un temps de corrosion $t = 1/k$.

Problème II.8 (Réaction redox à deux étapes : système $M^{2+}/M^{+}/M$)

Soit la réaction en deux étapes :

$$M^{2+} + e^- \leftrightarrow M^+$$

$$M^+ + e^- \leftrightarrow M$$

de réduction du cation M^{2+} en métal M ou inversement d'oxydation du métal M sur une EDT, dans une solution contenant initialement l'ion M^{2+} en faible concentration et un électrolyte support.

On néglige l'influence de l'électrocristallisation sur la cinétique de réaction dans le sens du dépôt métallique ainsi que les variations de surface dues à la production ou la consommation du métal M. On considère les deux étapes comme cinétiquement réversibles dans les conditions d'expérience et l'on suppose que le potentiel thermodynamique standard du couple M^+/M est très inférieur à celui du couple M^{2+}/M^+.

1. L'électrode est un métal inattaquable et l'on trace la courbe i_f vs. E de cette électrode en régime stationnaire à partir d'une tension initiale E_i très supérieure à $E°_{M2+/M+}$ et jusqu'à une tension finale E_f très inférieure à $E°_{M+/M}$. On néglige toute réaction parasite dans ce domaine. On suppose que $D_{M2+} = D_{M+} = D$.

Établir l'équation de la courbe i_f vs. E en distinguant le domaine de tension d'électrode où n'existe pas le métal M à la surface de l'EDT du domaine où cette phase métallique est présente à la surface de l'électrode.

2. L'électrode est une EDT en métal M. Quelle expression i_f vs. E faut-il appliquer dans ce cas ? Que représente la tension d'abandon de l'électrode ? Établir l'équation d'évolution de cette tension d'abandon en fonction des potentiels thermodynamiques standard des deux couples redox et de M^{2+*}.

3. On reprend l'expérience de la question 1 avec une électrode en métal inattaquable, mais une fois atteinte la tension d'électrode E_f, l'on inverse le sens de balayage de la tension et l'on trace la courbe i_f vs. E par tension d'électrode croissante. Décrire cette courbe.

CHAPITRE 3

Corrigés

1. Corrigés des questions

Question II.1

Le courant et la tension d'électrode sont invariants en régime stationnaire (ou statique) ; à l'inverse, l'un au moins dépend du temps en régime dynamique. Le régime transitoire mène de l'état initial de l'électrode à son état final permanent, si ce dernier existe. Le régime permanent peut être stationnaire, périodique, quasi-périodique, c'est-à-dire dépendant de plusieurs fréquences, ou même chaotique.

Question II.2

Pour une interface électrode | électrolyte en régime stationnaire, la surface de l'électrode, sa tension, le courant d'électrolyse, les concentrations surfaciques pour les espèces adsorbées et les concentrations volumiques pour les espèces contenues au sein de l'électrolyte ou de l'électrode sont invariants dans le temps.

Question II.3

La diffusion linéaire d'une espèce dissoute X est décrite par les équations de Fick, si l'on suppose constant son coefficient de diffusion :

$$J_X(x, t) = - D_X \, \partial X(x, t)/\partial x \; ; \; \partial X(x, t)/\partial t = D_X \, \partial^2 X(x, t)/\partial x^2$$

Dans l'hypothèse du régime stationnaire, $\partial X(x, t)/\partial t = 0$, le flux de diffusion est constant :

$$J_X(x) = - D_X \, dX(x)/dx = \text{cte} \; ; \; \forall \, x$$

et la concentration suit une loi affine de la distance à l'électrode :

$$X(x) = X(0) + ax \; ; \; x \geq 0$$

avec $a > 0$ pour une espèce consommée et $a < 0$ pour une espèce produite. De plus, le profil concentration, distance à l'interface dépend de la condition limite de diffusion de l'espèce X à une certaine distance de l'interface réactionnelle.

L'hypothèse d'un milieu semi-infini, $X(\infty) = X^* = $ cte, implique $a = 0$ et $X(x) = X^*$, $\forall$ x. Un régime diffusionnel stationnaire hors équilibre ne peut être envisagé dans le cas de la diffusion linéaire semi-infinie.

Il en est de même si l'on utilise la condition de diffusion restreinte, $J_X(\delta) = 0$, à une distance δ de l'interface (paroi imperméable à l'espèce X par exemple) ce qui entraîne que $J_X(x) = 0$ et $X(x) = $ cte, $\forall x \in [0, \delta]$ dans ce cas.

À l'inverse, la condition $X(\delta) = X^*$ (hypothèse d'une concentration constante à la distance δ de l'interface, utilisée dans l'approximation de la couche limite de diffusion du modèle de Nernst par exemple) mène à la relation affine suivante correspondant à un flux diffusionnel stationnaire non nul lorsque $X(0) \neq X^*$:

$$X(x) = X(0) + [X^* - X(0)]x/\delta \; ; \; x \in [0, \delta]$$

Pour un système électrode | électrolyte à géométrie cylindrique ou sphérique, la seconde loi de diffusion s'écrit lorsque le coefficient de diffusion est constant :

$$\partial X(x, t)/\partial t = x^{1-d} \, \partial[x^{d-1} D_X \, \partial X(x, t)/\partial x]/\partial x$$

où $d = 2$ est caractéristique de la diffusion radiale cylindrique (cylindre de longueur infinie) et $d = 3$ est caractéristique de la diffusion sphérique, alors que $d = 1$ ramène au cas précédent de la diffusion linéaire pour une interface plane. L'hypothèse du régime stationnaire, $\partial X(x, t)/\partial t = 0$, mène à :

$$d^2X(x)/dx^2 + [(d - 1)/x] \, dX(x)/dx = 0$$

dont les solutions générales sont de la forme $X(x) = b + a \ln x$ et $X(x) = b + a/x$, respectivement pour $d = 2$ et $d = 3$, où a et b sont deux constantes déterminées à partir des conditions aux limites. En choisissant le centre du cylindre ou de la sphère comme origine des distances et en notant r le rayon de l'électrode et X(r) la concentration interfaciale de l'espèce X, la condition d'un électrolyte semi-infini, $X(\infty) = X^*$, mène pour un cylindre à $a = 0$, $b = X^*$ et $X(x) = X^*$; $\forall x \geq r$, alors que pour une sphère on obtient :

$$X(x) = X^* + r[X(r) - X^*]/x \; ; \; x \geq r$$

Un flux stationnaire de diffusion n'est donc observable que pour une électrode sphérique ou hémisphérique. Le flux interfacial (c'est en réalité une densité de flux en mol cm^{-2} s^{-1}, mais le terme de flux est consacré par l'usage) correspondant est alors :

$$J_X(r) = -D_X \, dX(x)/dx_{|x=r} = -D_X[X^* - X(r)]/r$$

Il est comparable à celui observé sur une EDT (cf. Qu. II.9) pour un rayon de l'ordre d'une dizaine de µm (micro-électrode).

Question II.4

Prenons l'exemple d'une réaction redox simple O + n e ↔ R, où O et R sont des espèces dissoutes. Une des conditions d'établissement d'un régime stationnaire pour une électrode plane est l'invariance des concentrations des espèces O et R à distance finie de l'interface réactionnelle (cf. Qu. II.3). Cette invariance n'est vérifiée que lorsque les nombres de moles de O et R sont constants, ou à peu près constants, au cours du temps dans la cellule électrochimique.

Lorsque la réaction O + n e ↔ R se déroule seule à la surface de l'électrode de travail et en sens inverse à la surface de l'électrode auxiliaire de la cellule, la condition précédente est remplie. Si, au contraire, la réaction précédente se déroule seule à la surface de l'électrode de travail et les espèces O et R ne réagissent pas à la surface de l'électrode auxiliaire, ou encore lorsque le compartiment de l'électrode auxiliaire est séparé du reste de la cellule électrochimique par un verre fritté ou poreux, un état quasi-stationnaire peut être obtenu tant que les variations des nombres de moles de O et de R dans l'électrolyte restent faibles devant leurs quantités initiales soit, en utilisant la loi de Faraday et en supposant $O^* \neq 0$ et $R^* \neq 0$:

$$|\Delta n_O(t)| = |\Delta n_R(t)| = [S/(nF)] \int_0^t |i_f(\tau)| \, d\tau << VO^* \text{ et } VR^*$$

respectivement pour O et R, où S est la surface de l'électrode et V le volume de solution.

Question II.5

Un écoulement de fluide contrôlé au voisinage d'une électrode peut être réalisé par écoulement dans un tube (électrode annulaire) ou entre deux plaques, mise en rotation de la solution électrolytique par rotor devant une électrode fixe, jet d'électrolyte sur la surface de l'électrode, etc. L'intérêt de l'EDT tient à sa simplicité de mise en œuvre (appareillage simple, changement aisé de l'électrode) et à la relative simplicité des équations décrivant la dynamique du fluide devant la surface de l'électrode.

Question II.6

Le modèle de la couche limite de diffusion de Nernst est un modèle simplifié permettant de décrire en première approximation le transport par diffusion-convection d'une espèce dissoute dans une solution électrolytique (Fig. 1).

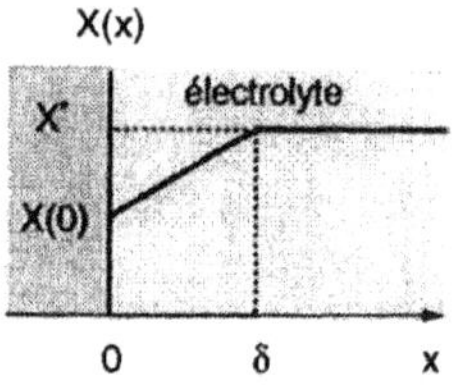

Figure 1 : Modèle de diffusion-convection de Nernst pour une espèce X consommée à l'interface électrode | électrolyte (x = 0) en régime stationnaire.

Il suppose que l'espèce X est transportée uniquement par diffusion pour $x \in [0, \delta]$ et que la convection dans l'électrolyte est suffisamment forte au delà pour que $X(x) = X^*$ lorsque $x \geq \delta$. Ce modèle introduit une discontinuité sur le flux de diffusion et le mode de transport de matière à $x = \delta$, ce qui n'est pas satisfaisant d'un point de vue physique. Par ailleurs, il ne fournit pas d'expression de δ en fonction des conditions de convection forcée de la solution. Cette épaisseur de couche de diffusion doit être déterminée à partir de mesures expérimentales de courant limite.

Question II.7

La théorie de Levich suppose négligeables toute turbulence au voisinage de l'EDT (régime laminaire obtenu pour des vitesses de rotation pas trop élevées) et tout effet de bord, ce qui nécessite à l'inverse une vitesse de rotation pas trop faible. Typiquement, pour des diamètres d'électrode de quelques mm et de disque isolant de l'ordre du cm, les vitesses de rotation comprises entre 10^2 et 10^4 tr min^{-1} permettent de remplir les deux conditions précédentes pour les solutions aqueuses classiques.

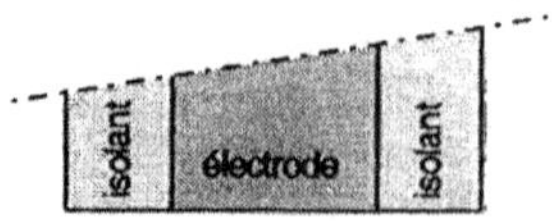

Figure 1 : Schéma d'une électrode à disque tournant (EDT).

Question II.8

La longueur caractéristique du transport par diffusion et convection d'une espèce X vers une EDT est donnée en cm par (cf. Rappels II) :

$$\delta_X = 1{,}611\ D_X^{1/3}\nu^{1/6}\Omega^{-1/2}$$

lorsque le coefficient de diffusion de l'espèce et la viscosité cinématique de la solution sont exprimés en $cm^2\ s^{-1}$ et la vitesse de rotation de l'électrode l'est en rd s^{-1}. La vitesse de rotation en rd s^{-1} s'exprime en fonction de la vitesse en tr min^{-1} par :

$$\Omega\ (\text{rd s}^{-1}) = (2\pi/60)\ \Omega\ (\text{tr min}^{-1})$$

L'expression de la longueur δ_X est, lorsque Ω est exprimé en tr min^{-1} :

$$\delta_X = (2\pi/60)^{-1/2}\ 1{,}611\ D_X^{1/3}\nu^{1/6}\Omega^{-1/2} = 4{,}978\ D_X^{1/3}\nu^{1/6}\Omega^{-1/2}$$

et celle de la constante de transport de matière, en cm s^{-1}, est alors :

$$m_X = D_X/\delta_X = 0{,}201\ D_X^{2/3}\nu^{-1/6}\Omega^{1/2}$$

Question II.9

Pour les valeurs de l'énoncé, la longueur caractéristique de transport de matière (cf. Qu. II.8) vaut :

$$\delta_X = 4{,}978\ D_X^{1/3}\nu^{1/6}\Omega^{-1/2} = 1{,}33\ 10^{-3}\ \text{cm soit } 13{,}3\ \mu\text{m}$$

Cette longueur est faible devant les dimensions typiques des EDT (quelques mm) et des béchers (quelques cm). Les variations de concentration des espèces électroactives avec la distance à l'interface électrode | électrolyte ne sont donc notables, lors de l'étude cinétique d'une réaction sur EDT, qu'au voisinage immédiat de cette interface. La constante de transport de matière correspondante vaut :

$$m_X = D_X/\delta_X = 4{,}51\ 10^{-3}\ \text{cm s}^{-1}$$

Question II.10

Les constantes de transport de matière des espèces par diffusion-convection sont données, lorsque Ω est exprimé en rd s^{-1}, par :

$$m_X = D_X/\delta_X = 0{,}620\ D_X^{2/3}\nu^{-1/6}\Omega^{1/2}\ ;\ X = O, R$$

Elles sont donc égales lorsque les coefficients de diffusion D_O et D_R sont égaux ([6]).

6. Ceci est toujours supposé dans la suite de ce recueil, pour simplifier.

Question II.11

Une réaction électrochimique ou réaction redox simple comporte une seule étape de transfert électronique. Les processus physiques mis en jeu sont le transfert électronique entre l'électrode et des espèces de l'électrolyte et le transport de matière dans l'électrolyte. Un exemple est la réduction de l'ion hexacyanoferrate III selon $Fe(CN)_6^{3-} + e^- \leftrightarrow Fe(CN)_6^{4-}$. Tout autre réaction est dite non-simple.

Question II.12

Les valeurs des paramètres cinétiques k_o et k_r dépendent du choix de l'électrode de référence de la cellule électrochimique, la constante standard de vitesse $k°$ n'en dépend pas. Par ailleurs k_o et k_r ne sont pas indépendants, puisqu'en écrivant la condition d'équilibre d'un couple redox O/R où les deux espèces sont dissoutes :

$$i_{f,éq} = nF[k_oR^* \exp(\alpha_o nfE_{éq}) - k_rO^* \exp(-\alpha_r nfE_{éq})] = 0$$

avec $f = F/(RT)$, il vient :

$$E_{éq} = (nf)^{-1} \ln(k_r/k_o) + (nf)^{-1} \ln(O^*/R^*)$$

et, par identification à la loi de Nernst, en prenant les coefficients d'activité égaux à un :

$$E°_{O/R} = (nf)^{-1} \ln(k_r/k_o)$$

Question II.13

Trois expressions de la densité de courant en fonction de la tension d'électrode peuvent être écrites pour une réaction redox simple $O + n\,e \leftrightarrow R$ en régime stationnaire. Prenons le cas de deux espèces O et R dissoutes. En utilisant les constantes de vitesse d'oxydation et de réduction, K_o et K_r respectivement, on a (cf. Rappels II) :

$$i_f = nF \frac{K_oR^* - K_rO^*}{1 + K_o/m_R + K_r/m_O} \qquad (1)$$

En faisant apparaître la constante standard de vitesse de transfert électronique $k°$ et en notant $\xi = nf(E - E°_{O/R})$, on obtient :

$$i_f = nFk° \frac{R^* \exp(\alpha_o\xi) - O^* \exp(-\alpha_r\xi)}{1 + k°[m_R^{-1} \exp(\alpha_o\xi) + m_O^{-1} \exp(-\alpha_r\xi)]} \qquad (2)$$

En introduisant la densité du courant d'échange i_0 et la surtension d'électrode $\eta = E - E_{th,O/R}$, il vient enfin :

$$i_f = i_0 \frac{\exp(\alpha_o n f \eta) - \exp(-\alpha_r n f \eta)}{1 + i_0[i_{dR}^{-1} \exp(\alpha_o n f \eta) - i_{dO}^{-1} \exp(-\alpha_r n f \eta)]} \quad (3)$$

où $i_{dO} < 0$ et $i_{dR} > 0$ sont les densités des courants limites de réduction de O et d'oxydation de R, respectivement.

Les relations (1) et (2) sont équivalentes. La troisième relation est équivalente aux deux précédentes uniquement lorsque $O^* \neq 0$ et $R^* \neq 0$. Lorsqu'une seule espèce du couple redox est mise en solution à l'instant initial ($O^* = 0$ ou $R^* = 0$), par contre, les relations (1) et (2) se simplifient alors que la relation (3) est inutilisable, puisque i_0, $E_{th,O/R}$ et η ne sont pas définis dans ce cas.

Choisissons l'expression (2) pour décrire les différentes formes envisageables de la courbe i_f vs. E. Le graphe présente deux asymptotes aux potentiels réduits ξ suffisamment positifs ou négatifs (7) :

$$\lim_{\xi \to \infty} i_f = i_{dR} = nFm_R R^* \; ; \quad \lim_{\xi \to -\infty} i_f = i_{dO} = -nFm_O O$$

La valeur de la densité du courant limite de diffusion-convection (i_{dR} ou i_{dO}) est fonction linéaire de la concentration au sein de la solution (R^* ou O^*) de l'espèce consommée par la réaction interfaciale et dépend de la "force" du mouvement de convection au voisinage de l'interface. i_{dR} et i_{dO} sont par exemple proportionnels à $\sqrt{\Omega}$ pour une étude réalisée sur EDT dans le cadre de la théorie de Levich.

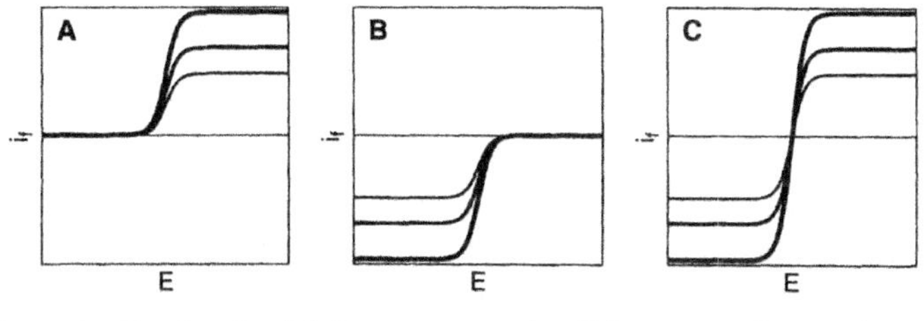

Figure 1 : Courbes densité de courant, tension d'électrode ($R^* \neq 0$, $O^* = 0$ (A) ; $R^* = 0$, $O^* \neq 0$ (B) ; $R^* = O^*$ (C)) tracées pour $m_O = m_R = m$, $k°/m >> 1$ et trois vitesses de rotation d'électrode (Ω (traits fins), $2\ \Omega$ (traits moyens) et $4\ \Omega$ (traits épais)).

7. $\lim_{x \to \infty} y$ est la notation utilisée pour "limite de y lorsque x tend vers l'infini".

Lorsque $O^* = 0$, $i_f > 0$ et la courbe i_f vs. E est toute entière comprise dans le domaine anodique (Fig. 1A). Un courant de réduction est à l'inverse uniquement observé lorsque $R^* = 0$ (Fig. 1B). L'influence de la vitesse de rotation de l'électrode est montrée sur ces figures. Le cas où $O^* = R^*$, $m_O = m_R$, et donc $i_{dR} = - i_{dO}$ est enfin illustré sur la Fig. 1C.

En supposant pour simplifier que $D_O = D_R$ et donc que $m_O = m_R = m$, le rapport de la constante standard de vitesse de transfert électronique à l'interface électrode | électrolyte sur la constante de transport de matière par diffusion-convection dans l'électrolyte, k°/m, influe sur l'allure de la courbe i_f vs. E.

Les courbes de la Fig. 1 correspondent à une valeur élevée de k° relativement à celle de m (transfert électronique "rapide"), les courbes de la Fig. 2 sont par contre caractéristiques d'un transfert plus "lent". L'ordre de grandeur de m est de 5 10^{-3} cm s^{-1} pour une solution aqueuse (cf. Qu. II.9) et un transfert électronique tel que $k° > 10^{-1}$ cm s^{-1} est considéré comme rapide, alors que $k° < 10^{-4}$ cm s^{-1} correspond à un transfert lent.

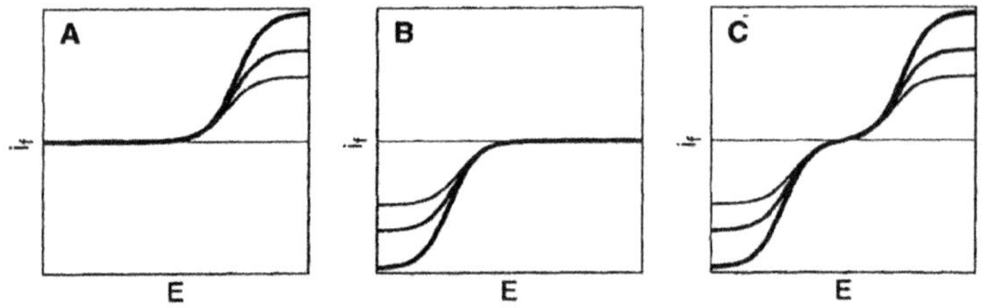

Figure 2 : Courbes densité de courant, tension d'électrode ($R^* \neq 0$, $O^* = 0$ (A) ; $R^* = 0$; $O^* \neq 0$ (B) ; $R^* = O^*$ (C)) tracées pour $m_O = m_R = m$, k°/m << 1 et trois vitesses de rotation d'électrode (Ω (traits fins), 2 Ω (traits moyens) et 4 Ω (traits épais)) pour la même plage de tension d'électrode que celle de la Fig. 1.

Question II.14

D'après la loi d'Ohm, V = E + RI = E + ri, où V est la tension d'électrode incluant le terme de chute ohmique dans l'électrolyte, E la tension d'électrode corrigée de ce terme, R la résistance de l'électrolyte qui dépend de la nature de la solution, de la géométrie de l'électrode de travail et de celle de la cellule électrochimique, r la résistance rapportée à l'unité de surface d'électrode (Ω cm^2) et $i = i_f$ en régime stationnaire. Une chute ohmique non négligeable modifie l'allure de la courbe courant, tension d'électrode

(Fig. 1). Certaines régulations électrochimiques en tension ou en courant d'électrode possèdent un dispositif expérimental de correction automatique de chute ohmique (8).

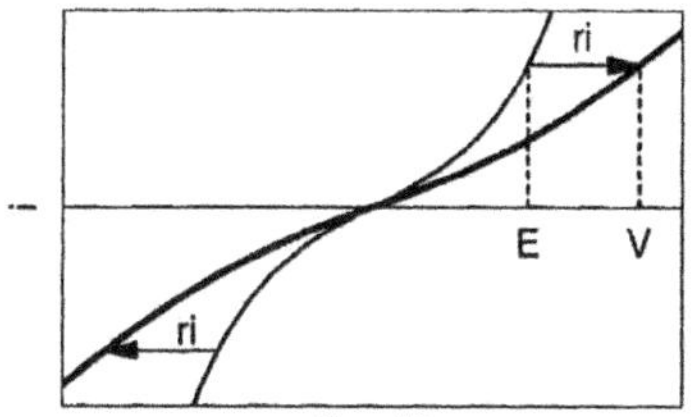

Figure 1 : Influence de la chute ohmique dans l'électrolyte sur l'allure de la courbe densité de courant, tension d'électrode en régime stationnaire. Trait épais : courbe i_f vs. V incluant la chute ohmique, trait fin : courbe i_f vs. E corrigée de chute ohmique.

Question II.15

Les concentrations interfaciales des espèces redox sont strictement égales à celles du sein de la solution dans les conditions d'équilibre thermodynamique, soit $i_{éq} = i_{t,éq} = 0$. Hors équilibre, la relation de continuité flux, vitesse de production ou de consommation à l'interface électrode | électrolyte implique l'existence de gradients de concentration des espèces redox au voisinage de l'interface. La densité du courant stationnaire (cf. Rappels II, expression en k°) s'écrit sous la forme :

$$i_f = nFk^\circ \frac{R^* \exp(\alpha_o\xi) - O^* \exp(-\alpha_r\xi)}{1 + k^\circ[m_R^{-1} \exp(\alpha_o\xi) + m_O^{-1} \exp(-\alpha_r\xi)]}$$

où $\xi = nf(E - E^\circ_{O/R})$ et $f = F/(RT)$. La densité du courant de transfert électronique est le numérateur de cette expression et $i_f \approx i_t$ est réalisé lorsque :

$$k^\circ[m_R^{-1} \exp(\alpha_o\xi) + m_O^{-1} \exp(-\alpha_r\xi)] << 1$$

Si $k^\circ >> m_R$ et m_O, cette condition ne peut jamais être vérifiée. Un régime limite de transfert électronique ne peut être observé pour une cinétique de transfert rapide. À l'inverse, lorsque $k^\circ << m_R$ et m_O (transfert suffisamment lent), il existe de part et d'autre de $E^\circ_{O/R}$ un domaine de tension d'électrode où $i \approx i_t$. Ce domaine est représenté graphiquement sur la Fig. 1 de l'Ex. II.7.

8. Dans la suite de ce recueil, la tension d'électrode est toujours supposée corrigée du terme de chute ohmique.

L'expression "en absence de diffusion" est utilisée à tort pour caractériser le régime limite de transfert électronique. Il n'y a pas de diffusion en solution à l'état d'équilibre du système redox pour lequel les concentrations sont uniformes au sein de la solution. Hors des conditions d'équilibre, il y a production ou consommation d'espèces, donc gradients de concentration et flux de diffusion. Le régime limite de transfert, $i_f \approx i_t$, est caractérisé par une absence de limitation de la cinétique de réaction par le transport de matière dans la solution électrolytique.

Question II.16

Pour une réaction redox O + n e ↔ R, où O est une espèce dissoute, la vitesse d'apport du réactif de la solution vers l'électrode, c'est-à-dire le flux de transport de l'espèce O à l'interface, est strictement égale à la vitesse de consommation de cette espèce par la réaction électrochimique. C'est l'expression mathématique de la relation de continuité flux, vitesse de consommation à $x = 0$ pour une espèce électroactive dissoute. Cette égalité est valide en régime stationnaire et en régime dynamique. La formulation tirée de la littérature est donc erronée. Le flux de diffusion est maximal, pris en valeur absolue, lorsque la concentration interfaciale tend vers zéro, et correspond au courant limite de diffusion-convection de l'espèce considérée. Dans la formulation citée dans l'énoncé, il y a confusion entre vitesse de réaction et constante de vitesse de réaction ou de transport de matière. Dans le cas général, la vitesse de réaction dépend de sa constante de vitesse, mais également des concentrations des espèces électroactives et donc des conditions de transport de matière. Cinétique rapide équivaut à grande constante de vitesse et non grande vitesse. Par exemple, un transfert électronique possédant une valeur de $k°$ élevée est dit rapide, même à l'état d'équilibre où la vitesse globale de réaction est pourtant nulle.

Il est cependant vrai que la vitesse de réaction électrochimique s'exprime en mol cm^{-2} s^{-1} alors que la constante standard de vitesse de transfert électronique $k°$, ainsi que les paramètres k_o et k_r, en cm s^{-1} pour la réaction considérée, ont les mêmes dimensions qu'une vitesse de déplacement en physique, d'où la source possible de confusion entre constante de vitesse et vitesse d'une réaction électrochimique.

Question II.17

La densité du courant limite de transport d'une espèce X par diffusion et convection a pour expression $i_{dX} = \pm\, nFm_XX^*$ (+ pour une oxydation, – pour une réduction). Seule figure la constante de transport de matière,

$m_X = D_X/\delta_X$, dans la relation précédente et l'on peut donc dire que la cinétique de la réaction électrochimique est alors contrôlée par le transport de l'espèce X.

Plus généralement, un contrôle de la cinétique de réaction par diffusion-convection dans l'électrolyte peut être envisagé en régime stationnaire lorsque la cinétique de transfert électronique est suffisamment rapide. Ainsi, en portant $k°[m_R^{-1} \exp(\alpha_o\xi) + m_O^{-1} \exp(-\alpha_r\xi)] >> 1$ dans l'expression de la densité de courant de la Qu. II.15, on obtient une expression simplifiée i_d de i_f :

$$i_d = nF \frac{R^* \exp \xi - O^*}{m_R^{-1} \exp \xi + m_O^{-1}}$$

où ne figurent plus que les constantes de transport m_O et m_R, et l'on peut, selon le domaine de tension d'électrode considéré, dire que la cinétique de la réaction redox est alors contrôlée par le transport des espèces R et/ou O. i_d est appelé densité de courant de diffusion, terme consacré par l'usage, bien que densité de courant de diffusion-convection ou de transport de matière soit plus correct pour une EDT (9). Le domaine de validité de cette expression est représenté graphiquement sur la Fig. 1 de l'Ex. II.7.

Question II.18

Comme indiqué précédemment (cf. Qu. II.16), vitesse de transfert électronique à l'interface et vitesse d'apport du réactif à l'électrode sont égales pour une réaction redox simple, indépendamment du type de contrôle de la cinétique de la réaction électrochimique.

Un régime mixte de diffusion-convection-transfert est obtenu lorsque les constantes de vitesse de transfert électronique et de transport de matière sont du même ordre de grandeur, soit, dans les expressions (1) et (2) de la Qu. II.13, pour $K_o/m_R + K_r/m_O = k°[m_R^{-1} \exp(\alpha_o\xi) + m_O^{-1} \exp(-\alpha_r\xi)]$ ni grand, ni petit devant l'unité. Dans ce cas, l'expression générale de la densité de courant doit être utilisée :

$$i_f = nF \frac{K_oR^* - K_rO^*}{1 + K_o/m_R + K_r/m_O} = nFk° \frac{R^* \exp(\alpha_o\xi) - O^* \exp(-\alpha_r\xi)}{1 + k°[m_R^{-1} \exp(\alpha_o\xi) + m_O^{-1} \exp(-\alpha_r\xi)]}$$

9. Il ne faut pas confondre i_d et i_{dR} ou i_{dO} qui sont les expressions limites de i_d lorsque ξ est suffisamment positif ou négatif, respectivement.

La constante standard de vitesse de transfert électronique, k°, et les constantes de transport de matière, m_O et m_R, influent alors simultanément sur l'allure de la courbe i_f vs. E. En terme de fonctions de sensibilité, on peut dire dans ce cas que la sortie du système, c'est-à-dire la densité de courant en mode de commande potentiostatique, est sensible simultanément à k°, m_O et m_R.

Question II.19

Prenons l'exemple d'une réaction redox simple, O + n e ↔ R, où O et R sont deux espèces dissoutes en présence d'un électrolyte support. L'étude est réalisée en régime stationnaire sur une EDT. "Rapidité ou lenteur" du transfert électronique implique respectivement une forte ou faible valeur de la constante standard de vitesse du transfert électronique. Par ailleurs, on dit que la réaction est réversible au sens de la cinétique lorsque la vitesse globale de la réaction est très petite devant chacune des vitesses partielles dans le sens de la réduction et de l'oxydation, soit $v \ll v_r$, $v \ll v_o$ et $v_o \approx v_r$.

Supposons que la réaction précédente se déroule globalement dans le sens de la réduction. La condition de réversibilité cinétique peut s'écrire en régime stationnaire $v_o \gg v$ ou encore $v_o \gg J_R(0)$ compté tenu de la relation de continuité flux, vitesse de production de R à l'interface, $J_R(0) = v_R$, et de la stœchiométrie de la réaction, $v_R = v$ [10]. En utilisant les relations en k° et $\xi = nf(E - E°_{O/R})$, la vitesse partielle d'oxydation s'écrit :

$$v_o = K_o R(0) = k° R(0) \exp(\alpha_o \xi)$$

et le flux de transport de l'espèce R à l'interface est tiré de la théorie de Levich pour l'EDT selon :

$$J_R(0) = -D_R \, dR(x)/dx_{|x=0} = -m_R[R^* - R(0)] \; ; \; m_R = D_R/\delta_R$$

soit, lorsque $R^* = 0$:

$$J_R(0) = m_R R(0)$$

La condition de réversibilité cinétique est remplie dès que $v_o \gg J_R(0)$, qui s'écrit lorsque l'espèce R est absente initialement du sein de la solution :

$$(k°/m_R) \exp(\alpha_o \xi) \gg 1$$

Cette condition est représentée sur la Fig. 1B de l'Ex. II.9 en remplaçant >> par > 1/ε où ε est choisi arbitrairement petit (ε = 0,05 sur la figure).

10. Il ne faut pas confondre v_r vitesse partielle de réduction et v_R vitesse de production de l'espèce R.

Rapidité (k° grand) et réversibilité cinétique ((k°/m_R) exp ($\alpha_o\xi$) grand) sont donc liées mais non synonymes. La réversibilité d'une réaction redox, au sens de la cinétique électrochimique, dépend de sa rapidité mais aussi des conditions de transport de matière (m_R) et de la tension d'électrode incluse dans la variable réduite ξ.

À l'inverse, la condition $v_o << v$, soit $v \approx v_r$, et (k°/m_R) exp ($\alpha_o\xi$) << 1, est caractéristique d'une cinétique de réaction irréversible dans le sens de la réduction lorsque $R^* = 0$ (cf. Fig. 1B de l'Ex. II.9).

La discussion précédente se généralise au cas où les deux espèces du couple redox sont présentes initialement dans la solution, $O^* \neq 0$ et $R^* \neq 0$, mais les expressions des limites des zones de réversibilité et d'irréversibilité cinétique sont dans ce cas plus complexes.

Question II.20

Lorsque plusieurs réactions indépendantes, c'est-à-dire ne possédant pas d'étapes communes, se déroulent simultanément à la surface d'une électrode, on peut écrire le courant total d'électrode comme la somme algébrique des courants partiels relatifs à chaque réaction, soit $I_f = \Sigma_j I_{fj}$. Ceci implique l'additivité des densités de courant, $i_f = \Sigma_j i_{fj}$, à condition que chaque réaction se déroule sur la surface entière de l'électrode. Les exemples de corrosion localisée ou de corrosion galvanique par aération différentielle ou mise en contact de métaux ou alliages différents sont des contre-exemples.

Question II.21

Pour une électrode métallique soumise à un processus de corrosion uniforme, le potentiel de corrosion est le potentiel (ou tension) d'abandon sous courant nul de l'électrode défini(e) par $I_f(E_{cor}) = \Sigma_j I_{fj}(E_{cor}) = 0$, où I_{fj} est le courant partiel relatif à la $j^{\grave{e}me}$ réaction électrochimique mise en jeu. E_{cor} dépend des potentiels thermodynamiques des couples redox mis en jeu, mais également des cinétiques des réactions électrochimiques correspondantes. Le courant de corrosion, I_{cor}, est la valeur du courant partiel relatif au couple M/forme oxydée du métal au potentiel de corrosion. E_{cor} est mesurable aisément à l'aide d'une électrode de référence et d'un voltmètre ; par contre I_{cor} n'est pas accessible directement par mesure du courant. Dans certaines conditions expérimentales, I_{cor} peut être déterminé par calcul ou extrapolation graphique à partir du tracé de la courbe I_f vs. E de l'électrode métallique autour du potentiel de corrosion (cf. Ex. II.13, 14 et Pb. II.6, 7).

2. Corrigés des exercices

Exercice II.1 (État stationnaire, coulométrie potentiostatique)

1. L'expression du courant limite stationnaire de réduction de l'espèce O sur une EDT de surface S s'écrit (cf. Rappels II) :

$$I_{dO} = S i_{dO} = -\, nFSm_O O^* \;;\; m_O = D_O/\delta_O \;;\; \delta_O = 1{,}611\, D_O^{1/3} \nu^{1/6} \Omega^{-1/2} \quad (1)$$

2. La réaction O + n e ↔ R se déroulant en sens inverse et à la même vitesse sur l'électrode de travail et l'électrode auxiliaire, le nombre de moles d'espèce consommée à la surface de l'électrode de travail est égal à celui produit à l'électrode auxiliaire et les concentrations des espèces O et R restent constantes au sein de la solution à distance des interfaces. L'hypothèse du régime stationnaire est donc valide.

3. À l'inverse, lorsque la réaction O + n e ↔ R se déroule seule à la surface de l'électrode de travail et que les espèces O et R ne réagissent pas à celle de l'électrode auxiliaire, le nombre de moles d'espèce O dans la solution varie, par application de la loi de Faraday avec $I_f(t) < 0$, selon :

$$dN_O(t)/dt = I_f(t)/(nF) \quad (2)$$

Pour une durée d'expérience suffisamment longue, la concentration de l'espèce O au sein de la solution ne peut plus être considérée comme constante et l'hypothèse du régime stationnaire n'est donc plus valide.

4. Cette concentration est notée $O(\infty, t)$ avec $O(\infty, 0) = O^*$. L'évolution temporelle du système étant suffisamment lente, on peut continuer à utiliser l'Éq (1) pour décrire la valeur instantanée du courant limite en remplaçant I_{dO} et O^* respectivement par $I_{dO}(t)$ et $O(\infty, t)$, soit :

$$I_{dO}(t) = -\, nFSm_O O(\infty, t)$$

D'après (1) et (2), il vient lorsque $I_f(t) = I_{dO}(t)$, puisque l'étude est réalisée sur le courant limite cathodique :

$$dN_O(t)/dt = -\, Sm_O O(\infty, t)$$

Si l'on néglige la variation du nombre de moles d'espèce O dans la "couche de diffusion" ($0 \leq x \leq \delta_O$) par rapport à celle au sein de la solution ($x > \delta_O$) puisque $S\delta_O << V$, volume total de la solution, on a :

$$dN_O(t)/dt = V\, dO(\infty, t)/dt$$

En égalant les deux expressions de $dN_O(t)/dt$, on obtient la relation :

$$dO(\infty, t)/O(\infty, t) = -k\, dt$$

où $k = Sm_O/V$, dont l'intégration, compte tenu de la condition initiale $O(\infty, 0) = O^*$, conduit à :

$$O(\infty, t) = O^* \exp(-kt)$$

qui entraîne comme loi de variation du courant limite :

$$I_{dO}(t) = I_{dO}(0) \exp(-kt)$$

où $I_{dO}(0)$ est donné par l'Éq (1). La variation du courant limite dépend, par l'intermédiaire de k, de la vitesse de rotation de l'électrode, de sa surface et du volume de solution électrolytique. On peut minimiser cette variation et obtenir ainsi un état "quasi-stationnaire" en diminuant la vitesse de rotation de l'électrode, sa surface, ou en augmentant le volume de la solution. Ces conditions sont celles recherchées pour une étude de la cinétique de réaction sur EDT. Le choix de conditions expérimentales inverses (forte vitesse de rotation et grande surface d'électrode ainsi que faible volume de solution) amplifie les variations de concentration au sein de la solution et du courant limite. Ces conditions expérimentales sont celles de la coulométrie potentiostatique.

Pour les valeurs de l'énoncé, typiques d'une étude cinétique sur EDT, $k = 5\ 10^{-6}\ s^{-1}$ et la variation relative de I_{dO} sur une heure, calculée en %, est égale à $100[\exp(-kt) - 1] = -1{,}8$ %, variation faible.

Exercice II.2 (Construction de Tafel pour le courant de transfert)

La tension d'équilibre de l'électrode de platine est égale au potentiel thermodynamique d'oxydoréduction du couple O/R, soit :

$$E_{éq} = E_{th,O/R} = E°_{O/R} + (2f)^{-1} \ln (a_O/a_R)$$

$$E_{éq} = E°_{O/R} + (2f)^{-1} \ln (\gamma_O/\gamma_R) + (2f)^{-1} \ln (O^*/R^*)$$

où a_O et a_R sont les activités des espèces O et R. Les coefficients d'activité γ_O et γ_R des espèces O et R étant supposés égaux et $O^* = R^*$, alors :

$$E_{th,O/R} = E°_{O/R} = 0{,}150 \text{ V/ENH}$$

Le tracé $\log |I_f|$ vs. η de la Fig. 1 de l'énoncé présente des droites de Tafel caractéristiques d'un régime de transfert électronique et, dans les conditions d'expérience, les concentrations interfaciales des espèces redox sont donc voisines de celles du sein de la solution. La relation I_f vs. η est dans ce cas la relation de Butler-Volmer :

$$I_f = I_0[\exp(2\,\alpha_o f\eta) - \exp(-2\,\alpha_r f\eta)]$$

En négligeant dans cette expression le courant partiel de réduction ou celui d'oxydation devant l'autre courant partiel, respectivement pour des valeurs suffisamment positives ou négatives de la surtension, puis en prenant le logarithme de la valeur absolue du courant, on obtient l'équation de la droite de Tafel anodique :

$$\log I_f = \log(Si_0) + 2\,\alpha_o f\eta/\ln 10$$

et celle de la droite de Tafel cathodique :

$$\log |I_f| = \log(Si_0) - 2\,\alpha_r f\eta/\ln 10$$

La valeur du courant d'échange I_0 est déterminée à partir du graphe expérimental (Fig. 1) par extrapolation des deux droites de Tafel à $\eta = 0$ (équilibre) :

$$\log I_0 = \log(Si_0) = -2{,}55 \Rightarrow I_0 = 2{,}8\ 10^{-3}\ \text{mA}$$

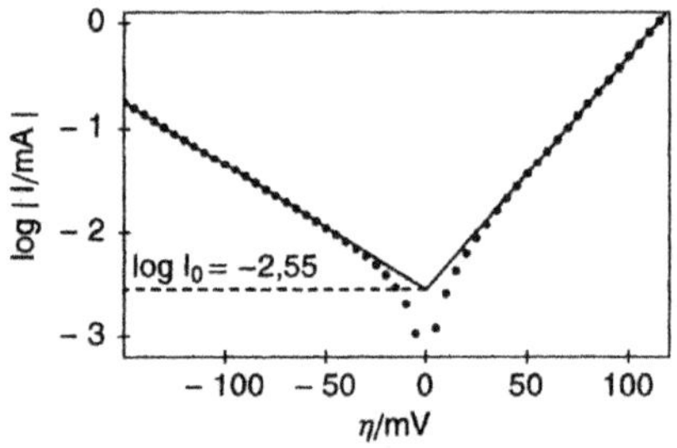

Figure 1 : Détermination graphique du courant d'échange et des facteurs de symétrie du transfert électronique par construction de Tafel.

La valeur de la densité du courant d'échange est :

$$i_0 = I_0/S = 1{,}4\ 10^{-5}\ \text{A cm}^{-2}$$

Tenant compte de $f = F/(RT) = 39{,}6\ V^{-1}$ à 20 °C, le facteur de symétrie α_o se déduit de la pente de la droite de Tafel anodique, $2\,\alpha_o f/\ln 10$, soit $\alpha_o = 0{,}65$ et, puisque $\alpha_o + \alpha_r = 1$, $\alpha_r = 0{,}35$. On calcule la constante standard de vitesse du transfert électronique k° selon (cf. Rappels II) :

$$k° = i_0/(2\,F O^{*\alpha_o} R^{*\alpha_r})$$

Comme $O^* = R^* = 10^{-4}$ mol cm^{-3} et $\alpha_o + \alpha_r = 1$, il vient :

$$k° = 7{,}3\ 10^{-7}\ \text{cm s}^{-1}$$

Les paramètres cinétiques d'oxydation et de réduction se déduisent directement des deux expressions équivalentes de la constante standard de vitesse de transfert électronique (cf. Rappels II) :

$$k^\circ = k_o \exp(2\,\alpha_o f E^\circ_{O/R}) = k_r \exp(-2\,\alpha_r f E^\circ_{O/R})$$

soit :

$$k_o = k^\circ \exp(-2\,\alpha_o f E^\circ_{O/R}) = 3{,}2\ 10^{-10}\ \text{cm s}^{-1}$$

$$k_r = k^\circ \exp(2\,\alpha_r f E^\circ_{O/R}) = 4{,}7\ 10^{-5}\ \text{cm s}^{-1}$$

Ces deux dernières valeurs dépendent du choix de l'électrode de référence. Elles sont ici calculées pour une ENH puisque $E^\circ_{O/R}$ est référé à cette électrode. On peut vérifier que $E^\circ_{O/R} = (2f)^{-1} \ln(k_r/k_o)$ (cf. Qu. II.12).

Exercice II.3 (Profils de concentration)

La tension d'électrode du point 3 est la tension d'équilibre. À la tension d'équilibre, les concentrations interfaciales O(0) et R(0) des espèces électroactives sont égales aux concentrations au sein de la solution électrolytique. Le potentiel d'équilibre thermodynamique est donné par :

$$E_{th} = E^\circ_{O/R} + (1/f)\ln(O^*/R^*) = E^\circ_{O/R} + \ln 2$$

puisque l'on a $O^* = 2\,R^*$, en supposant égaux les coefficients d'activité des deux espèces.

Pour une réaction redox étudiée sur une EDT, les flux interfaciaux des espèces O et R s'écrivent en régime stationnaire, lorsque la réaction se déroule dans le sens de la réduction :

$$J_O(0) = -\,m_O[O^* - O(0)] = -\,v = i_f/F \qquad (1)$$

$$J_R(0) = -\,m_R[R^* - R(0)] = v = -\,i_f/F \qquad (2)$$

où v est la vitesse de la réaction. Lorsque la tension d'électrode tend vers des valeurs très négatives relativement à $E^\circ_{O/R}$, la concentration interfaciale en oxydant O tend vers zéro et la densité du courant vers la densité du courant limite i_{dO} de transport de O :

$$E \to -\infty \Rightarrow O(0) \to 0 \text{ et } i_f \to i_{dO}$$

On obtient l'expression de la densité du courant limite de réduction directement en remplaçant O(0) par zéro dans (1). Il vient :

$$i_{dO} = \lim_{O(0)\to 0} i_f = -\,F m_O O^* \qquad (3)$$

De (1) et (3) on déduit, pour $O^* \neq 0$:

$$i_f/i_{dO} = 1 - O(0)/O^*$$

puis :

$$O(0)/O^* = 1 - i_f/i_{dO}$$

En raisonnant de manière analogue lorsque la tension d'électrode tend vers les valeurs très positives on a :

$$E \rightarrow \infty \Rightarrow R(0) \rightarrow 0 \text{ et } i_f \rightarrow i_{dR}$$

d'où l'on déduit :

$$i_{dR} = \lim_{R(0) \rightarrow 0} i_f = Fm_R R^* \qquad (4)$$

puis à l'aide de (2) et (4), lorsque $R^* \neq 0$:

$$R(0)/R^* = 1 - i_f/i_{dR}$$

Connaissant le rapport i_f/i_{dO} ou i_f/i_{dR}, il est possible de déduire les concentrations interfaciales O(0) et R(0), puis l'allure des profils de concentration linéarisés de la Fig. 1.

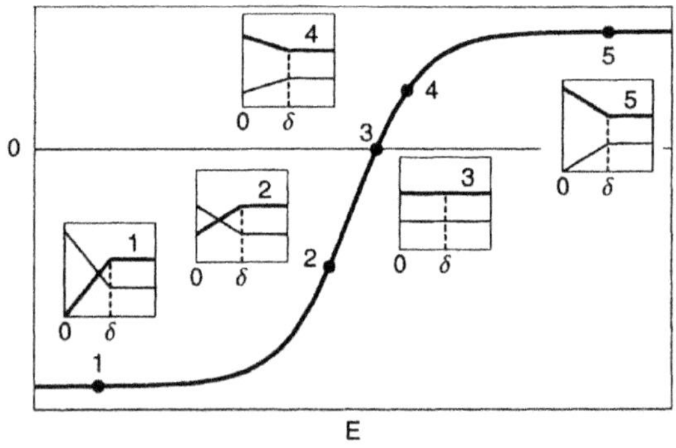

Figure 1 : Courbe courant, tension d'électrode pour $O^* = 2\ R^*$, $D_O = D_R$, et profils linéarisés de concentrations des espèces O et R pour les points 1-5, en régime stationnaire. Traits épais O(x), traits fins R(x).

Exercice II.4 (Densité de courant d'échange, concentrations interfaciales)

1. La densité du courant d'échange s'écrit (cf. Rappels II), en exprimant les concentrations volumiques en mol cm^{-3}, avec n = 1 :

$$i_0 = nFk°O^{*\alpha_o} R^{*\alpha_r} = 9{,}65\ 10^{-5}\ \text{A cm}^{-2}$$

2. En utilisant les résultats de la théorie de Levich (cf. Ex. II.3), on a :

$$X(0)/X^* = 1 - i_f/i_{dX}$$

où X désigne soit Fe^{II}, soit Fe^{III}, avec :

$$i_{dX} = \pm\, nFm_X X^*$$

où le signe – correspond à Fe^{III} et le signe + à Fe^{II} et :

$$m_X = 0{,}620\, D_X^{2/3} \nu^{-1/6} \Omega^{1/2}$$

Pour la réaction considérée, n = 1, $D_{FeII} = D_{FeIII} = 6\ 10^{-6}\ cm^2\ s^{-1}$, $Fe^{II*} = Fe^{III*} = 10^{-5}\ mol\ cm^{-3}$, $\Omega = 2000\ tr\ min^{-1}$, soit $\Omega = 209{,}4\ rd\ s^{-1}$. Les densités des courants limites de diffusion-convection sont égales en valeurs absolues :

$$i_{dFeII} = -\, i_{dFeIII} = 6{,}16\ 10^{-3}\ A\ cm^{-2}$$

Lorsque la réaction se déroule dans le sens de l'oxydation, le rapport $Fe^{III}(0)/Fe^{III*}$ est supérieur à un et le rapport $Fe^{II}(0)/Fe^{II*}$ inférieur à un. Pour $i_f = 2\ 10^{-3}\ A\ cm^{-2}$, on obtient en utilisant les résultats de l'Ex. précédent :

$$Fe^{III}(0) = 1{,}32\ 10^{-5}\ mol\ cm^{-3}\ ;\ Fe^{II}(0) = 0{,}68\ 10^{-5}\ mol\ cm^{-3}$$

Lorsque l'on impose la valeur opposée du courant dans le domaine cathodique, $i_f = -\,2\ 10^{-3}\ A\ cm^{-2}$, on a par contre :

$$Fe^{III}(0) = 0{,}68\ 10^{-5}\ mol\ cm^{-3}\ ;\ Fe^{II}(0) = 1{,}32\ 10^{-5}\ mol\ cm^{-3}$$

3. La densité de courant s'écrit de manière générale, en utilisant la formulation en i_0 et η (cf. Rappels II) :

$$i_f = i_0 \frac{\exp(\alpha_o n f \eta) - \exp(-\,\alpha_r n f \eta)}{1 + i_0[i_{dFeII}^{-1} \exp(\alpha_o n f \eta) - i_{dFeIII}^{-1} \exp(-\,\alpha_r n f \eta)]}$$

avec, pour la réaction considérée, n = 1, $\alpha_o = \alpha_r = 0{,}5$ et $i_{dFeII} = -\, i_{dFeIII} = i_d$. En posant $y = \exp(f\eta/2)$, $\psi = i_f/i_d$ et $\Lambda = i_0/i_d$, on déduit de l'expression précédente l'équation du second degré :

$$\Lambda(\psi - 1)y^2 + \psi y + \Lambda(1 + \psi) = 0$$

où $\Lambda = 1{,}57\ 10^{-2}$, en utilisant les résultats des questions 1 et 2, et $\psi = \pm\, 0{,}324$ lorsque $i_f = \pm\ 2\ 10^{-3}\ A\ cm^{-2}$. La racine positive de cette équation donne y puis $\eta = (2/f) \ln y$ soit :

$$\eta = \pm\, 0{,}176\ V$$

Exercice II.5 (Réversibilité cinétique, système Nernstien)

L'hypothèse d'un transfert électronique cinétiquement réversible, soit $v_O >> v$, $v_r >> v$ et $v_O \approx v_r$ (cf. Qu. II.19) implique pour la réaction redox $O + n\,e \leftrightarrow R$ que $K_OR(0) = k°R(0) \exp(\alpha_O\xi) \approx K_rO(0) = k°O(0) \exp(-\alpha_r\xi)$ soit :

$$E \approx E°_{O/R} + (nf)^{-1} \ln [O(0)/R(0)]$$

avec $E°_{O/R} = (nf)^{-1} \ln (k_r/k_O)$. La tension d'électrode et les concentrations interfaciales des espèces redox sont liées, hors équilibre, par une relation de même forme que celle de Nernst et le système redox est alors dit Nernstien.

Exercice II.6 (Prévisions de réactions aux électrodes)

La tension d'abandon de l'électrode de travail est le potentiel thermodynamique $E_{th,O/R}$ donné par la relation de Nernst :

$$E_{th,O/R} = E°_{O/R} + (1/f) \ln (O^*/R^*) = E°_{O/R}$$

puisque $O^* = R^*$, en supposant égaux les coefficients d'activité des espèces, où O et R désignent les ions complexes $Fe(CN)_6^{3-}$ et $Fe(CN)_6^{4-}$, respectivement, pour simplifier les notations. La mesure de la tension à l'abandon permet donc de déterminer le potentiel thermodynamique standard du couple redox $E°_{O/R} = 0{,}340$ V/Réf.

1. La tension imposée, E = 0,400 V/Réf, est supérieure à la tension d'équilibre de l'électrode et la réaction se déroule globalement dans le sens de l'oxydation. Lorsque le transfert interfacial est supposé cinétiquement réversible, la relation suivante entre la tension d'électrode et les concentrations interfaciales des espèces du couple redox peut s'écrire (système Nernstien, cf. Ex. II.5) :

$$E = E°_{O/R} + (1/f) \ln [O(0)/R(0)] \qquad (1)$$

Cette relation a la même forme que la relation de Nernst mais la tension E n'est pas le potentiel thermodynamique $E_{th,O/R}$ et les concentrations interfaciales O(0) et R(0) ne sont pas les concentrations initiales en solution O^* et R^*. Cette relation se réécrit selon $O(0)/R(0) = \exp [f(E - E°_{O/R})]$. Comme $D_O = D_R$, on a par ailleurs $O(0) + R(0) = R^* + O^*$ (cf. Rappels II) et de ces deux dernières relations on tire :

$$\frac{O(0)}{O^*} = \frac{1 + R^*/O^*}{1 + \exp [-f(E - E°_{O/R})]} \; ; \; \frac{R(0)}{R^*} = \frac{1 + O^*/R^*}{1 + \exp [f(E - E°_{O/R})]} \qquad (2)$$

avec, en utilisant les résultats de la théorie de Levich (cf. Ex. II.3) :

$$O(0)/O^* = 1 - i_f/i_{dO} = 1 - I_f/I_{dO} \quad (3)$$

$$R(0)/R^* = 1 - i_f/i_{dR} = 1 - I_f/I_{dR} \quad (4)$$

où $I_{dO} = -SFmO^*$, $I_{dR} = SFmR^*$ puisque $D_O = D_R$, donc $m_O = m_R = m$ et :

$$m = D/\delta = 0{,}620\ D^{2/3}\nu^{-1/6}\Omega^{1/2}$$

On calcule successivement la constante de transport de matière :

$$m = 9\ 10^{-3}\ \text{cm s}^{-1}$$

les courants limites :

$$I_{dO} = -I_{dR} = -5{,}5\ 10^{-4}\ \text{A}$$

les rapports $O(0)/O^* = 1{,}82$, $R(0)/R^* = 0{,}18$ d'après (2) pour $E = 0{,}400$ V/Réf et $E°_{O/R} = 0{,}340$ V/Réf et finalement la valeur du courant à partir de (3) ou (4). On trouve :

$$I_f = 4{,}5\ 10^{-4}\ \text{A}$$

2. Puisque la valeur absolue du courant imposé, $|I_f| = 2{,}5\ 10^{-4}$ A, est inférieure à celle du courant limite de réduction de l'espèce O, $|I_{dO}| = 5{,}5\ 10^{-4}$ A, seule la réaction redox se déroule à l'interface. Pour calculer la tension d'électrode d'après (1) il suffit de connaître le rapport des concentrations interfaciales $O(0)/R(0)$. D'après (3) et (4) :

$$O(0)/R(0) = (1 - I_f/I_{dO})/(1 - I_f/I_{dR}) = 0{,}373$$

puisque $O^* = R^*$ et que l'on impose un courant cathodique de $-2{,}5\ 10^{-4}$ A. La valeur de la tension d'électrode, $E = 0{,}315$ V/Réf, se déduit alors de (1). L'allure de la courbe I_f vs. E est donnée sur la Fig. 1.

3. La valeur $I_f = -10^{-3}$ A que l'on cherche par la suite à imposer est inférieure à la valeur du courant limite cathodique I_{dO} (ou supérieure lorsque I_f et I_{dO} sont pris en valeurs absolues). Lorsque l'on impose ce courant, la valeur de la tension d'électrode n'est alors plus seulement définie par la réaction de réduction de l'ion $Fe(CN)_6^{4-}$, mais aussi par une autre réaction de réduction, ici celle des protons ou de l'eau. La tension d'électrode est alors inférieure au potentiel thermodynamique du couple H^+/H_2. L'allure de la courbe I_f vs. E est donnée sur la Fig. 1.

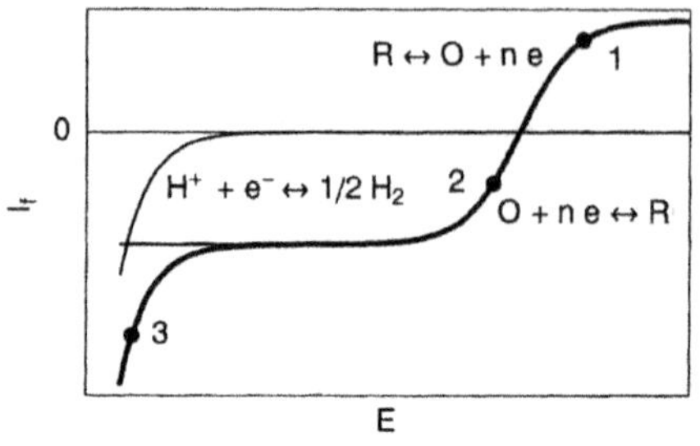

Figure 1 : Courbes courant partiel, tension relatives aux couples O/R et H^+/H_2 (traits fins) et courbe courant total, tension de l'électrode (traits épais). Point 1 : question 1, point 2 : question 2, point 3 : question 3.

Exercice II.7 (Contrôle cinétique d'une réaction redox)

Les expressions de i_t et i_d, correspondant respectivement à un contrôle de la cinétique de réaction par le transfert électronique interfacial et par le transport de matière dans l'électrolyte, s'obtiennent en portant respectivement la condition :

$$k°[m_R^{-1} \exp(\alpha_o\xi) + m_O^{-1} \exp(-\alpha_r\xi)] << 1 \text{ ou } >> 1$$

dans l'expression générale i_f vs. ξ de la Qu. II.18 où $\xi = nf(E - E°_{O/R})$. On trouve, en remplaçant ≈ par =, par passage à la limite :

$$i_t = nFk°[R^* \exp(\alpha_o\xi) - O^* \exp(-\alpha_r\xi)]$$

$$i_d = nF \frac{R^* \exp\xi - O^*}{m_R^{-1} \exp\xi + m_O^{-1}}$$

1. $R^* = 0$ et $m_O = m_R = m$

- a : cinétique de la réaction redox contrôlée, quelle que soit la tension d'électrode, par le transport de matière :

$$i_f = i_d = - nFmO^*/(1 + \exp\xi)$$

avec asymptote horizontale, $\log | i_f | = \log | i_{dO} |$, lorsque $E \to -\infty$ et asymptote oblique (pseudo-droite de Tafel) de pente $- nf/\ln 10$ observée lorsque $E \to \infty$ sur le graphe $\log | i_f |$ vs. $E - E°_{O/R}$ (Fig. 1C haut, trajectoire a).

- b : dans la zone de tension d'électrode choisie, la cinétique de la réaction redox est contrôlée par le transfert d'électrons à l'interface :

$$i_f = i_t = - nFk°O^* \exp(-\alpha_r\xi)$$

qui mène à une droite de Tafel cathodique de pente $- \alpha_r nf/\ln 10$ sur le graphe $\log | i_f |$ vs. $E - E°_{O/R}$ (Fig. 1C bas, trajectoire b).

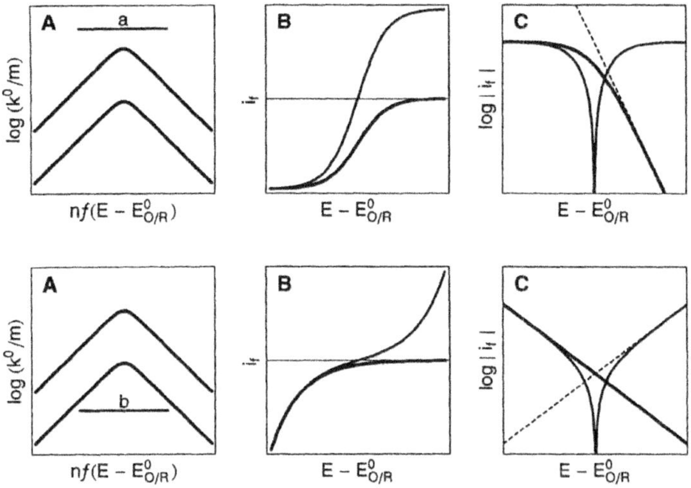

Figure 1 : (A) Diagramme de zones de contrôle cinétique d'une réaction redox simple mettant en jeu deux espèces dissoutes, tracé pour $\alpha_o = \alpha_r = 0{,}5$ et $m_O = m_R = m$. (B) courbes i_f vs. $E - E°_{O/R}$ correspondant aux trajectoires a et b pour $n = 1$ et (C) représentation semi-logarithmique. Traits fins : $R^* = O^*$, traits épais : $R^* = 0$, traits pointillés : asymptotes obliques.

2. $O^* = R^*$ et $m_O = m_R = m$

- a : cinétique de la réaction redox contrôlée, quelle que soit la tension d'électrode, par le transport de matière :

$$i_f = i_d = nFmO^* (\exp \xi - 1)/(\exp \xi + 1) = nFmO^* \text{ th } (\xi/2)$$

avec asymptotes horizontales, $\log | i_f | = \log | i_{dR} |$ et $\log | i_f | = \log | i_{dO} |$, lorsque $E \to \pm \infty$ respectivement, mais sans asymptotes obliques (Fig. 1C haut, trajectoire a).

- b : dans la zone de tension choisie, la cinétique de la réaction redox est contrôlée par le transfert d'électrons à l'interface :

$$i_f = i_t = nFk°O^* [\exp (\alpha_o \xi) - \exp (- \alpha_r \xi)]$$

avec asymptotes obliques (droites de Tafel) de pentes $\alpha_o nf/\ln 10$ et $- \alpha_r nf/\ln 10$, respectivement en oxydation et réduction, sur le graphe $\log | i_f |$ vs. $E - E°_{O/R}$ (Fig. 1C bas , trajectoire b).

Exercice II.8 (Surtensions de transfert électronique, de transport de matière)

1. La relation i_f vs. η s'écrit (cf. Rappels II) :

$$i_f = \frac{i_0[\exp(\alpha_o f\eta) - \exp(-\alpha_r f\eta)]}{1 + i_0[i_{dR}^{-1}\exp(\alpha_o f\eta) - i_{dO}^{-1}\exp(-\alpha_r f\eta)]} \quad (1)$$

2. La densité du courant de transfert électronique est le numérateur de l'expression précédente, soit en notant $i_f = i_t$ et $\eta = \eta_t$ (Fig. 1A) :

$$i_t = i_0[\exp(\alpha_o f\eta_t) - \exp(-\alpha_r f\eta_t)] \quad (2)$$

qui est la relation de Butler-Volmer, réécrite lorsque $\alpha_o = \alpha_r = 1/2$:

$$i_t = 2\, i_0\, \mathrm{sh}\,(f\eta_t/2) \quad (3)$$

d'où l'on déduit :

$$\eta_t = (2/f)\,\mathrm{Arcsh}\,[i_t/(2\, i_0)] \quad (4)$$

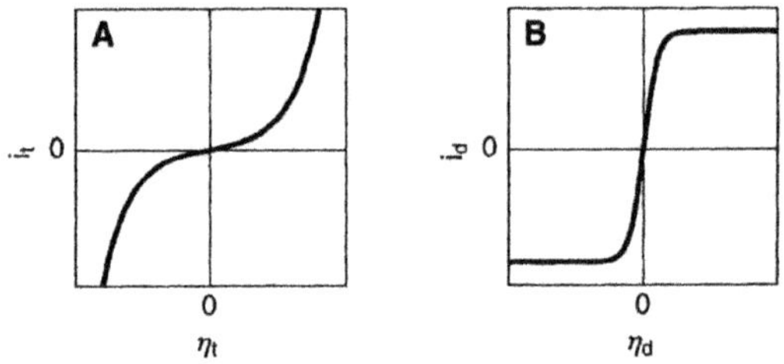

Figure 1 : (A) Courbe i_t vs. η_t calculée selon (2) pour $\alpha_o = \alpha_r = 1/2$. (B) Courbe i_d vs. η_d calculée selon (5) pour $i_{dR} = |\, i_{dO}\,|$.

3. La densité du courant de diffusion-convection est obtenue en faisant $i_0[i_{dR}^{-1}\exp(\alpha_o f\eta) - i_{dO}^{-1}\exp(-\alpha_r f\eta)] >> 1$ dans (1), soit en notant $i_f = i_d$ et $\eta = \eta_d$ (Fig. 1B) :

$$i_d = \frac{\exp(f\eta_d) - 1}{i_{dR}^{-1}\exp(f\eta_d) - i_{dO}^{-1}} \quad (5)$$

d'où l'on déduit :

$$\eta_d = (1/f)\ln\{[1 - (i_d/i_{dO})]/[1 - (i_d/i_{dR})]\} \quad (6)$$

4. Sur la Fig. 1 de l'énoncé, on a $\eta = \eta_t + \eta_d$. La surtension η est celle de l'Éq (1), η_t peut être calculé selon (4) lorsque $\alpha_o = \alpha_r = 1/2$, par contre on ne peut utiliser l'Éq. (6) pour exprimer η_d car cette équation est uniquement

valide pour un contrôle de la cinétique de réaction par le transport de matière et non pour un contrôle mixte par le transfert électronique et le transport de matière.

Par contre, la relation $i_f^{-1} = i_t^{-1} + i_d^{-1}$ est générale, et des tracés de i_t et i_d vs. η on déduit facilement celui de i_f vs. η (Fig. 2).

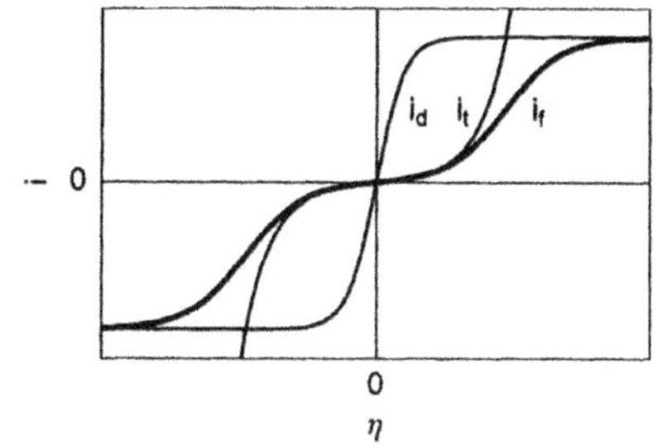

Figure 2 : Comparaison de i_t, i_d et i_f vs. η pour un système redox de rapidité intermédiaire.

Exercice II.9 (Réversibilité et contrôle cinétique)

Le lien entre rapidité, réversibilité ou irréversibilité d'un transfert électronique et contrôle de la cinétique de réaction par le transfert électronique ou le transport de matière n'est pas toujours facile à établir. La Fig. 1C de l'énoncé, relative à une réaction redox simple mettant en jeu deux espèces dissoutes, permet de mieux comprendre les relations qui existent entre ces différents concepts.

Notons tout d'abord que le diagramme de la Fig. 1A de l'énoncé est valide pour toutes concentrations initiales O^* et R^*, pourvu que ces concentrations soient faibles devant celles de l'électrolyte support. À l'inverse, le diagramme de la Fig. 1B suppose $R^* = 0$. La discussion menée à partir de la Fig. 1C s'applique donc au cas où l'espèce R n'est pas mise en solution à l'instant initial, le cas $O^* = 0$ s'en déduisant facilement. En observant la Fig. 1C on note que :

- rapidité ($k°$) et réversibilité ou irréversibilité d'un transfert électronique sont liées mais non synonymes (cf. Qu. II.19),

- la réversibilité ou l'irréversibilité cinétique du transfert électronique n'est pas une propriété intrinsèque d'un couple redox, mais dépend des conditions expérimentales de son étude (ici tension et vitesse de rotation d'électrode) et plus généralement de la méthode d'étude. En théorie, il est toujours possible de rendre irréversible un transfert électronique rapide (k° grand), lorsque $R^* = 0$, soit en diminuant suffisamment la tension d'électrode (en se déplaçant horizontalement vers la gauche sur les figures), soit en augmentant suffisamment la vitesse de rotation de l'électrode (m est proportionnel à $\sqrt{\Omega}$ et on se déplace verticalement vers le bas des figures). En pratique toutefois, les domaines accessibles de tension et de vitesse de rotation d'électrode sont limités expérimentalement. Un transfert électronique très rapide est ainsi en général étudié dans son domaine de réversibilité cinétique. Pour les mêmes raisons, la courbe i_f vs. E pour un transfert lent est généralement tracée pour sa plus grande partie dans la zone d'irréversibilité cinétique du transfert électronique. Pour fixer les idées, les courbes iso-rapport, $\psi = i_f/i_{dO}$, sont représentées sur la Fig. 1C de l'énoncé pour $\psi = 0{,}05$ (pied de la courbe courant, tension) ; 0,5 (moitié du courant limite cathodique) et 0,95 (presque le courant limite),

- un transfert cinétiquement réversible conduit obligatoirement à un contrôle de la cinétique de réaction par le transport de matière dans la solution lorsque $R^* = 0$, alors que l'inverse n'est pas toujours vrai. Un transfert irréversible peut être observé dans les trois types de zones de contrôle cinétique dès lors que k° est suffisamment faible (transfert lent).

- la zone de contrôle de la cinétique de réaction par le transfert électronique est incluse dans celle d'irréversibilité cinétique du transfert lorsque $R^* = 0$.

Cette discussion menée lorsque $R^* = 0$ uniquement pourrait être reprise pour $O^* = 0$ ou plus généralement lorsque $O^* \neq 0$ et $R^* \neq 0$, la Fig. 1A de l'énoncé restant inchangée et les Fig. 1B et 1C étant reconstruites pour tenir compte de ces nouvelles conditions.

Exercice II.10 (Influence de la vitesse de rotation d'électrode sur le courant)

1. Le courant limite de transport de l'espèce O en régime stationnaire, donné par (cf. Rappels II) :

$$I_{dO} = -\,nFSm_O O^*$$

est indépendant des paramètres cinétiques de transfert électronique et est proportionnel à la racine carrée de la vitesse de rotation d'électrode :

$$I_{dO} \propto \sqrt{\Omega}$$

Pour une tension d'électrode correspondant au courant limite de transport de matière, diminuer la vitesse de rotation assure que l'on reste à une tension d'électrode correspondant au courant limite, quelle que soit la rapidité du transfert d'électrons. Augmenter la vitesse de rotation peut, au contraire, éloigner de la valeur du courant limite comme le montre la Fig. 1 lorsque le transfert électronique n'est pas très rapide.

La vitesse de rotation diminuant dans un rapport 4, le courant limite diminue d'un rapport 2 et l'on a, quelle que soit la rapidité et la réversibilité cinétique du transfert d'électrons :

$$I_{dO,1000} = I_{dO,4000}/2 = -0,12 \text{ mA}$$

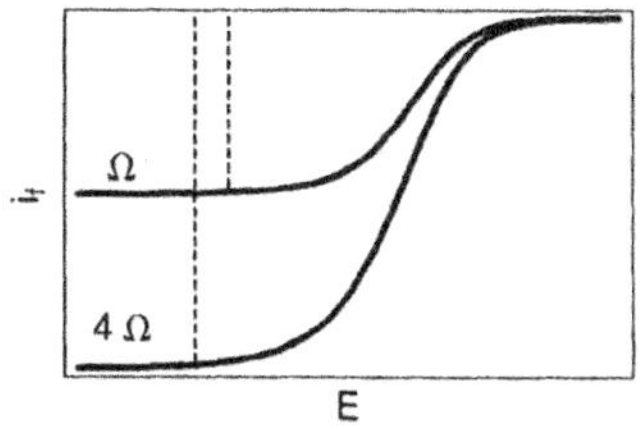

Figure 1 : Influence de la multiplication par quatre de la vitesse de rotation de l'EDT sur les courbes densité de courant, tension d'électrode lorsque $R^* = 0$, dans le cas d'un transfert électronique de rapidité intermédiaire. Les lignes pointillées verticales correspondent aux valeurs de tension d'électrode telles que $i_f = 0,99\, i_{dO}$.

2. À la tension de demi-vague le courant mesuré pour une vitesse de rotation de 4000 tr min^{-1} est de − 0,12 mA. Par ailleurs, pour une réaction cinétiquement réversible, les concentrations interfaciales O(0) et R(0) sont constantes, à tension d'électrode constante, quelle que soit la vitesse de rotation d'électrode (cf. Éq (2) du corrigé de l'Ex. II.6 établie pour $D_O = D_R$; des relations voisines peuvent être établies lorsque $D_O \neq D_R$ à partir de l'Eq. 71 des Rappels II). Comme par ailleurs, en utilisant les résultats de la théorie de Levich, on a :

$$I_f/I_{dO} = 1 - O(0)/O^*$$

il vient :

$$I_{f,1000}/I_{f,4000} = I_{dO,1000}/I_{dO,4000} = 1/2$$

Le courant mesuré dans l'hypothèse de réversibilité cinétique du transfert électronique est donc :

$$I_{f,1000} = -0,06 \text{ mA}$$

Le courant d'électrode vérifie dans ce cas le critère de Levich, $I_f \propto \sqrt{\Omega}$, dans tout le domaine de tension correspondant à la réversibilité cinétique du transfert électronique interfacial et en particulier pour $E = E_{1/2}$.

À l'inverse, pour une réaction cinétiquement irréversible dans le sens de la réduction, la relation I_f vs. E s'écrit :

$$I_f = -nFSK_rO^*/(1 + K_r/m_O)$$

où $K_r = k_r \exp(-\alpha_r n f E)$. La valeur de la constante de vitesse de transfert dans le sens de la réduction, K_r, est la même pour les deux vitesses de rotation d'électrode puisque E = cte. Donc :

$$I_{f,1000}/I_{f,4000} = (1 + K_r/m_{O,4000})/(1 + K_r/m_{O,1000})$$

La tension imposée est la tension de demi-courant limite pour $\Omega = 4000$ tr min^{-1}, donc $K_r = m_{O,4000}$ et :

$$I_{f,1000}/I_{f,4000} = 2/(1 + m_{O,4000}/m_{O,1000}) = 2/3$$

puisque m_O est proportionnel à $\sqrt{\Omega}$. Le courant mesuré dans l'hypothèse d'irréversibilité cinétique du transfert électronique interfacial est donc :

$$I_{f,1000} = -(2/3)\ 0{,}12 = -0{,}08 \text{ mA}$$

Exercice II.11 (Critère de Levich)

Le courant limite de réduction de l'espèce Fe^{III} est un courant limite de transport de matière par diffusion et convection. Son expression, pour une EDT inattaquable de surface S, est donnée par :

$$I_{dFe^{III}} = -SFm_{Fe^{III}}Fe^{III*}$$

En remplaçant $m_{Fe^{III}}$ par son expression, on obtient :

$$|I_{dFe^{III}}| = SFm_{Fe^{III}}Fe^{III*} = 0{,}620\ SFD_{Fe^{III}}^{2/3}\nu^{-1/6}\Omega^{1/2}Fe^{III*}$$

Si l'on porte les valeurs absolues du courant (Tab. I de l'énoncé) en fonction de la racine carrée de la vitesse de rotation de l'électrode, on obtient les points de la Fig. 1.

Le courant limite varie bien linéairement avec la racine carrée de la vitesse de rotation ; on dit alors que le critère de Levich est vérifié. La valeur de la pente de la droite s'obtient, par exemple, en déterminant la droite de moindres carrés. On trouve, en valeur absolue :

$$|p_L| = 0{,}620\ SFD_{Fe^{III}}^{2/3}\nu^{-1/6}Fe^{III*} = 6{,}26\ 10^{-5} \text{ A (rd s}^{-1})^{-1/2}$$

lorsque la vitesse de rotation de l'électrode est exprimée en rd s^{-1} et le courant limite en A. La valeur numérique déterminée à l'aide de la Fig. 1 permet de mesurer le coefficient de diffusion de l'espèce Fe^{III}. On trouve :

$$D_{FeIII} = 5,44\ 10^{-6}\ cm^2\ s^{-1}$$

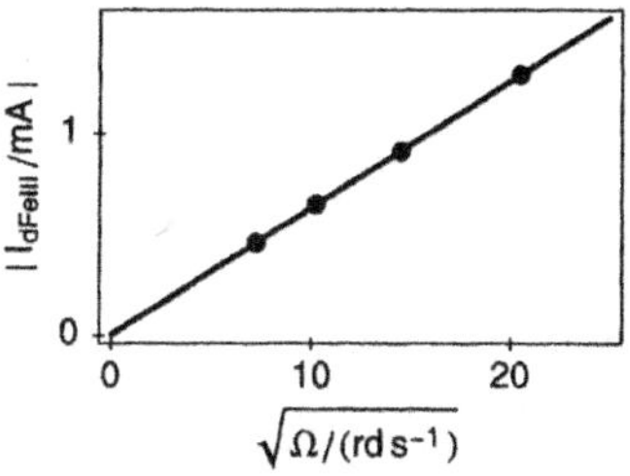

Figure 1 : Détermination du coefficient de diffusion de Fe^{III} par vérification du critère de Levich.

Exercice II.12 (Densité de courant d'échange, constante standard de vitesse)

Pour une réaction redox simple O + n e ↔ R, la densité du courant d'échange, i_0 en A cm^{-2}, est la valeur absolue commune des densités des courants partiels d'oxydation et de réduction à l'équilibre, soit $i_0 = i_{o,éq} = | i_{r,éq} |$. La constante standard de vitesse de transfert électronique, k° en cm s^{-1}, est la valeur commune des constantes de vitesse d'oxydation et de réduction exprimées au potentiel thermodynamique standard du couple redox soit :

$$k° = k_o \exp(\alpha_o n f E°_{O/R}) = k_r \exp(-\alpha_r n f E°_{O/R})$$

i_0 est lié à $k° = k_o^{\alpha_r} k_r^{\alpha_o}$ selon (cf. Rappels II) :

$$i_0 = nFk°O^{*\alpha_o} R^{*\alpha_r}$$

Lorsque la forme réduite du couple redox est un métal attaquable, la réaction électrochimique s'écrit :

$$M^{n+} + n\ e^- \leftrightarrow M$$

Cette réaction est considérée comme simple et la relation de définition de i_0 ($i_0 = i_{o,éq} = | i_{r,éq} |$) est donc toujours valide, soit :

$$i_0 = nFK_{o,éq} = nFK_{r,éq}M^{n+*}$$

où $K_{o,éq} = k_o \exp(\alpha_o n f E_{éq})$ et $K_{r,éq} = k_r \exp(-\alpha_r n f E_{éq})$. L'activité du métal est unitaire et n'apparaît pas dans le courant partiel d'oxydation.

En utilisant la relation de Nernst et en supposant égal à un le coefficient d'activité de M^{n+} :

$$E_{éq} = E_{th,M^{n+}/M} = E°_{M^{n+}/M} + (nf)^{-1} \ln (M^{n+*}/c°)$$

où c° est la concentration standard (c° = 1 mol L^{-1}, soit 10^{-3} mol cm^{-3} dans le système d'unités de ce recueil) et $E°_{M^{n+}/M} = (nf)^{-1} \ln (k_r c°/k_o)$, il vient après calcul :

$$i_0 = nFk_o^{\alpha_r}(k_r M^{n+*})^{\alpha_o}$$

La relation densité de courant, surtension d'électrode relative à la réaction s'écrit alors, en notant $\eta = E - E_{th,M^{n+}/M}$:

$$i_f = nF[K_o - K_r M^{n+}(0)] = i_0\{\exp (\alpha_o n f \eta) - [M^{n+}(0)/M^{n+*}] \exp (- \alpha_r n f \eta)\}$$

Par ailleurs, au potentiel thermodynamique standard du couple redox M^{n+}/M on a l'égalité :

$$k_o \exp (\alpha_o n f E°_{M^{n+}/M}) = k_r c° \exp (- \alpha_r n f E°_{M^{n+}/M})$$

Les paramètres cinétiques k_o et k_r n'ont pas les mêmes dimensions dans l'égalité précédente. Deux possibilités s'offrent alors pour définir la constante standard de vitesse de transfert électronique pour le couple redox M^{n+}/M. Soit l'on pose :

$$k° = k_o \exp (\alpha_o n f E°_{M^{n+}/M}) = k_r c° \exp (- \alpha_r n f E°_{M^{n+}/M}) = k_o^{\alpha_r}(k_r c°)^{\alpha_o}$$

Dans ce cas k° a pour unité mol cm^{-2} s^{-1}, $i_0 = nFk°(M^{n+*}/c°)^{\alpha_o}$ et la relation i_f vs. $\xi = nf(E - E°_{M^{n+}/M})$ peut s'écrire :

$$i_f = nFk°\{\exp (\alpha_o \xi) - [M^{n+}(0)/c°] \exp (- \alpha_r \xi)\}$$

Soit, au contraire, on souhaite conserver la même unité pour k° que celle (cm s^{-1}) obtenue lorsque les deux espèces du couple redox sont dissoutes. Dans ce cas, on pose :

$$k°c° = k_o \exp (\alpha_o n f E°_{M^{n+}/M}) = k_r c° \exp (- \alpha_r n f E°_{M^{n+}/M}) = k_o^{\alpha_r}(k_r c°)^{\alpha_o}$$

k° s'exprime alors bien en cm s^{-1} avec $i_0 = nFk°c^{°\alpha_r} M^{n+*\alpha_o}$ et la relation densité de courant, tension s'écrit :

$$i_f = nFk°c°\{\exp (\alpha_o \xi) - [M^{n+}(0)/c°] \exp (- \alpha_r \xi)\}$$

où ξ a la même signification que précédemment.

Exercice II.13 (Expressions de Butler-Volmer et de Stern)

L'expression de Butler-Volmer est caractéristique du régime de transfert électronique. Elle s'écrit pour la réaction redox simple O + n e ↔ R, en posant $\eta = E - E_{th,O/R}$:

$$I_f = I_t = I_0[\exp(\alpha_o n f \eta) - \exp(-\alpha_r n f \eta)]$$

Si l'on considère l'oxydation spontanée d'un métal, $M \leftrightarrow M^{n_1+} + n_1\, e^-$ (réaction 1), couplée à la réduction précédente, $O + n_2\, e \leftrightarrow R$ (réaction 2), et que l'on suppose que les deux réactions sont indépendantes, simples, et se déroulent chacune sur toute la surface du métal au contact de la solution corrosive, on peut écrire :

$$I_f(E) = I_{f1}(E) + I_{f2}(E)$$

De plus, en faisant l'hypothèse du régime de transfert électronique pour les deux réactions, on a :

$$I_f(E) = I_{t1}(E) + I_{t2}(E)$$

avec :

$$I_{tj}(E) = I_{0j}[\exp(\alpha_{oj}\, n_j f \eta_j) - \exp(-\alpha_{rj}\, n_j f \eta_j)]$$

où $\eta_j = E - E_{thj}$ et j = 1, 2. Le potentiel de corrosion du métal est tel que :

$$I_f(E_{cor}) = I_{t1}(E_{cor}) + I_{t2}(E_{cor}) = 0$$

qui est une équation implicite en E_{cor} dont les paramètres sont les potentiels thermodynamiques E_{th1} et E_{th2}, les courants d'échange des deux réactions I_{01} et I_{02}, et les facteurs de symétrie de transfert α_{o1}, α_{r1}, α_{o2}, α_{r2}. Le courant de corrosion I_{cor} est la valeur du courant partiel relatif au couple M^{n+}/M relevée au potentiel de corrosion :

$$I_{cor} = I_{t1}(E_{cor}) = -I_{t2}(E_{cor})$$

Le cas le plus simple est obtenu lorsque E_{cor} est à la fois très supérieur à E_{th1} et très inférieur à E_{th2}, ce qui suppose à priori un écart important des deux potentiels thermodynamiques (Fig. 1). Dans ce cas, au voisinage de E_{cor}, on peut écrire :

$$I_{t1}(E) \approx I_{01} \exp[\alpha_{o1} n_1 f(E - E_{th1})]$$

en négligeant le courant partiel de réduction de l'ion M^{n+} et :

$$I_{t2}(E) \approx -I_{02} \exp[-\alpha_{r2} n_2 f(E - E_{th2})]$$

en négligeant le courant partiel d'oxydation de l'espèce R. L'expression du courant global d'électrode se simplifie, en remplaçant ≈ par =, par passage à la limite selon :

$$I_f(E) = I_{01} \exp [\alpha_{o1} n_1 f(E - E_{th1})] - I_{02} \exp [-\alpha_{r2} n_2 f(E - E_{th2})]$$

le courant de corrosion a pour expression :

$$I_{cor} = I_{01} \exp [\alpha_{o1} n_1 f(E_{cor} - E_{th1})] = I_{02} \exp [-\alpha_{r2} n_2 f(E_{cor} - E_{th2})]$$

et l'on déduit des relations précédente l'équation de Stern :

$$I_f(E) = I_{cor}\{\exp [\alpha_{o1} n_1 f(E - E_{cor})] - \exp [-\alpha_{r2} n_2 f(E - E_{cor})]\}$$

qui a une forme analogue à celle de Butler-Volmer, en remplaçant I_0 par I_{cor}, la surtension d'électrode η par la polarisation d'électrode $\pi = E - E_{cor}$ et en remarquant que les deux courants partiels dans l'équation de Stern sont ceux de deux réactions différentes (oxydation du métal et réduction de l'oxydant O) alors que ceux dans l'équation de Butler-Volmer sont les courants partiels d'oxydation et de réduction d'une même réaction.

Lorsque l'équation de Stern est valide dans un domaine suffisant de tension d'électrode, un graphe où l'on porte log | I_f | vs. E permet de mesurer log I_{cor} par extrapolation à $E = E_{cor}$ des deux droites de Tafel anodique et cathodique (Fig. 1).

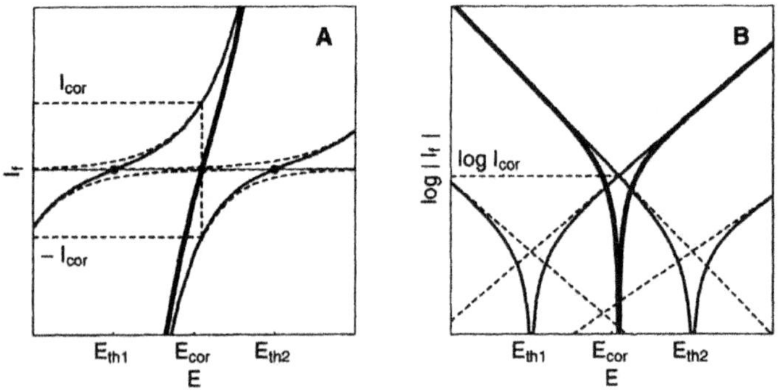

Figure 1 : Courbes I_f vs. E pour deux réactions redox simultanées (A) et courbes log | I_f | vs E (représentation de Tafel) correspondantes (B). Traits épais : courant faradique total, traits fins : courants partiels de chaque réaction redox, traits pointillés : courants partiels d'oxydation et de réduction de chaque réaction redox.

Remarque 1 : Notons que l'équation et la méthode graphique de Stern sont valides plus généralement lorsque le courant d'électrode peut être approximé par la différence de deux exponentielles dans un domaine suffisamment étendu de tension d'électrode, l'hypothèse du régime de transfert électronique envisagée précédemment n'étant qu'un cas particulier.

Remarque 2 : Les cas plus compliqués obtenus lorsque E_{cor} est proche de E_{th1} ou E_{th2}, ou lorsque l'on considère le régime mixte de transfert-transport de matière ont été envisagés par ailleurs (cf. Cinétique Électrochimique, Hermann, 1996).

Exercice II.14 (Corrosion d'un métal)

1. L'expression du courant de corrosion du métal M s'écrit :

$$I_{cor} = |I_{dO}| = \lambda_O O^* \sqrt{\Omega}$$

2. Le courant partiel d'oxydation du métal présente une variation exponentielle en fonction de la tension d'électrode, soit $I_1(E) = a \exp(bE)$. Lorsque le contrôle cinétique a lieu par le transfert électronique, a est indépendant de Ω :

$$I_{f1}(E_{cor}) = a \exp(bE_{cor}) = \lambda_O O^* \sqrt{\Omega}$$

d'où l'on déduit :

$$E_{cor} = b^{-1} \ln(\lambda_O O^* \sqrt{\Omega}/a)$$

et E_{cor} varie logarithmiquement avec O^* et Ω. Lorsque le contrôle cinétique a lieu par le transport de l'ion M^I en solution, $a = a' \sqrt{\Omega}$ et :

$$I_{f1}(E_{cor}) = a' \sqrt{\Omega} \exp(bE_{cor}) = \lambda_O O^* \sqrt{\Omega}$$

d'où l'on déduit :

$$E_{cor} = b^{-1} \ln(\lambda_O O^*/a')$$

et E_{cor} varie logarithmiquement avec O^* et est indépendant de Ω.

3. Corrigés des problèmes

Problème II.1 (Tension de demi-vague)

1. Lorsque $R^* = 0$, la condition $i_f(E_{1/2}) = i_{dO}/2$ portée dans la relation :

$$i_f = \frac{-\,nFk^\circ O^* \exp(-\alpha_r\xi)}{1 + (k^\circ/m)[\exp(\alpha_o\xi) + \exp(-\alpha_r\xi)]}$$

où l'on a posé $D_O = D_R$ et donc $m_O = m_R = m$ pour simplifier, mène à l'équation implicite suivante en $E_{1/2}$, tension de demi-vague, où $\xi_{1/2} = nf(E_{1/2} - E^\circ_{O/R})$:

$$(k^\circ/m)\exp(\alpha_o\xi_{1/2}) = \exp\xi_{1/2}/(1 - \exp\xi_{1/2})$$

La condition de réversibilité cinétique tirée du corrigé de la Qu. II.19, écrite à la tension de demi-vague, est $(k^\circ/m)\exp(\alpha_o\xi_{1/2,\text{rév}}) >> 1$, d'où l'on tire, lorsque $D_O = D_R$:

$$\xi_{1/2,\text{rév}} = 0 \Rightarrow E_{1/2,\text{rév}} = E^\circ_{O/R}$$

Dans le cas contraire d'un transfert électronique irréversible dans le sens de la réduction, soit, d'après le corrigé de la Qu. II.19, lorsque $(k^\circ/m)\exp(\alpha_o\xi_{1/2,\text{irrév}}) << 1$, il vient :

$$(k^\circ/m)\exp(-\alpha_r\xi_{1/2,\text{irrév}}) = 1 \Rightarrow E_{1/2,\text{irrév}} = E^\circ_{O/R} + (\alpha_r nf)^{-1}\ln(k^\circ/m)$$

2. La variation de $E_{1/2}$ en fonction de $\log\Omega$ est représentée sur la Fig. 1 pour $D_O = D_R$.

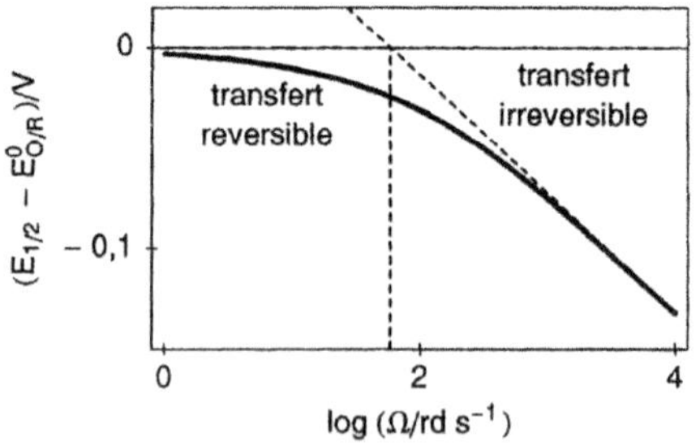

Figure 1 : Variation de la tension de demi-vague avec le logarithme décimal de la vitesse de rotation d'électrode lorsque $R^* = 0$; $D_O = D_R = 5\ 10^{-6}$ cm^2 s^{-1} ; $\alpha_o = \alpha_r = 0{,}5$; $k^\circ = 3\ 10^{-3}$ cm s^{-1} ; $\nu = 10^{-2}$ cm^2 s^{-1}.

La tension de demi-vague, corrigée de chute ohmique, est indépendante de la vitesse de rotation d'électrode pour un transfert électronique cinétiquement réversible, elle varie linéairement avec log Ω dans le cas d'un transfert irréversible. L'intersection des deux asymptotes correspond à $k^\circ = m$ et donc à une vitesse de rotation d'électrode d'autant plus élevée que k° est grand.

Problème II.2 (Correction de diffusion)

1. L'expression de la relation densité de courant, tension d'électrode en régime stationnaire, qui s'applique à l'électrode considérée, s'écrit lorsque $R^* = 0$ (cf. Pb. II.1) et $m = m_O = m_R$:

$$i_f = \frac{-\,nFk^\circ O^* \exp(-\alpha_r\xi)}{1 + (k^\circ/m)[\exp(\alpha_o\xi) + \exp(-\alpha_r\xi)]}$$

et l'expression de la densité du courant limite de réduction de l'espèce O s'en déduit pour $\xi \rightarrow -\infty$. On obtient : $i_{dO} = -\,nFmO^*$.

2. L'expression limite de la tension de demi-vague pour un transfert cinétiquement réversible est lorsque $D_O = D_R$:

$$E_{1/2,\text{rév}} = E^\circ_{O/R}$$

celle pour un transfert irréversible dans le sens de la réduction s'écrit :

$$E_{1/2,\text{irrév}} = E^\circ_{O/R} + (\alpha_r n f)^{-1} \ln (k^\circ/m_O).$$

3. La courbe I_f vs. E est présentée sur la Fig. 1.

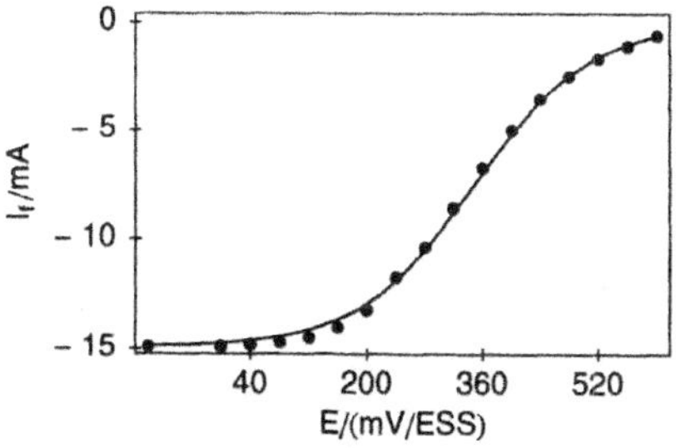

Figure 1 : Courbe stationnaire courant, tension d'électrode pour la réduction de Ce^{IV} sur EDT d'or. Points expérimentaux et courbe I_f vs. E théorique calculée à l'aide des valeurs des paramètres α_r et k° déterminées après correction de diffusion.

La tension à l'abandon de l'électrode d'or n'est pas une tension d'équilibre thermodynamique car une seule espèce du couple redox Ce^{IV}/Ce^{III} est présente initialement en solution. Il s'agit d'une tension mixte caractéristique de la réduction de Ce^{IV} en Ce^{III} et de l'oxydation simultanée de l'eau ($E_{th,O2/H2O}$ = 0,59 V/ESS). Toutefois les vitesses de ces réactions thermodynamiquement prévisibles sont pratiquement nulles pour la tension d'électrode considérée.

Le coefficient de diffusion de l'espèce Ce^{IV} peut être déterminé à partir de la valeur du courant limite de transport de matière :

$$I_{dCeIV} = -FSm_{CeIV}Ce^{IV*} = -0{,}620\ SF(D_{CeIV})^{2/3}\nu^{-1/6}\Omega^{1/2}Ce^{IV*}$$

On trouve, compte tenu des différents problèmes de conversion d'unités :

$$D_{CeIV} = 3{,}4\ 10^{-6}\ cm^2\ s^{-1}$$

Sur la Fig. 1, où ont été reportés les points courant, tension du Tab. I de l'énoncé, on peut mesurer la tension de demi-vague cathodique du couple redox Ce^{IV}/Ce^{III} :

$$E_{1/2} = 0{,}34\ V/ESS$$

La tension de demi-vague $E_{1/2}$ est donc très inférieure au potentiel thermodynamique standard du couple $E°_{CeIV/CeIII}$ = 0,80 V/ESS. En observant la Fig. 1 du corrigé du Pb. II.1, le transfert électronique peut être considéré comme cinétiquement irréversible dans les conditions d'expérience.

4. Pour un transfert électronique irréversible dans le sens de la réduction, la relation I_f vs. E se déduit de celle de la question 1 en éliminant au dénominateur le terme exp ($\alpha_o\xi$) et en multipliant par la surface S de l'électrode :

$$I_f = \frac{-FSk°Ce^{IV*}\exp(-\alpha_r\xi)}{1 + (k°/m_{CeIV})\exp(-\alpha_r\xi)}$$

Le courant de transfert I_t (puisque $Ce^{III*} = 0$, I_t se réduit au courant de transfert dans le sens de la réduction) est le numérateur de cette relation, d'où l'on tire, compte tenu de l'expression de I_{dCeIV} :

$$1/I_f = 1/I_t + 1/I_{dCeIV}$$

5. Le courant de transfert peut être déterminé à partir des mesures du courant d'électrode et du courant limite de transport de l'espèce Ce^{IV} selon (méthode dite de "correction de diffusion") :

$$I_t = I_f\, I_{dCe^{IV}}/(I_{dCe^{IV}} - I_f)$$

6. Le graphe de log | I_t | vs. E est donné sur la Fig. 2.

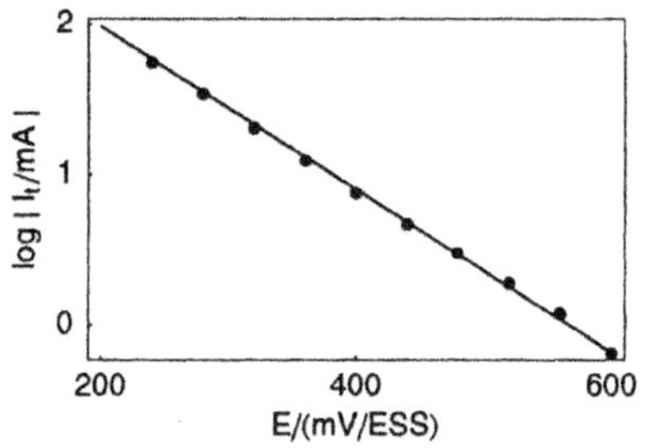

Figure 2 : Représentation de Tafel du courant de transfert. Points calculés par la méthode de correction de diffusion et droite de moindres carrés.

D'après l'équation de la question 5, l'incertitude sur la valeur calculée de I_t est d'autant plus grande que l'on se rapproche du courant limite de transport de matière. Seuls les points calculés pour E > 200 mV/ESS, correspondant à I_f/I_{dO} < 0,9, sont donc utilisés pour tracer la droite de Tafel cathodique dont la pente, $-\alpha_r f/\ln 10$, permet de déterminer α_r. L'extrapolation de la droite à $E°_{Ce^{IV}/Ce^{III}}$ ou une valeur de log | I_t | relevée sur la droite fournit la valeur de k°, connaissant la surface de l'électrode (ϕ = 8 mm). On trouve :

$$\alpha_r = 0{,}32 \;;\; k° = 2{,}3\ 10^{-5}\ \text{cm s}^{-1}$$

À posteriori, il est possible de recalculer la courbe I_f vs. E à partir des valeurs de paramètres déterminés précédemment afin de juger de l'accord entre cette courbe théorique et les points expérimentaux dans tout le domaine de tension d'électrode (cf. Fig. 1).

7. Les paramètres α_r et k° peuvent aussi être déterminés en étudiant l'évolution de $E_{1/2,\text{irrév}} = E°_{Ce^{IV}/Ce^{III}} + (\alpha_r f)^{-1} \ln (k°/m_{Ce^{IV}})$ en fonction de la vitesse de rotation de l'électrode (cf. Pb. II.1) ou en traçant plusieurs courbes courant, tension à différentes vitesses de rotation et en utilisant la méthode de Koutecky-Levich (cf. Pb. II.3). Il est également possible de mettre en œuvre une méthode non linéaire de minimisation d'écart quadratique entre les points expérimentaux du Tab. I de l'énoncé et l'expression théorique I_f vs. E de la question 4. La méthode de Levenberg-Marquardt utilisée par le logiciel Mathematica™ mène aux valeurs suivantes, proches de celles obtenues précédemment :

$$\alpha_r = 0{,}33 \;;\; k° = 1{,}8\ 10^{-5}\ \text{cm s}^{-1}$$

Problème II.3 (Méthode de Koutecky-Levich)

1. En portant les valeurs des courants limites en fonction de la racine carrée de la vitesse de rotation de l'électrode on obtient une droite (critère de Levich ; cf. Ex. II.11) dont l'expression de la pente est donnée par :

$$p_L = -\,0{,}620\ SFD_{FeIII}^{2/3}\nu^{-1/6}Fe^{III*} \qquad (1)$$

En déterminant la droite de moindres carrés, on obtient $p_L = -\ 6{,}31\ 10^{-5}$ A (rd s^{-1})$^{-1/2}$ et, connaissant S, ν et Fe^{III*}, on calcule :

$$D_{FeIII} = 5{,}5\ 10^{-6}\ cm^2\ s^{-1}$$

2. La chance de pouvoir déterminer la valeur de la constante standard de vitesse de transfert électronique directement sur un graphe log | I_f | vs. E est la plus grande pour la vitesse de rotation d'électrode la plus élevée. On n'observe pas de droite de Tafel sur la Fig. 1B de l'énoncé. La droite asymptotique observable pour les valeurs absolues du courant inférieures à 10^{-1} mA ne doit pas être confondue avec une droite de Tafel (cf. Remarque 1, à la fin du corrigé). Par ailleurs, la tension de demi-vague varie avec la vitesse de rotation d'électrode (Fig. 1A). En utilisant les résultats de l'Ex. II.7 et du Pb. II.1, on prévoit que le rapport k°/m n'est pas très grand, ni très petit devant l'unité.

3. La valeur de k° est trop élevée pour que l'on observe une droite de Tafel sur les graphes log | I_f | vs. E de la Fig. 1B. Il est cependant envisageable de calculer I_t à partir des valeurs expérimentales de I_f. Pour cela, on utilise la méthode d'extrapolation de Koutecky-Levich. Le courant faradique s'exprime en fonction de la tension d'électrode E et des concentrations interfaciales $Fe^{III}(0)$ et $Fe^{II}(0)$, en posant $\xi = f(E - E°_{FeIII/FeII})$, selon (cf. Rappels II) :

$$I_f = SFk°[Fe^{II}(0)\ \exp(\alpha_o\xi) - Fe^{III}(0)\ \exp(-\,\alpha_r\xi)] \qquad (2)$$

4. Les concentrations interfaciales des espèces électroactives s'expriment en fonction de I_f, en utilisant les résultats de la théorie de Levich pour l'EDT, selon :

$$Fe^{III}(0) = Fe^{III*} + I_f/(SFm_{FeIII})$$

$$Fe^{II}(0) = -\,I_f/(SFm_{FeII})$$

puisque $Fe^{II*} = 0$. En remplaçant dans l'Éq. (2) les concentrations interfaciales par leurs expressions, on obtient :

$$I_f = \frac{-\,SFk^\circ Fe^{III*} \exp(-\alpha_r\xi)}{1 + k^\circ[m_{FeII}^{-1} \exp(\alpha_o\xi) + m_{FeIII}^{-1} \exp(-\alpha_r\xi)]} \quad (3)$$

On reconnaît au numérateur l'expression du courant de transfert I_t qui est égal au courant de transfert dans le sens de la réduction puisque $Fe^{II*} = 0$. On peut donc écrire :

$$I_f = I_t/\{1 + k^\circ[m_{FeII}^{-1} \exp(\alpha_o\xi) + m_{FeIII}^{-1} \exp(-\alpha_r\xi)]\}$$

d'où l'on tire l'expression de l'inverse du courant :

$$I_f^{-1} = I_t^{-1}\,\{1 + k^\circ[m_{FeII}^{-1} \exp(\alpha_o\xi) + m_{FeIII}^{-1} \exp(-\alpha_r\xi)]\}$$

Comme $m_{Xi}^{-1} = 1{,}611\ D_{Xi}^{-2/3} \nu^{1/6} \Omega^{-1/2}$ pour $X_i = Fe^{II}$ et Fe^{III}, on obtient une droite si l'on porte I_f^{-1} en fonction de $\Omega^{-1/2}$ à tension d'électrode (corrigée de chute ohmique) constante. L'ordonnée à l'origine a pour valeur :

$$I_t^{-1} = -\,[SFk^\circ Fe^{III*} \exp(-\alpha_r\xi)]^{-1} \quad (4)$$

et l'expression de la pente s'écrit :

$$p_{KL} = -\,[1{,}611\ \nu^{1/6}/(FSFe^{III*})][D_{FeII}^{-2/3} \exp\xi + D_{FeIII}^{-2/3}]$$

$$p_{KL} = p_L^{-1}[1 + (D_{FeIII}/D_{FeII})^{2/3} \exp\xi] \quad (5)$$

où p_L est donné par (1). La pente p_{KL} dépend de la valeur de tension d'électrode imposée, mais si $\xi = f(E - E^\circ_{FeIII/FeII})$ est suffisamment négatif, alors $p_{KL} \approx p_L^{-1}$ et toutes les droites sont parallèles. On détermine I_t^{-1} par extrapolation des droites à l'origine ($\Omega \to \infty$) selon (4), puis l'on trace log | I_t | vs. E (Fig. 1).

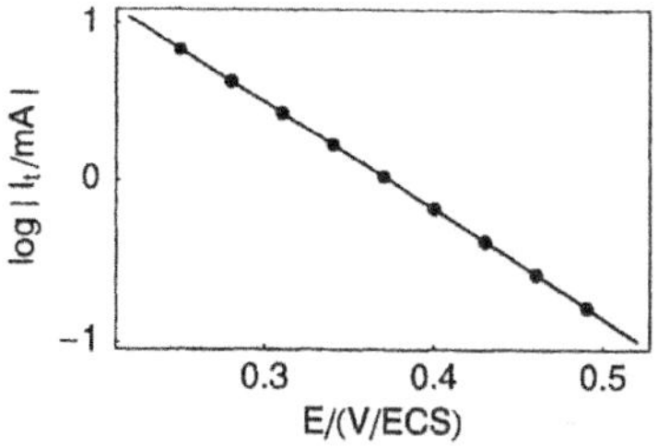

Figure 1 : Représentation de Tafel du courant de transfert.

Pour $E = E^\circ_{FeIII/FeII}$ (cf. Remarque 2 à la fin de l'énoncé et Fig. 2 pour la détermination du potentiel thermodynamique standard du couple redox), le courant de transfert est égal à :

$$I_t = -\,SFk°Fe^{III*}$$

À partir de la Fig. 1, on obtient k° = 2 10^{-4} cm s^{-1} et la détermination de la pente de la droite de Tafel, $-\,\alpha_r f/\ln 10$, donne $\alpha_r = 0{,}40$ et donc $\alpha_o = 0{,}60$.

Remarque 1 : pour les faibles courants, c'est-à-dire pour les tensions d'électrode suffisamment élevées relativement au potentiel thermodynamique standard, on a d'après (3) :

$$E \rightarrow \infty \Rightarrow I_f \approx \frac{-\,SFk°Fe^{III*}\exp(-\,\alpha_r f\xi)}{k° m_{FeII}^{-1}\exp(\alpha_o f\xi)}$$

$$I_f \approx -\,SFFe^{III*} m_{FeII}\exp(-\,f\xi)$$

et la droite asymptotique observable aux faibles densités de courant sur la Fig. 1B de l'énoncé n'est pas une vraie droite de Tafel puisqu'elle ne dépend ni de k° ni de α_r. Par contre, elle dépend de la vitesse de rotation de l'électrode ($m_{FeII} \propto \sqrt{\Omega}$). Le terme de pseudo-droite de Tafel est parfois utilisé pour décrire ce comportement limite.

Remarque 2 : on peut écrire d'après (5) :

$$p_{KL}\,p_L = 1 + (D_{FeIII}/D_{FeII})^{2/3}\exp\xi$$

Si $D_{FeII} \approx D_{FeIII}$, ce qui est en pratique vrai, alors :

$$p_{KL}\,p_L = 1 + \exp\xi$$

Le tracé de log ($p_{KL}\,p_L - 1$) en fonction de la tension d'électrode est une méthode de détermination du potentiel thermodynamique standard $E°_{FeIII/FeII}$, car pour $E = E°_{FeIII/FeII}$ la valeur du logarithme est nulle. Ce tracé est représenté sur la Fig. 2 pour les valeurs de l'énoncé.

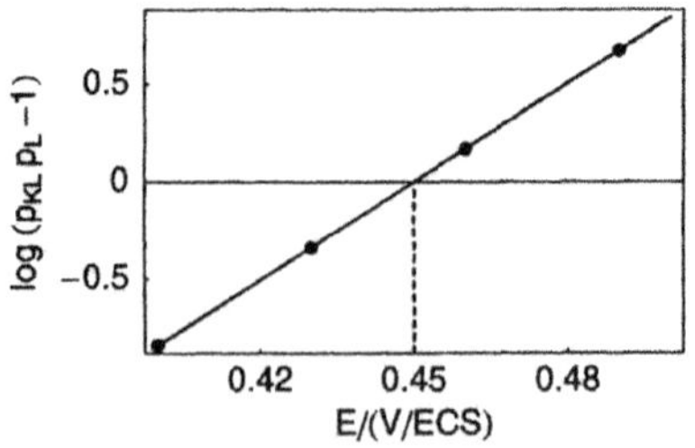

Figure 2 : Détermination du potentiel thermodynamique standard $E°_{FeIII/FeII}$.

Le potentiel thermodynamique standard apparent du couple redox Fe^{III}/Fe^{II} (formes complexes en milieu chlorure) est proche de 0,45 V/ECS soit 0,70 V/ENH et non la valeur tabulée $E°_{Fe^{3+}/Fe^{2+}}$ = 0,77 V/ENH pour les ions non complexés.

Problème II.4 (Réaction sur électrode de Pt recouverte d'un film polymère)

1. Lorsque l'électrode est au repos, le courant et les flux de transport de O dans la solution et le film sont nuls. La concentration en O dans la solution électrolytique et celle dans le film polymère sont alors constantes (Fig. 1A), avec $O_f^* = \gamma O_e^*$.

2. Pour consommer de l'oxydant O il faut que la réaction se déroule dans le sens de la réduction. La tension d'électrode imposée doit donc être inférieure à la tension de l'électrode au repos. Le transport de l'espèce O dans le polymère est supposé diffusionnel et, en régime stationnaire, le flux de diffusion est constant. Puisque le coefficient de diffusion est également pris constant, la concentration de l'espèce O suit une relation affine de la distance à l'interface Pt | polymère. Le profil linéarisé dans l'électrolyte est schématisé par ses deux asymptotes. Un exemple de profils de concentration stationnaires de l'espèce O dans le film polymère et dans l'électrolyte est donné sur la Fig. 1B.

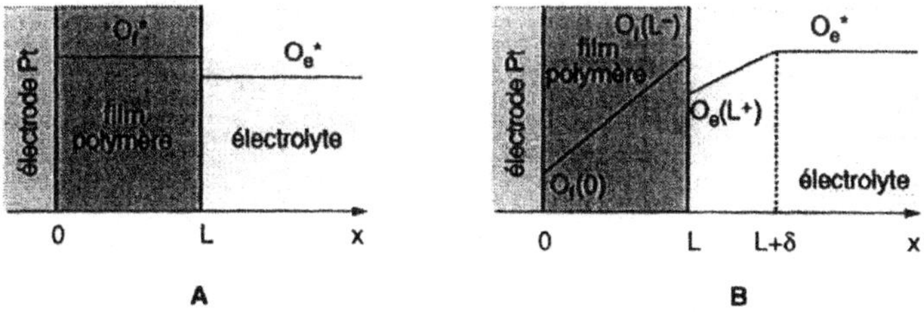

Figure 1 : (A) Profils de concentration dans le film polymère et dans la solution électrolytique lorsque l'électrode est au repos (électrode à l'abandon) et $\gamma > 1$. (B) Exemple d'allures du profil de concentration dans le film polymère et du profil linéarisé dans la solution en régime stationnaire pour $\gamma = O_f(L-)/O_e(L+) > 1$.

3. Les équations cinétiques s'écrivent en régime stationnaire :

- vitesse de la réaction électrochimique à l'interface platine | film (x = 0), supposée cinétiquement irréversible et d'ordre un par rapport à O :

$$v = K_r O_f(0) \; ; \; K_r = k_r \exp(-b_r E)$$

- flux d'oxydant à l'interface platine | film et relation de continuité flux, vitesse de consommation de O :

$$J_{Of}(0) = -m_f[O_f(L^-) - O_f(0)] = -v$$

- flux d'oxydant à $x = L^-$ (flux constant dans le film en régime stationnaire) :

$$J_{Of}(L^-) = J_{Of}(0) = -m_f[O_f(L^-) - O_f(0)] \; ; \; m_f = D_f/L$$

- relation de continuité sur les flux à $x = L$ de part et d'autre de l'interface :

$$J_{Of}(L^-) = J_{Oe}(L^+)$$

- flux d'oxydant à $x = L^+$ dans la solution (théorie de Levich pour l'EDT) :

$$J_{Oe}(L^+) = -m_e[O_e^* - O_e(L^+)] \; ; \; m_e = D_e/\delta$$

De ces expressions, on tire la concentration $O_f(0)$ qui, compte tenu de la relation densité de courant, vitesse de réaction à la surface du platine :

$$i_f = -nFv = -nFK_rO_f(0) \quad (1)$$

mène à l'expression :

$$i_f = \frac{-nFK_r\gamma O_e^*}{1 + K_r(m_f^{-1} + \gamma m_e^{-1})} \quad (2)$$

4. La densité du courant de transfert électronique est le numérateur de l'Éq. (2), également obtenu en faisant $O_f(0) = O_f^* = \gamma O_e^*$ dans l'Éq. (1) soit :

$$i_t = -nFK_r\gamma O_e^* \quad (3)$$

La densité du courant limite de diffusion dans le film polymère s'obtient pour $O_f(0) = 0$ et $O_f(L^-) = O_f^* = \gamma O_e^*$:

$$i_{df} = -nFm_f\gamma O_e^* \quad (4)$$

Celle du courant limite de diffusion-convection dans la solution électrolytique est classique, d'après la théorie de Levich pour l'EDT :

$$i_{de} = -nFm_eO_e^* \quad (5)$$

Enfin la densité du courant limite de transport de matière observé en faisant tendre $E \to -\infty$, soit $K_r \to \infty$, dans (2) est :

$$i_d = -nF\gamma O_e^*/(m_f^{-1} + \gamma m_e^{-1}) \quad (6)$$

Des relations précédentes, on déduit aisément :

$$1/i_d = 1/i_{df} + 1/i_{de} \quad (7)$$

$$1/i_f = 1/i_t + 1/i_d = 1/i_t + 1/i_{df} + 1/i_{de} \quad (8)$$

Les graphes i_f, i_d, i_f vs. E sont représentés sur la Fig. 2A et les graphes log | i_t |, log | i_d |, log | i_f | vs. E correspondants sur la Fig. 2B.

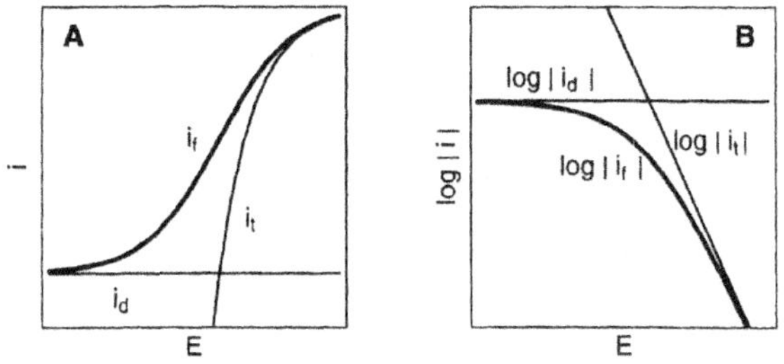

Figure 2 : Allure de (A) i_f, i_t, i_d et (B) log | i_f |, log | i_t | et log | i_d | vs. E.

Le régime de transfert électronique, pour lequel $O_f(0) \approx O_f^* = \gamma O_e^*$, s'établit pour une densité de courant très faible (| i_f | << | i_d |), en pied de la courbe densité de courant, tension d'électrode. Lorsque la tension d'électrode décroît le courant tend vers le courant limite de transport de matière (i_d) qui est soit le courant limite de transport de l'oxydant dans le film (i_{df}), soit celui dans l'électrolyte (i_{de}), soit une valeur intermédiaire, selon la valeur du rapport $\gamma m_f/m_e$.

5. Les conditions d'établissement des différents types de contrôle de la cinétique de la réaction électrochimique à la surface du platine, déduites des Éq. (2-6) sont reportées dans le Tab. I et illustrées sur la Fig. 3A. D'autres comportements cinétiques peuvent être définis, ainsi un contrôle mixte transfert-diffusion dans le film tel que $i_f \approx - nFK_r\gamma O_e^*/(1 + K_r/m_f)$ ou un contrôle mixte transfert-diffusion-convection dans l'électrolyte qui mène à $i_f \approx - nFK_r\gamma O_e^*/(1 + K_r\gamma/m_e)$.

On pourra chercher à identifier ces zones sur la Fig. 3B. Les diagrammes de zones cinétiques des Fig. 3A et 3B ont été construits dans le plan log ($\gamma m_f/m_e$), log (m_f/K_r).

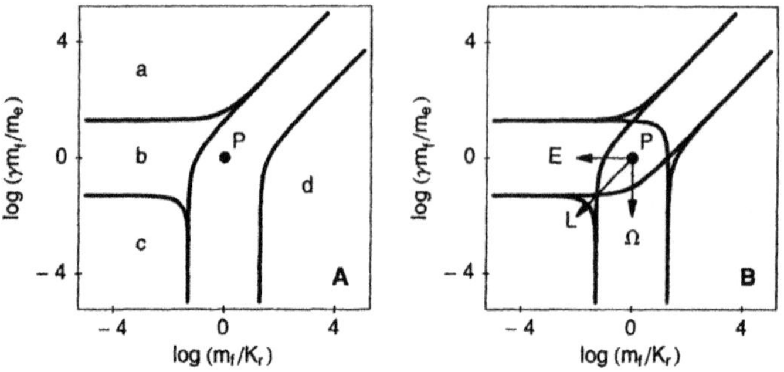

Figure 3 : (A) Diagramme de zones cinétiques pour la réaction de réduction d'un oxydant O sur une EDT de Pt recouverte d'un film polymère. (B) Directions des trajectoires en tension et vitesse de rotation d'électrode, et en épaisseur de film polymère (dans le sens des valeurs croissantes de L et Ω et décroissantes de E) et autres zones cinétiques.

Les deux paramètres adimensionnels précédents ont un sens physique puisque $\gamma m_f/m_e$ compare les constantes de transport par diffusion dans le film et par diffusion-convection dans l'électrolyte, en tenant compte du coefficient de partage γ entre les deux phases. Ce paramètre adimensionnel est aussi le rapport des densités des courants limites de diffusion dans le film et de diffusion-convection dans l'électrolyte, $\gamma m_f/m_e = i_{df}/i_{de}$. Par ailleurs, le rapport m_f/K_r compare la constante de transport de matière dans le film et la constante de vitesse de réduction à la surface du platine. Ce rapport est aussi égal à $m_f/K_r = i_{df}/i_t$.

Tableau I : Conditions d'établissement des régimes cinétiques limites de la Fig. 3A où >> 1 et << 1 ont été remplacés par > 1/ε et < ε respectivement, avec ε arbitrairement petit (ε = 0,05 sur la figure).

contrôles cinétiques	zones de la Fig. 3A	conditions cinétiques	expressions limites de i_f
transfert	d	$K_r(m_f^{-1} + \gamma m_e^{-1}) << 1$	$i_t = -nFK_r\gamma O_e^*$
transport	a ∪ b ∪ c	$K_r(m_f^{-1} + \gamma m_e^{-1}) >> 1$	$i_d = -nF\gamma O_e^*/(m_f^{-1} + \gamma m_e^{-1})$
diffusion dans le film	c	$K_r(m_f^{-1} + \gamma m_e^{-1}) >> 1$ et $\gamma m_f/m_e << 1$	$i_{df} = -nFm_f\gamma O_e^*$
diffusion-convection	a	$K_r(m_f^{-1} + \gamma m_e^{-1}) >>1$ et $\gamma m_f/m_e >>1$	$i_{de} = -nFm_eO_e^*$

6. Le point P caractéristique de l'état stationnaire du système considéré est situé dans la zone de valeurs de paramètres où aucune simplification n'est possible pour l'expression de la densité de courant et l'expression générale (2) doit être utilisée. En diminuant la valeur de tension d'électrode imposée, les autres paramètres expérimentaux étant maintenus constants, K_r augmente, m_f/K_r diminue et $\gamma m_f/m_e$ est constant. Le point P se déplace horizontalement vers la gauche de la Fig. 3B. De même, en augmentant la vitesse de rotation d'électrode, à E constant, m_e ($\propto \sqrt{\Omega}$) augmente, $\gamma m_f/m_e$ diminue alors que m_f/K_r est constant et l'on se déplace verticalement vers le bas du diagramme.

Finalement un accroissement de l'épaisseur du film polymère sur le platine, les autres paramètres étant maintenus constants, est cause d'une diminution de $m_f = D_f/L$, de $\gamma m_f/m_e$ et de m_f/K_r et donc d'un déplacement parallèle à la première bissectrice du diagramme de zone du haut vers le bas de la Fig. 3B. D'un point de vue théorique, il est toujours possible, en modifiant E et/ou Ω et/ou L, d'atteindre les différentes zones de comportements cinétiques limites où la détermination des paramètres du système électrochimique est plus facile. En pratique toutefois, les domaines de variation de la tension et de la vitesse de rotation de l'électrode ainsi que de l'épaisseur du film polymère sont limités expérimentalement.

7. Trois exemples de trajectoire en tension d'électrode, à Ω et L constants, sont donnés sur la Fig. 2B de l'énoncé. La prévision des allures des graphes i_f vs. E correspondants et de l'influence de Ω sur ces graphes (Fig. 4) est aisée en se rappelant que i_t et i_{df} sont indépendants de Ω, i_{de} varie proportionnellement à $\sqrt{\Omega}$ (théorie de Levich) et i_d croît en valeur absolue avec Ω, mais moins vite que $\sqrt{\Omega}$.

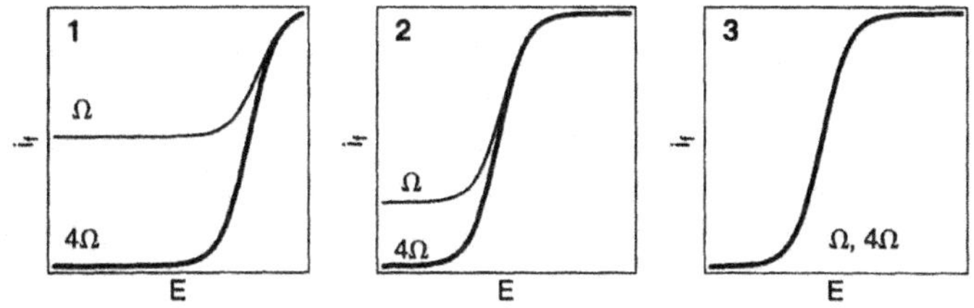

Figure 4 : Courbes i_f vs. E pour les trajectoires en tension d'électrode de la Fig. 2B de l'énoncé tracées dans la même plage de tension d'électrode. De la gauche vers la droite : $\gamma m_f/m_e = 10^3$; 1 ; 10^{-3}.

8. Sur la Fig. 3A de l'énoncé, le courant dépend de la vitesse de rotation de l'électrode, ce qui permet d'éliminer le cas n° 3 de la Fig. 4 ci-dessus. Cependant le courant limite de transport de matière ne varie pas linéairement avec $\sqrt{\Omega}$. Il est multiplié par un peu plus du double lorsque la vitesse de rotation varie dans un rapport 3600/400 = 9 = 3^2. Les conditions expérimentales d'étude de la réduction de O_2 sont donc proches du cas n° 2 de la Fig. 2B de l'énoncé et de la Fig. 4 ci-dessus où $\gamma m_f/m_e$ n'est ni très grand, ni très petit devant l'unité.

9. À partir des relations (5) et (8) et de l'expression de m_e^{-1} tirée de la théorie de Levich pour l'EDT :

$$1/m_e = 1{,}611\ \nu^{1/6}D_e^{-2/3}\Omega^{-1/2} \tag{9}$$

on montre que $1/i_f$ porté en fonction de $\Omega^{-1/2}$, à tension d'électrode (corrigée de chute ohmique) constante, est une fonction affine (cf. Fig. 3B de l'énoncé) de pente égale à :

$$-\ 1{,}611\ \nu^{1/6}D_e^{-2/3}/(nFO_e^*) \tag{10}$$

en conservant pour simplifier le symbole O_e^* pour la solubilité de O_2 dans l'électrolyte, et d'ordonnée à l'origine $1/i_t + 1/i_{df}$ lorsque $\Omega \rightarrow \infty$. De même, en portant $1/i_d$ en fonction de $\Omega^{-1/2}$, on obtient d'après (6, 7, 9) une fonction affine (Fig. 4A de l'énoncé) de même pente que celle de la Fig. 3B de l'énoncé et d'ordonnée à l'origine $1/i_{df} = -\ 1/(nFm_f\gamma O_e^*)$.

L'expression de la pente (10) et sa valeur numérique tirée de la Fig. 4A de l'énoncé mènent à quatre électrons échangés par mole de dioxygène (n = 4) pour $O_e^* = 1{,}18\ 10^{-6}$ mol cm^{-3} et $D_e = 1{,}9\ 10^{-5}$ cm^2 s^{-1}. La valeur de $\gamma m_f = \gamma D_f/L$ peut alors être calculée à partir de l'ordonnée du graphe de la Fig. 4A à l'origine, $-\ 1/(4\ Fm_f\gamma O_e^*)$, soit $\gamma m_f = 2{,}73\ 10^{-2}$ cm s^{-1}. Lorsque γ et L sont connus, on peut déterminer le coefficient de diffusion de O_2 dans le polybenzimidazole. Dans l'hypothèse où les paramètres de transfert électronique sont inchangés sur Pt nu et Pt recouvert du film polymère, γ pourrait être obtenu comme le rapport des densités des courants de transfert déterminées respectivement pour le platine recouvert, $i_t = -\ nFK_r\gamma O_e^*$, et le platine nu, $i_{t,Pt} = -\ nFK_rO_e^*$, d'où $\gamma = i_t/i_{t,Pt}$. Pour $\gamma = 1{,}3$ et $L = 3\ 10^{-4}$ cm, on obtient $D_f = 6{,}3\ 10^{-6}$ cm^2 s^{-1}.

10. Les ordonnées à l'origine des graphes de la Fig. 3B de l'énoncé donnent $1/i_t + 1/i_{df}$, celle de la Fig. 4A donne $1/i_{df}$, et par différence on obtient $1/i_t$ puis i_t en fonction de la tension d'électrode imposée. La méthode de correction de diffusion dans l'électrolyte (cf. Pb. II.2) permet également de

calculer directement i_t à partir des mesures de i_f et i_d, d'après (8) selon :

$$i_t = i_f\, i_d/(i_d - i_f)$$

On vérifie dans ce cas que les valeurs de i_t en fonction de E calculées pour chaque graphe de la Fig. 3A de l'énoncé sont identiques. La densité du courant de transfert électronique ayant été déterminée par l'une ou l'autre des méthodes ci-dessus, le tracé de log $| i_t |$ vs. E de la Fig. 4B de l'énoncé montre une droite de Tafel :

$$\log | i_t | = \log (nFk_r\gamma O_e^*) - b_rE/\ln 10$$

On mesure sur la Fig. 4B de l'énoncé une pente de $- 8{,}5\ V^{-1}$ d'où l'on tire $b_r \approx 19{,}6\ V^{-1}$ correspondant à un coefficient de transfert, $\beta = b_r/f$, proche de 0,5 (cf. Pb. III.5 pour l'étude cinétique de la réduction de O_2). De la mesure de la densité du courant de transfert à une tension d'électrode quelconque, $i_t = - nFk_r\gamma O_e^* \exp(- b_rE)$, on tire celle de k_r, connaissant $n = 4$, $\gamma = 1{,}3$, $O_e^* = 1{,}18\ 10^{-6}$ mol cm^{-3}. On obtient $k_r \approx 1{,}5\ 10^3$ cm s^{-1}. Cette valeur dépend du choix de l'électrode de référence, ici l'ERH. Celle de b_r est par contre indépendante de la référence choisie.

Problème II.5 (Contrôle cinétique du comportement redox des métaux)

1. Le flux interfacial de l'ion M^+ est lié à sa concentration interfaciale, lorsque la réaction est étudiée en régime stationnaire sur une électrode à disque tournant, par la relation :

$$J_{M^+}(0) = - (m_{M^+})[M^{+*} - M^+(0)] \tag{1}$$

où m_{M^+} est la constante de transport du cation par diffusion et convection dans la solution. Ce flux est également lié à la vitesse de la réaction électrochimique et à la densité du courant faradique par les relations :

$$J_{M^+}(0) = v = i_f/F \tag{2}$$

La densité de courant tend vers une limite cathodique lorsque la concentration interfaciale de l'ion M^+ tend vers zéro :

$$i_{dM^+} = - F(m_{M^+})M^{+*} \tag{3}$$

et d'après (1-3) :

$$M^+(0)/M^{+*} = 1 - i_f/i_{dM^+} \tag{4}$$

L'expression (1) de la densité de courant donnée dans l'énoncé se réécrit alors :

$$i_f = \frac{i_0[\exp(\alpha_o f\eta) - \exp(-\alpha_r f\eta)]}{1 - (i_0/i_{dM+}) \exp(-\alpha_r f\eta)} \tag{5}$$

2. Lorsque la condition $((i_0/|\, i_{dM+} |) \exp(-\alpha_r f\eta) << 1)$ de contrôle cinétique par le transfert électronique est remplie, on obtient à partir de (5) l'expression simplifiée suivante (relation de Butler-Volmer) :

$$i_t = i_0[\exp(\alpha_o f\eta) - \exp(-\alpha_r f\eta)] \tag{6}$$

Les paramètres qui interviennent dans l'expression (6) sont la densité du courant d'échange i_0 et les facteurs de symétrie α_o et α_r. Ils ne dépendent pas de la vitesse de rotation de l'électrode et les courbes i_t vs. η et $\log |\, i_t |$ vs. η sont donc indépendantes de cette vitesse. Les asymptotes obliques du second graphe sont des droites de Tafel de pentes $\alpha_o f/\ln 10$ et $-\alpha_r f/\ln 10$. Leur intersection à surtension nulle, ou l'ordonnée à l'origine d'une seule droite, permet de mesurer la densité du courant d'échange et les pentes de ces asymptotes permettent la détermination des facteurs de symétrie α_o et α_r (Fig. 1).

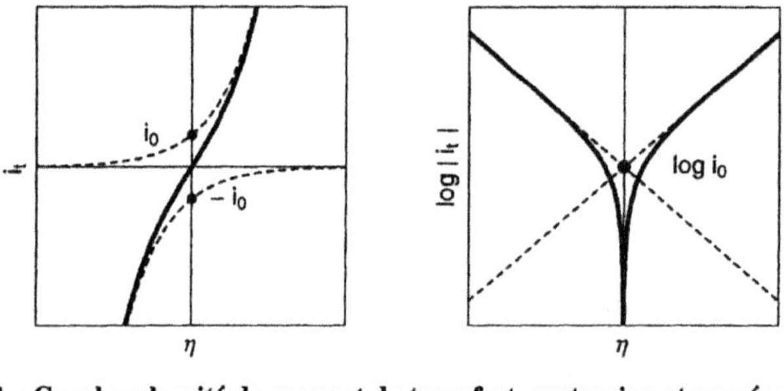

Figure 1 : Courbes densité de courant de transfert, surtension et représentation de Tafel. Pointillés : densités des courants partiels d'oxydation et de réduction.

3. Lorsque la condition $((i_0/|\, i_{dM+} |) \exp(-\alpha_r f\eta) >> 1)$ de contrôle cinétique par le transport de matière est remplie, on obtient à partir de (5) l'expression simplifiée suivante en se souvenant que $\alpha_o + \alpha_r = 1$:

$$i_d = (i_{dM+})[1 - \exp(f\eta)] \tag{7}$$

Cette expression ne fait apparaître dans i_{dM+} (cf. Éq. 3) que le paramètre de transport de l'ion M^+. La Fig. 2 présente les courbes i_d vs. η et $\log |\, i_d |$ vs. η. Deux asymptotes sont visibles dans la représentation de Tafel, l'une lorsque la surtension tend vers moins l'infini avec :

$$\lim_{\eta \to -\infty} i_d = i_{dM+} \tag{8}$$

et l'autre lorsque la surtension tend vers plus l'infini avec :

$$\eta \rightarrow \infty \Rightarrow i_d = -(i_{dM^+}) \exp(f\eta) \qquad (9)$$

qui s'écrit sous forme logarithmique :

$$\log |i_d| = \log |i_{dM^+}| + f\eta/\ln 10 \qquad (10)$$

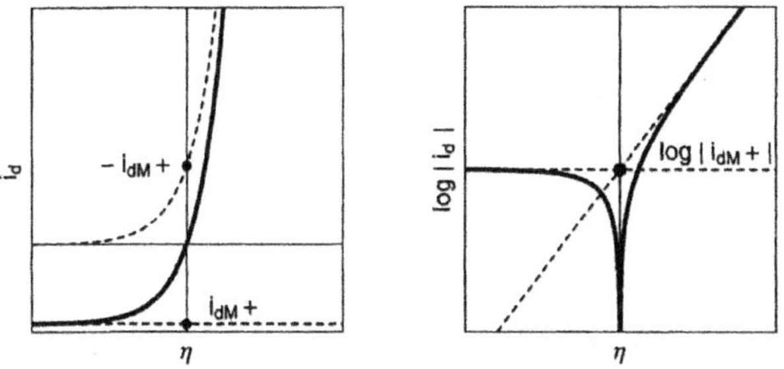

Figure 2 : Courbes densité de courant de diffusion-convection, surtension et représentation de Tafel. Traits pointillés : expressions simplifiées (8-10).

L'asymptote oblique n'est pas une droite de Tafel au sens strict (pseudo-droite de Tafel est parfois utilisé), sa pente vaut $f/\ln 10$ et ne dépend pas du facteur de symétrie de transfert électronique α_0. Les deux asymptotes se coupent à surtension nulle (équilibre). Lorsque l'on multiplie par quatre la vitesse de rotation de l'électrode, la densité du courant limite de transport du cation M^+ donnée par l'expression (3) se trouve multipliée par 2 puisque la constante de transport du cation, m_{M^+}, varie comme la racine carrée de la vitesse de rotation. Les courbes se déduisent par homothétie de rapport 2 dans le plan i_d vs. η et par translation de raison log 2 dans la représentation de Tafel (Fig. 3).

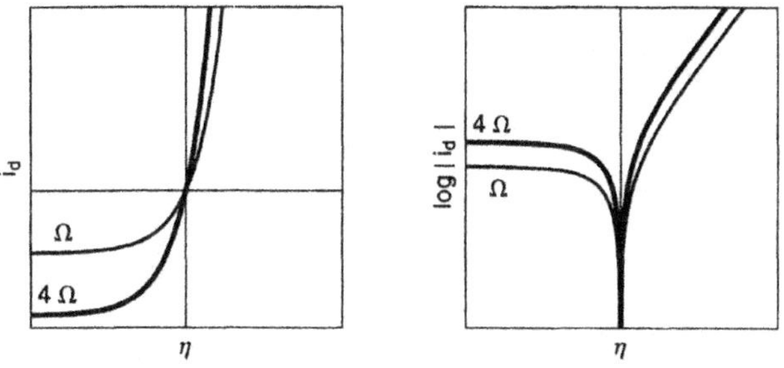

Figure 3 : Courbes densité de courant de diffusion-convection, surtension et représentation de Tafel pour des vitesses de rotation d'électrode dans le rapport 4.

Seul le paramètre, m_{M+}, de transport de matière du cation métallique M^{+*} apparait dans l'expression (3, 7). Il n'est donc possible, lorsque l'on connait la vitesse de rotation de l'électrode et la viscosité cinématique de l'électrolyte, que de déterminer D_{M+} lorsque M^{+*} est connu.

4. En calculant l'inverse de la densité de courant donnée par l'expression (5) on trouve directement, d'après (6) et (7) :

$$1/i_f = 1/i_d + 1/i_t$$

d'où l'on déduit :

$$|i_d| << |i_t| \Rightarrow 1/|i_d| >> 1/|i_t| \Rightarrow i_f \approx i_d$$

$$|i_t| << |i_d| \Rightarrow 1/|i_t| >> 1/|i_d| \Rightarrow i_f \approx i_t$$

Le courant faradique est approximable par le plus petit (en valeur absolue) des courants limites lorsque les valeurs des courants limites de transfert électronique et de transport de matière sont très différentes.

5. Il est possible de positionner les densités des courants limites i_t et i_d dans la représentation de Tafel puisque l'on choisit les valeurs de i_0 et de i_{dM+}. Lorsque $i_0/|i_{dM+}| = 10^3$, la densité de courant d'échange est mille fois plus grande que la valeur absolue du courant limite de transport du cation M^+ et la position relative des deux densités des courants limites est celle de la Fig. 4. L'allure de log $|i_f|$ est facile à prévoir dans la représentation de Tafel puisque cette densité de courant est voisine de la plus petite des deux densités des courants limites (cf. question 4). Il est ensuite possible d'en déduire l'allure de la courbe i_f vs. η. Deux asymptotes sont observables en oxydation dans le plan log $|i_f|$ vs. η, l'une de pente $f/\ln 10$ (pseudo-droite de Tafel aux faibles surtensions anodiques) et l'autre de pente $\alpha_0 f/\ln 10$ (droite de Tafel aux fortes surtensions anodiques).

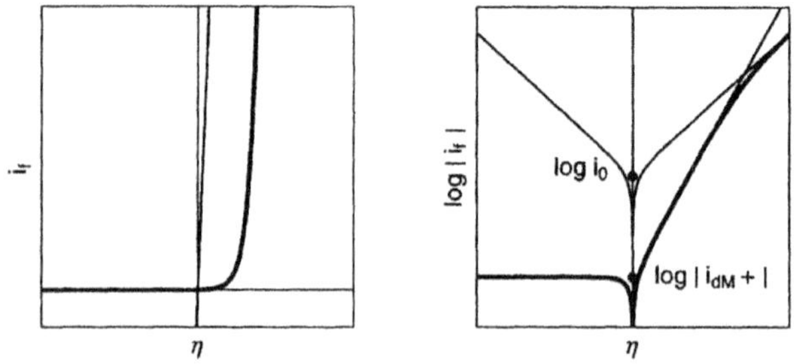

Figure 4 : Courbes densité de courant, surtension et représentation de Tafel lorsque $i_0/|i_{dM+}| = 10^3$. Traits fins, densités des courants limites i_d et i_t ; traits épais, densité du courant faradique i_f.

6. La position relative des deux densités des courants limites est celle de la Fig. 5 lorsque $i_0/|\, i_{dM^+} \,| = 10^{-3}$. L'allure de log $|\, i_f \,|$ vs. η se déduit facilement des graphes limites. Les droites de Tafel anodique et cathodique de pentes respectives $\alpha_o f/\ln 10$ et $-\alpha_r f/\ln 10$ sont visibles sur le graphe ainsi que la densité du courant limite de transport de l'ion M^+. Il est ensuite possible de tracer schématiquement le graphe i_f vs. η à partir de la représentation de Tafel.

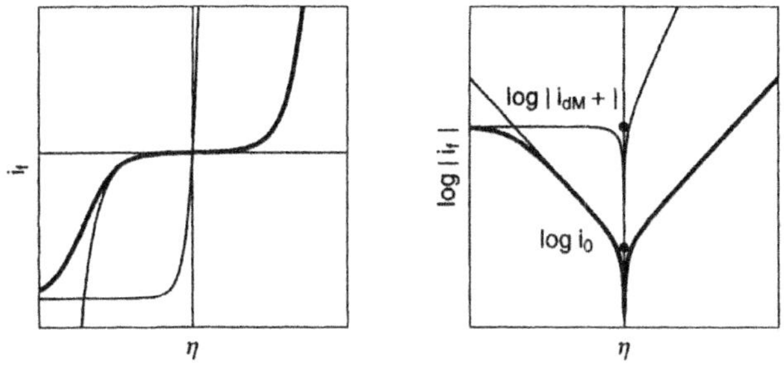

Figure 5 : Courbes densité de courant, surtension et représentation de Tafel lorsque $i_0/|\, i_{dM^+} \,| = 10^{-3}$. Traits fins, densités des courants limites i_d et i_t ; traits épais, densité du courant faradique i_f.

Notons que si l'hypothèse $M^+(0)/M^{+*} \approx 1$, hors équilibre, portée dans l'expression (1) de l'énoncé, implique un contrôle cinétique par le transfert électronique ($i_f \approx i_t$), l'inverse n'est pas vrai. Ainsi la droite de Tafel anodique, cas limite de (6) pour η suffisamment élevé, est observée sur les Fig. 4 et 5 dans un domaine de surtension d'électrode où la concentration interfaciale en cation M^+ est très grande devant celle au sein de la solution. En effet, d'après les relations (4) et (5) :

$$M^+(0)/M^{+*} = \frac{1 - (i_0/i_{dM^+}) \exp(\alpha_o f \eta)}{1 - (i_0/i_{dM^+}) \exp(-\alpha_r f \eta)}$$

et aux fortes surtensions anodiques, $M^+(0)$ comme i_f croissent proportionnellement à $\exp(\alpha_o f \eta)$. Dans ce domaine de surtension, le transfert électronique est cinétiquement irréversible.

7. D'après (5) et (7), la condition $i_f \approx i_d$ est satisfaite pour $(i_0/|\, i_{dM^+} \,|) \exp(-\alpha_r f \eta) >> 1$. Inversement lorsque $(i_0/|\, i_{dM^+} \,|) \exp(-\alpha_r f \eta) << 1$, on a $i_f \approx i_t$. Plus généralement les domaines d'observation de tous les comportements limites, densité du courant limite de diffusion-convection, droites de

Tafel ou pseudo-droite de Tafel dans le plan log | i_f | vs. η, sont indiqués sur le diagramme de zones de la Fig. 6.

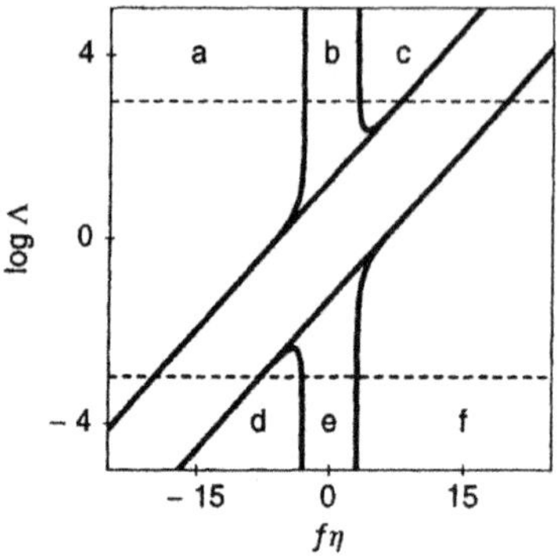

Figure 6 : Diagramme de zones d'observation du courant limite de diffusion-convection, des droites et pseudo-droite de Tafel, tracé dans le plan log Λ vs. $f\eta$, avec $\Lambda = i_0/|i_{dM+}|$ et $\alpha_o = \alpha_r = 1/2$. Les trajectoires en tension d'électrode des questions 5 et 6 sont tracées en pointillés et il est ainsi aisé de retrouver les allures des graphes des Fig. 4 et 5. Zones : (a) $i_f \approx i_{dM+}$; (c) $i_f \approx -(i_{dM+}) \exp(f\eta)$ (pseudo-droite de Tafel anodique) ; (a ∪ b ∪ c) $i_f \approx i_d$; (d) $i_f \approx -i_0 \exp(-\alpha_r f\eta)$ (droite de Tafel cathodique) ; (f) $i_f \approx i_0 \exp(\alpha_o f\eta)$ (droite de Tafel anodique) ; (d ∪ e ∪ f) $i_f \approx i_t$ (relation de Butler-Volmer). Les droites mentionnées ci-dessus sont observées dans le plan log | i_f | vs. η.

Problème II.6 (Corrosion de Fe en milieu acide)

1. Le modèle de Stern suppose que dans un domaine de potentiel suffisant, de part et d'autre du potentiel de corrosion, le courant d'électrode peut être approximé par la différence de deux exponentielles, soit pour l'exemple traité :

$$i_f = i_{Fe} + i_{H+} \tag{1}$$

où i_f est la densité du courant faradique total, i_{Fe} celle du courant partiel d'oxydation du métal et i_{H+} celle du courant partiel de réduction du proton, moteur du processus de corrosion ([11]) :

$$i_{Fe} = i_{cor} \exp [b_{o1}(E - E_{cor})] \tag{2}$$

$$i_{H+} = - i_{cor} \exp [- b_{r2}(E - E_{cor})] \tag{3}$$

11. Les corrosionnistes écrivent plutôt ces relations sous la forme $i_{Fe} = i_{cor} \exp [(E - E_{cor})/b_a]$ et $i_{H+} = - i_{cor} \exp [- (E - E_{cor})/b_c]$ mais l'on a conservé ici les notations de l'ensemble de ce recueil.

Lorsque les relations (1-3) s'appliquent dans un domaine de tension d'électrode suffisant, le tracé de log | i_f | en fonction de E permet d'observer les asymptotes anodique et cathodique du graphe :

$$E >> E_{cor} \Rightarrow \log i_f = \log i_{cor} + b_{o1}(E - E_{cor})/\ln 10$$

$$E << E_{cor} \Rightarrow \log | i_f | = \log i_{cor} - b_{r2}(E - E_{cor})/\ln 10$$

dont l'extrapolation à E = E_{cor} = – 0,245 V/ENH fournit la valeur de log i_{cor} et les pentes donnent b_{o1}/ ln 10 et – b_{r2}/ln 10 respectivement. Le graphe tiré du Tab. I de l'énoncé et représenté sur la Fig. 1A, mène à :

$$i_{cor} = 2\ 10^{-4}\ A\ cm^{-2}\ ;\ b_{o1} = 24{,}2\ V^{-1}\ ;\ b_{r2} = 12{,}1\ V^{-1}$$

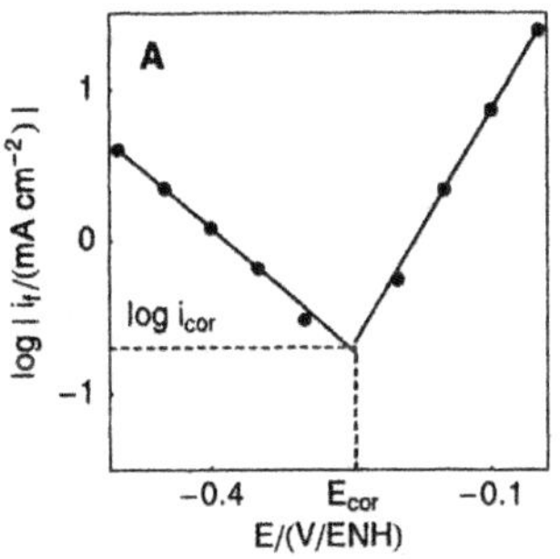

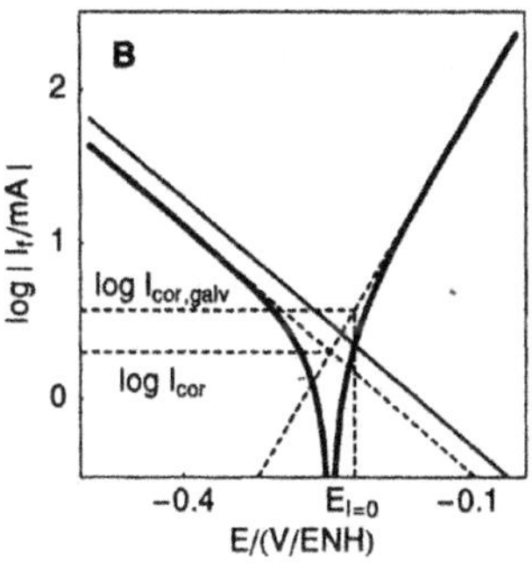

Figure 1 : (A) Détermination graphique de i_{cor} pour Fe par la méthode de Stern ou méthode d'extrapolation des droites de Tafel. Points expérimentaux et droites de moindres carrés calculées sur les trois derniers points. (B) Détermination graphique de $I_{cor,galv}$ pour Fe au contact de Cu. Courbe log | I_f | vs. E pour Fe seul (trait épais), courants partiels d'oxydation de Fe et réduction de H^+ sur Fe (traits pointillés), courant de réduction de H^+ sur Cu (trait fin).

On pourrait également, pour déterminer i_{cor}, utiliser une méthode non-linéaire de minimisation d'écart quadratique entre les points expérimentaux du Tab. I de l'énoncé et l'expression de Stern (1-3), sur le graphe i_f vs. E ou celui log | i_f | vs. E. La méthode de Stern et Geary ou seconde méthode de Stern (mesure de la pente dlog | i_f |/dE pour E = E_{cor}) donne également la valeur de i_{cor} si b_{o1} et b_{r2} sont connus.

Le nombre de moles de fer corrodé au temps t, si l'on suppose i_{cor} constant, est donné par la loi de Faraday :

$$n_{Fe}(t) = S i_{cor} t/(2F)$$

puisque 2 moles d'électron sont nécessaires pour oxyder 1 mole de fer selon $Fe \leftrightarrow Fe^{II} + 2\ e$, et l'épaisseur du fer consommé est alors $e_{Fe}(t) = (M_{Fe}/\rho_{Fe})n_{Fe}(t)/S$, soit :

$$e_{Fe}(t) = (M_{Fe}/\rho_{Fe})i_{cor}t/(2F)$$

ce qui représente 0,26 µm de fer par heure d'immersion dans la solution d'HCl 1 M.

2. Lorsque l'on met en contact le fer et le cuivre, tous deux en contact avec la solution d'HCl 1 M, on réalise une pile électrochimique (de type Volta) en court-circuit. Le courant global pour l'électrode Fe-Cu est alors nul :

$$I_f = I_{f,Fe} + I_{f,Cu} = 0 \qquad (4)$$

avec en utilisant (1) et en multipliant par la surface de la plaque de fer :

$$I_{f,Fe} = I_{Fe} + I_{H+/Fe} > 0 \qquad (5)$$

I_{Fe} et $I_{H+/Fe}$ représentant respectivement le courant partiel d'oxydation du fer et celui de réduction du proton à la surface de fer, et :

$$I_{f,Cu} = I_{H+/Cu} < 0 \qquad (6)$$

puisque la seule réduction possible à la surface du cuivre est celle de réduction du proton (solution désaérée). D'après (4-6), la tension d'abandon $E_{I=0}$ de l'électrode Fe-Cu est telle que :

$$I_f = I_{Fe} + I_{H+/Fe} + I_{H+/Cu} = 0 \qquad (7)$$

et le courant de corrosion du fer est la valeur de I_{Fe} pour $E_{I=0}$.

On peut résoudre l'équation (7) numériquement ou graphiquement, en notant S_{Fe} et S_{Cu} les surfaces de fer et de cuivre au contact de la solution et en supposant que la vitesse de réduction du proton est la même sur fer et sur cuivre, soit $i_{H+/Fe} = i_{H+/Cu}$ et donc :

$$S_{Fe}i_{cor}\exp[b_{o1}(E_{I=0} - E_{cor})] - (S_{Fe} + S_{Cu})i_{cor}\exp[-b_{r2}(E_{I=0} - E_{cor})] = 0$$

équation implicite en $E_{I=0}$, où i_{cor} et E_{cor} sont la densité du courant de corrosion et le potentiel de corrosion du fer isolé du cuivre. La solution obtenue par méthode d'itération, avec $E_{cor} = -0{,}245$ V/ENH, $b_{o1} = 24{,}2\ V^{-1}$ et $b_{r2} = 12{,}1\ V^{-1}$ est :

$$E_{I=0} = -0{,}220 \text{ V/ENH}$$

qui est supérieur à E_{cor} du fer isolé, et le courant de corrosion galvanique du fer, compte tenu de $i_{cor} = 2\ 10^{-4}\ A\ cm^{-2}$, est égal à :

$$I_{cor,galv} = S_{Fe}i_{cor} \exp [b_{o1}(E_{I=0} - E_{cor})] = 3{,}7\ 10^{-3}\ A$$

Il est plus important que pour le fer isolé, $I_{cor,galv} > S_{Fe}i_{cor} = 2\ 10^{-3}$ A, ce qui est logique puisque le fer est le métal le moins noble dans le couple galvanique Fe-Cu.

Une solution graphique est également possible en cherchant dans le plan log | I_f | vs. E le point d'intersection de la courbe log | $I_{f,Fe}$ | vs. E et de la droite de Tafel log | $I_{H+/Cu}$ | comme indiqué sur la Fig. 1B où la tension $E_{I=0}$ est la tension d'abandon de l'électrode Fe-Cu et le courant de corrosion galvanique de Fe est la valeur de I_{Fe} à $E_{I=0}$. On pourrait également déterminer graphiquement log $I_{cor,galv}$ à l'intersection des deux droites de Tafel : log | I_{Fe} | vs. E et log | $I_{H+/Fe} + I_{H+/Cu}$ | vs. E (non représenté sur la Fig. 2).

3. La courbe log | I_f | vs. E de l'électrode de fer en absence d'inhibiteur de corrosion est rappelée sur la Fig. 2A ainsi que les droites de Tafel correspondantes. Lorsque l'on utilise un inhibiteur cathodique qui diminue d'un facteur 10 la densité du courant d'échange de la réaction de réduction du proton, il suffit de décaler d'une unité logarithmique vers le bas la droite de Tafel de réduction du proton. Le point d'intersection avec la droite de Tafel d'oxydation de Fe, qui est inchangée, donne les nouvelles valeurs de E_{cor} et de I_{cor} :

$$E_{cor} = -\ 0{,}308\ V/ENH\ ;\ I_{cor} = 4{,}3\ 10^{-5}\ A$$

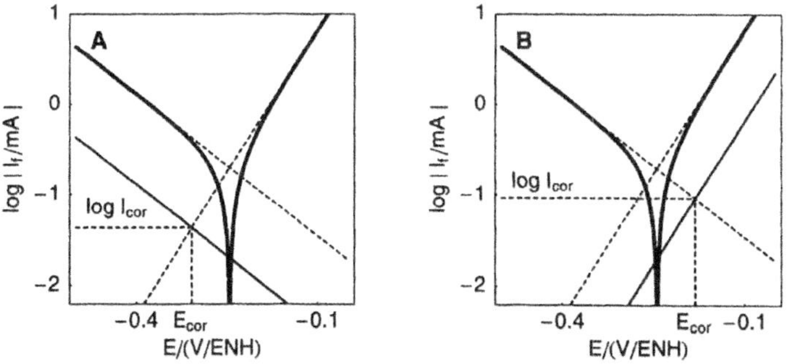

Figure 2 : Détermination graphique de I_{cor} pour Fe en présence d'inhibiteur cathodique (A) ou anodique (B). Courbe log | I_f | vs. E (traits épais) et droite de Tafel (traits pointillés) en absence d'inhibiteur. Droites de Tafel (traits fins) en présence d'inhibiteur.

Par contre, lorsque l'on utilise un inhibiteur anodique qui diminue d'un facteur 10 la densité du courant d'échange de la réaction d'oxydation du fer, on obtient (Fig. 2B) :

$$E_{cor} = -0{,}182 \text{ V/ENH} ; I_{cor} = 9{,}3\ 10^{-5} \text{ A}$$

L'inhibiteur cathodique est le plus efficace, car la droite de Tafel pour la réduction du proton a la plus faible pente, dlog $|I_f|$/dE, en valeur absolue.

4. La courbe log $|I_f|$ vs. E de l'électrode de fer isolée du zinc est rappelée sur la Fig. 3 ainsi que les droites de Tafel correspondant d'une part à l'oxydation du fer et d'autre part à celle du zinc. Lorsque l'on met en contact le fer et le zinc, tous deux en contact avec la solution d'HCl 1 M, on réalise une pile électrochimique (de type Volta) en court-circuit. Le courant global pour l'électrode Fe-Zn est alors nul :

$$I_f = I_{f,Fe} + I_{f,Zn} = 0$$

avec d'après (5) :

$$I_{f,Fe} = I_{Fe} + I_{H+/Fe} ; I_{f,Zn} = I_{Zn} + I_{H+/Zn}$$

I_{Zn} désignant le courant d'oxydation de Zn. Comme le courant de réduction du proton sur Zn est supposé négligeable devant celui sur Fe, soit $|I_{H+/Zn}| << |I_{H+/Fe}|$, la tension d'abandon de l'électrode Fe-Zn est telle que :

$$I_{Fe} + I_{H+/Fe} + I_{Zn} = 0$$

et le courant de corrosion de Fe est la valeur de I_{Fe} pour $E_{I=0}$ (Fig. 3) :

$$E_{I=0} = -0{,}570 \text{ V/ENH} ; I_{cor} = 7{,}6\ 10^{-8} \text{ A soit 76 nA}$$

Le fer est donc protégé de la corrosion de manière satisfaisante.

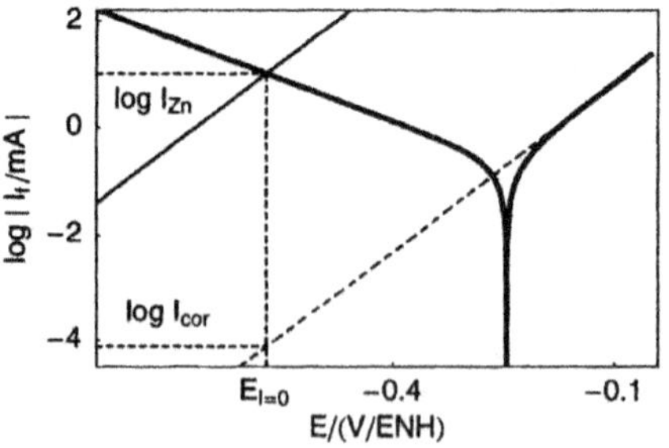

Figure 3 : Détermination des conditions de protection de Fe par anode sacrificielle de Zn. Courbe log | I_f | vs. E de Fe isolé de Zn (traits épais), droite de Tafel d'oxydation de Fe (trait pointillé) et droite de Tafel d'oxydation de Zn (trait fin).

Le courant partiel d'oxydation de Zn déterminé sur la Fig. 3, est égal à 10,1 mA. La masse de zinc consommé en fonction du temps, si l'on suppose ce courant constant, est :

$$m_{Zn}(t) = M_{Zn} I_{Zn} t/(2F)$$

ce qui représente 0,3 g de zinc par jour de protection du fer dans la solution d'HCl 1 M.

Problème II.7 (Corrosion du Cu par Cu^{II} en milieu chlorure)

1. Le courant limite de diffusion-convection de l'espèce Cu^{II} sur Pt a pour expression dans le cadre de la théorie de Levich pour l'EDT :

$$I_{dCuII/Pt} = -FS_{Pt}m_{CuII}Cu^{II*} = -0{,}620\ FS_{Pt}Cu^{II*}D_{CuII}^{2/3}\nu^{-1/6}\Omega^{1/2}$$

et le coefficient de diffusion de cette espèce se calcule, en prêtant attention aux problèmes d'unités, selon :

$$D_{CuII} = 6{,}3\ 10^{-6}\ cm^2\ s^{-1}$$

2. Le potentiel de corrosion du cuivre, $E_{cor} = -0{,}125$ V/ECS, est situé dans le domaine de tension d'électrode correspondant au courant limite de réduction de Cu^{II}. On peut donc envisager une corrosion du cuivre selon les deux réactions couplées (Fig. 1) :

$$Cu \leftrightarrow Cu^{I} + e$$

$$Cu^{II} + e \leftrightarrow Cu^{I}$$

avec $I_{cor} = -I_{dCuII/Cu}$ à la surface de l'électrode de cuivre (S_{Cu} et non plus S_{Pt}) :

$$I_{cor} = 0{,}620\ FS_{Cu}Cu^{II*}D_{CuII}^{2/3}\nu^{-1/6}\Omega^{1/2} \quad (1)$$

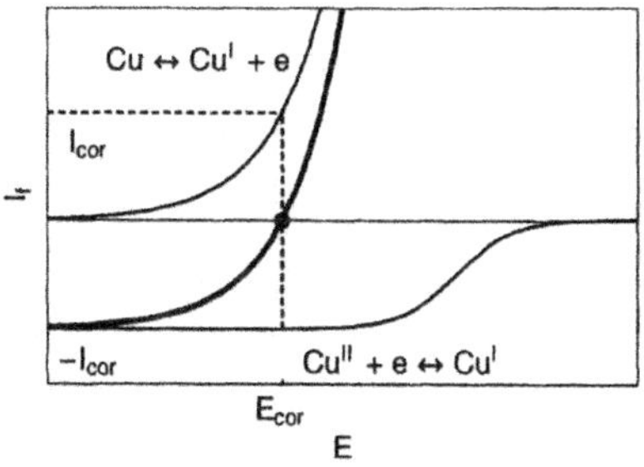

Figure 1 : Principe de la corrosion de Cu par Cu^{II} lorsque $Cu^{I*} = 0$. Courants partiels d'oxydation de Cu et de réduction de Cu^{II} (traits fins) ; courant total d'électrode (trait épais).

3. E_{cor} ne dépend pas de la vitesse de rotation de l'électrode et varie avec la concentration initiale en Cu^{II} selon $dE_{cor}/d\log Cu^{II*} \approx 0{,}06$ V à 25 °C. La première observation implique que le courant partiel d'oxydation du cuivre, I_{Cu}, est proportionnel à $\sqrt{\Omega}$ comme I_{dCuII}. La seconde condition est remplie lorsque I_{Cu} varie exponentiellement avec E (cf. Ex. II.14) selon :

$$I_{Cu} = \text{cte}\ \sqrt{\Omega}\ \exp(bE)$$

Au potentiel de corrosion, on a alors :

$$\text{cte}\ \sqrt{\Omega}\ \exp(bE) = 0{,}620\ FS_{Cu}Cu^{II*}D_{CuII}^{2/3}\nu^{-1/6}\Omega^{1/2}$$

et $dE_{cor}/d\log Cu^{II*} = \ln 10/b \approx 0{,}06$ V soit $b \approx 38{,}3\ V^{-1}$, qui est très proche de $f = F/(RT)$ exprimé à 25 °C. L'oxydation du cuivre suit donc une relation courant, tension du type :

$$I_{Cu} = \text{cte}\ \sqrt{\Omega}\ \exp(fE)$$

typique de l'oxydation de ce métal ($Cu \leftrightarrow Cu^{I} + e$) en régime stationnaire aux faibles densités de courant en milieu chlorure acide.

4. À l'interface cuivre | solution, les relations de continuité flux, vitesse de consommation ou de production s'écrivent pour les espèces Cu^{I} et Cu^{II} en régime stationnaire, notant v_1 la vitesse de la réaction $Cu \leftrightarrow Cu^{I} + e$ et v_2 celle de $Cu^{II} + e \leftrightarrow Cu^{I}$:

$$J_{CuI}(0) = v_1 + v_2\ ;\ J_{CuII}(0) = -\ v_2$$

Par ailleurs, la densité du courant faradique total s'écrit :

$$i_f = F(v_1 - v_2)$$

Pour $E = E_{cor}$, $i_f = 0$ par définition, donc $v_1 = v_2$ et $J_{CuI}(0) = -\ 2\ J_{CuII}(0)$, soit :

$$-\ D_{CuI}\ dCu^{I}(x)/dx_{|x=0} = 2\ D_{CuII}\ dCu^{II}(x)/dx_{|x=0}$$

ou encore, en utilisant les résultats de la théorie de Levich pour l'EDT :

$$-\ m_{CuI}[Cu^{I*} - Cu^{I}(0)] = 2\ m_{CuII}[Cu^{II*} - Cu^{II}(0)] \qquad (2)$$

où $m_{CuI} = D_{CuI}/\delta_{CuI}$ et $m_{CuII} = D_{CuII}/\delta_{CuII}$. Dans la relation précédente, on a $Cu^{I*} = 0$ car il n'y a pas de complexe cuivreux initialement dans la solution, $Cu^{II}(0) = 0$ puisque le potentiel de corrosion correspond au courant limite de réduction de l'espèce cuivrique et $D_{CuI} = D_{CuII}$ (hypothèse de l'énoncé), d'où $m_{CuI} = m_{CuII} = m$, et :

$$Cu^{I}(0) = 2\ Cu^{II*}$$

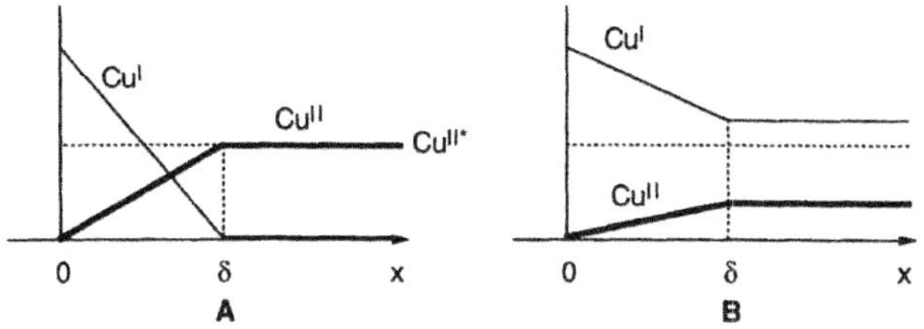

Figure 2 : Profils linéarisés de concentration de Cu^{I} (traits fin) et Cu^{II} (traits épais) au potentiel de corrosion du cuivre, lorsque $D_{CuI} = D_{CuII}$, à l'instant initial pour $Cu^{I*} = 0$ (A) et lorsque $t = 1/k$ (B).

Les profils linéarisés de concentration des deux espèces sont schématisés sur la Fig. 2A.

5. L'expression du courant de corrosion du cuivre est donnée par l'Éq. (1). Sa valeur peut être calculée plus simplement puisque $I_{cor} = - I_{dCuII/Cu}$ et que le courant limite de réduction de Cu^{II} sur Cu se déduit de celui sur Pt en multipliant par S_{Cu}/S_{Pt}, soit :

$$I_{cor} = 4\ 10^{-5}(5/2)^2 = 2{,}5\ 10^{-4}\ A$$

pour une vitesse de rotation de 2000 tr min^{-1}. L'épaisseur de cuivre consommé, dans l'hypothèse où I_{cor} est constant, est alors :

$$e_{Cu}(t) = (M_{Cu}/\rho_{Cu})I_{cor}t/(FS_{Cu})$$

puisqu'une mole d'électron est nécessaire par mole de métal consommé, soit, pour une heure d'immersion :

$$e_{Cu} = 21{,}2\ \mu m$$

6. La réaction de corrosion est cause de l'augmentation de Cu^{I} et de la diminution de Cu^{II} au sein de la solution, ce qui entraîne une diminution du courant limite de réduction de Cu^{II} et donc de la vitesse de corrosion du cuivre au cours du temps. À partir de la loi de Faraday et de l'expression du courant limite de réduction de Cu^{II}, on montre (cf. Ex. II.1) que :

$$I_{cor}(t) = I_{cor}(0) \exp(-kt)\ ;\ k = S_{Cu}D_{CuII}/(V\delta_{CuII}) \qquad (3)$$

où $I_{cor}(0)$ est tiré de (1). L'épaisseur de cuivre consommé réellement en fonction du temps est alors :

$$e_{Cu}(t) = (M_{Cu}/\rho_{Cu}) \int_0^t I_{cor}(\tau)\, d\tau/(FS_{Cu}) \qquad (4)$$

soit, d'après (3) et (4) :

$$e_{Cu}(t) = (M_{Cu}/\rho_{Cu})I_{cor}(0)[1 - \exp(-kt)]/(FS_{Cu}k)$$

où $I_{cor}(0)$ est la valeur calculée en réponse à la question 5. Compte tenu de la valeur de :

$$k = S_{Cu}m_{CuII}/V = 1{,}3\ 10^{-5}\ s^{-1}$$

l'épaisseur de cuivre réellement consommée après 24 h de corrosion, pour un volume de solution de 100 cm^3, est alors :

$$e_{Cu} = 0{,}31\ mm$$

7. L'évolution temporelle (3) s'applique également à la concentration en Cu^{II} loin de l'interface, soit :

$$Cu^{II}(\infty, t) = Cu^{II*} \exp(-kt) \qquad (5)$$

D'autre part, en réécrivant l'Éq. (2) pour tenir compte des variations lentes de concentration au sein de la solution, on obtient :

$$-m_{CuI}[Cu^{I}(\infty, t) - Cu^{I}(0, t)] = 2\ m_{CuII}[Cu^{II}(\infty, t) - Cu^{II}(0, t)] \qquad (6)$$

et en faisant $m_{CuI} = m_{CuII} = m$, hypothèse de l'énoncé, puis $Cu^{II}(0, t) = 0$ pour le courant limite de réduction de Cu^{II}, il vient :

$$Cu^{I}(0, t) = Cu^{I}(\infty, t) + 2\ Cu^{II}(\infty, t) \qquad (7)$$

Enfin, un bilan matière sur l'élément Cu au cours du processus de corrosion, en négligeant les nombres de moles d'espèces Cu^{I} et Cu^{II} au voisinage de l'interface devant leurs nombres dans le volume total de solution, car $S_{Cu}\delta$ << V, volume de solution, conduit pour la réaction de corrosion :

$$Cu \leftrightarrow Cu^{I} + e\ ;\ Cu^{II} + e \leftrightarrow Cu^{I}$$

avec $Cu^{I*} = 0$, à :

$$Cu^{I}(\infty, t) = 2\ [Cu^{II*} - Cu^{II}(\infty, t)] \qquad (8)$$

D'après (7) et (8) la concentration interfaciale en Cu^{I} est constante et égale à 2 Cu^{II*}, la variation de concentration en Cu^{II} au sein de la solution est donnée par (5) et celle de Cu^{I} se déduit de (5) et (8) :

$$Cu^{I}(\infty, t) = 2\ Cu^{II*}[1 - \exp(-kt)] \qquad (9)$$

En utilisant (7-9) pour t = 1/k on obtient : $Cu^{I}(0) = 4\ 10^{-3}$ mol L^{-1} ; $Cu^{I}(\infty) = 2{,}5\ 10^{-3}$ mol L^{-1} ; $Cu^{II}(\infty) = 7{,}4\ 10^{-4}$ mol L^{-1} et les profils linéarisés instantanés de concentration sont schématisés sur la Fig. 2B.

Problème II.8 (Réaction redox à deux étapes : système $M^{2+}/M^+/M$)

Les deux étapes étant supposées cinétiquement réversibles, les concentrations interfaciales vérifient hors équilibre des relations de type Nernst (cf. Ex. II.5). Pour la première étape de la réaction, on a ainsi :

$$M^{2+}(0)/M^+(0) = \exp\,[f(E - E^\circ_{M2+/M+})] \qquad (1)$$

et pour la seconde, lorsque la phase métallique M existe à la surface de l'électrode, on peut écrire, en notant c° la concentration standard :

$$M^+(0) = c^\circ \exp\,[f(E - E^\circ_{M+/M})] \qquad (2)$$

1. L'électrode est un métal inattaquable et l'on suppose que $E^\circ_{M+/M}$ est très inférieur à $E^\circ_{M2+/M+}$. Il existe donc un domaine de tension d'électrode où la première étape se déroule seule, sans dépôt de métal. Dans ce domaine, la réaction de réduction de M^{2+} en M^+ peut être traitée comme une réaction redox simple dont les relations densité de courant faradique, flux, vitesse s'écrivent en régime stationnaire :

$$i_f = -Fv_1\ ;\ J_{M2+}(0) = -v_1\ ;\ J_{M+}(0) = v_1 \qquad (3)$$

Puisque $D_{M2+} = D_{M+} = D$, donc $\delta_{M2+} = \delta_{M+} = \delta$ et $m_{M2+} = m_{M+} = m$, les flux de transport des deux ions à l'interface se calculent, en utilisant la théorie de Levich pour l'EDT, selon :

$$J_{M2+}(0) = -m[M^{2+*} - M^{2+}(0)] \qquad (4)$$

$$J_{M+}(0) = -m[M^{+*} - M^+(0)] = mM^+(0) \qquad (5)$$

puisque $M^{+*} = 0$. La réaction (1) est considérée comme cinétiquement réversible et il convient donc d'éliminer v_1 des Éq. (3) (cf. Pb. I.4). Des relations (1) et (3-5), on tire :

$$i_f = i_{dM2+/M+}/\{1 + \exp\,[f(E - E^\circ_{M2+/M+})]\} \qquad (6)$$

où $i_{dM2+/M+} = -FmM^{2+*}$ désigne la densité du courant limite de réduction de M^{2+} en M^+.

L'allure de la courbe i_f vs. E est classique (Fig. 1) ; sa tension de demi-vague est égale à $E^\circ_{M2+/M+}$ puisque $D_{M2+} = D_{M+}$ (cf. Pb. II.1). L'équation (6) est valide tant que la phase métallique M n'existe pas à la surface de l'EDT, c'est-à-dire tant que $E > E_{dép}$, tension de début d'électrodéposition calculée ci-dessous.

À l'inverse, lorsque la tension d'électrode imposée est inférieure à $E_{dép}$, l'expression i_f vs. E doit être recalculée. Les deux étapes sont Nernstiennes et les relations (1) et (2) s'appliquent. Les expressions (4) et (5) des flux sont inchangées, par contre les relations densité du courant faradique, flux, vitesse (3) doivent être modifiées pour tenir compte du déroulement simultané des deux étapes :

$$i_f = -F(v_1 + v_2)\ ;\ J_{M^{2+}}(0) = -v_1\ ;\ J_{M^+}(0) = v_1 - v_2 \quad (7)$$

Les deux étapes étant considérées comme cinétiquement réversibles, il convient d'éliminer leurs vitesses par combinaison des équations précédentes (cf. Pb. I.4). Il vient :

$$i_f = F[J_{M^+}(0) + 2\,J_{M^{2+}}(0)] \quad (8)$$

et d'après (1, 2, 4, 5, 8), on obtient :

$$i_f = i_{dM^{2+}/M}\big(1 - [c^\circ/(2\,M^{2+*})]\{\exp[f(E - E^\circ_{M^+/M})] + 2\exp[2f(E - E^\circ)]\}\big) \quad (9)$$

où $E^\circ = E^\circ_{M^{2+}/M} = (E^\circ_{M^{2+}/M^+} + E^\circ_{M^+/M})/2$ (formule de Luther) et $i_{dM^{2+}/M} = 2\,i_{dM^{2+}/M^+} = -\,2\,FmM^{2+*}$ est la densité du courant limite de réduction de M^{2+} en métal M.

La valeur de $E_{dép}$ est calculée en égalant les expressions (6) et (9) de la densité de courant. Une solution analytique générale peut être obtenue par calcul formel (logiciel Mathematica™) selon :

$$E_{dép} = -(1/f)\big(fE^\circ_{M^+/M} + \ln(2\sqrt{3}\,c^\circ a) - \ln\{a^2 - \sqrt{3}ac^\circ\exp(2fE^\circ) + c^\circ(c^\circ\exp(4fE^\circ) + 4\,M^{2+*}\exp[f(E^\circ_{M^{2+}/M^+} + 3\,E^\circ_{M^+/M})])\}\big)$$

où :

$$a = \{-\,bc^{\circ 3}\exp[3\,f(E^\circ_{M^{2+}/M^+} + 2\,E^\circ_{M^+/M})]\}^{1/6}$$

$$b = [c^\circ\exp(fE^\circ_{M^{2+}/M^+}) + 4\,M^{2+*}\exp(fE^\circ_{M^+/M})]^3 \quad (10)$$

Dans le cas particulier considéré ici où $E^\circ_{M^+/M}$ est très inférieur à $E^\circ_{M^{2+}/M}$, la tension de début de dépôt du métal s'exprime plus simplement selon :

$$E_{dép} \approx E^\circ_{M^+/M} + (1/f)\ln(M^{2+*}/c^\circ) \quad (11)$$

L'allure de la courbe i_f vs. E, calculée d'après (6), (9) et (11) est donnée sur la Fig. 1.

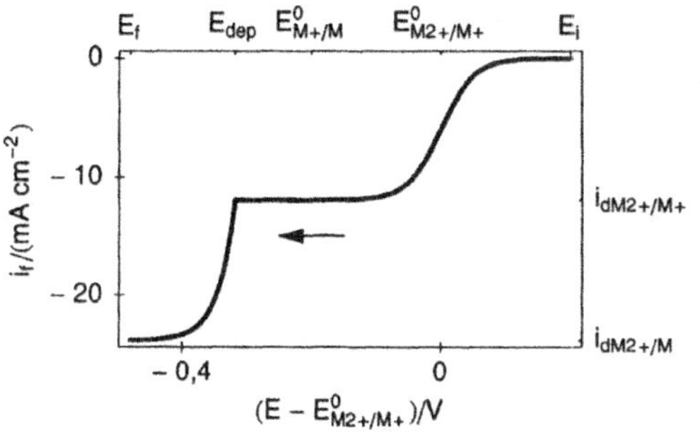

Figure 1 : Courbe i_f vs. $E - E°_{M^{2+}/M^+}$ tracée à 25 °C en régime quasi-stationnaire (balayage linéaire de la tension d'électrode par valeurs de tension décroissantes avec une vitesse de balayage suffisamment faible) pour une électrode inattaquable et $E°_{M^{2+}/M^+} = E°_{M^+/M} + 0{,}2$ V, $M^{2+*} = 10^{-2}$ mol L^{-1}, D = 5 10^{-6} cm^2 s^{-1}, $\nu = 10^{-2}$ cm^2 s^{-1}, $\Omega = 10^3$ tr min^{-1}.

2. Lorsque l'électrode est en métal M, cette phase métallique est toujours présente et la relation i_f vs. E est donc donnée par l'Éq. (9) dont le graphe est présenté sur la Fig. 2. La tension d'abandon de l'électrode est égale au potentiel de corrosion du métal M par le cation M^{2+} (cf. Pb. II.7). Elle est solution de l'équation $i_f(E_{cor}) = 0$, soit en posant $E° = E°_{M^{2+}/M}$:

$$\exp [f(E_{cor} - E°_{M^+/M})] + 2 \exp [2 f(E_{cor} - E°)] = 2 M^{2+*}/c° \qquad (12)$$

d'où :

$$E_{cor} = (1/f) \ln \left(- \exp [f(E° - E°_{M^+/M})] \{ \sqrt{c°} \exp (fE°) - [c° \exp (2fE°) + 16 M^{2+*} \exp (2fE°_{M^+/M})]^{1/2}\}/(4 \sqrt{c°})\right) \qquad (13)$$

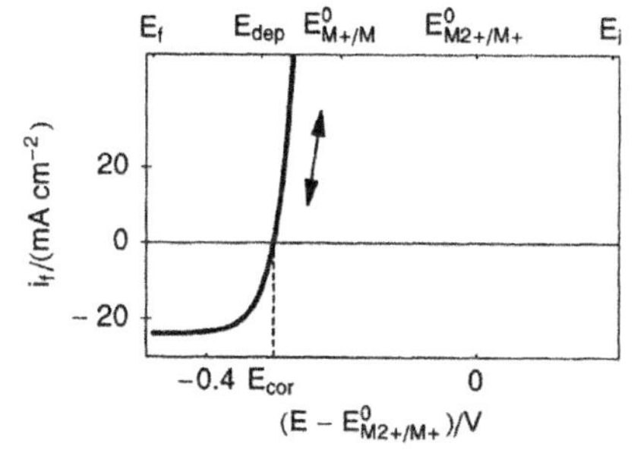

Figure 2 : Courbe i_f vs. $E - E°_{M^{2+}/M^+}$ tracée avec une électrode en métal M pour les mêmes valeurs des paramètres que celles de la Fig. 1.

3. L'électrode est à nouveau un métal inattaquable. La courbe i_f vs. E tracée par valeurs décroissantes de tension d'électrode de E_i à E_f est celle de la Fig. 1, la courbe tracée en inversant le sens de balayage en tension est celle de la Fig. 2, puisque l'électrode est alors en métal M, jusqu'à ce que la couche métallique M déposée au cours du balayage aller soit complètement oxydée et que l'on rejoigne la courbe i_f vs. E de la Fig. 1. L'ensemble du tracé est schématisé sur la Fig. 3.

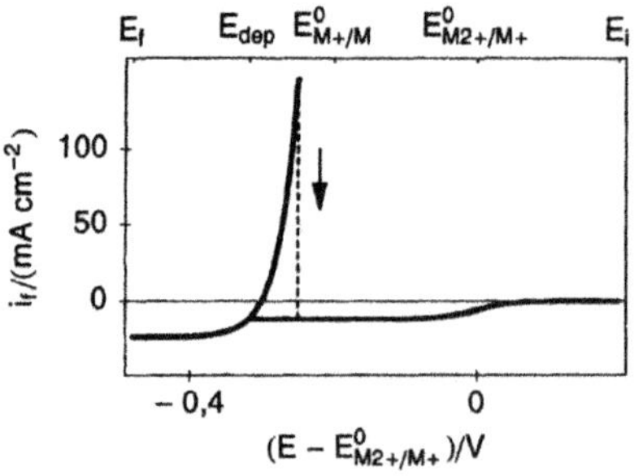

Figure 3 : Courbe i_f vs. $E - E°_{M2+/M+}$ tracée dans les conditions de la Fig. 1 de E_i jusqu'à E_f puis en inversant le sens de balayage en tension.

TROISIÈME PARTIE

Réactions avec phases adsorbée et/ou insérée en régime stationnaire

CHAPITRE 1

Rappels de cours

1. Relations cinétiques en régime stationnaire pour une réaction étudiée sur EDT

Le comportement en régime stationnaire d'un système électrochimique formé d'une électrode métallique à disque tournant à vitesse angulaire constante dans un électrolyte liquide, à la surface de laquelle se déroule une réaction électrochimique selon le mécanisme comportant R étapes inversibles et mettant en jeu N types d'espèces électroactives :

$$\sum_{i=1}^{N} r_{ij}\, X_i \underset{K'_j}{\overset{K_j}{\longleftrightarrow}} \sum_{i=1}^{N} p_{ij}\, X_i \pm n_j\, e \; ; j = 1, \ldots, R \qquad (1)$$

peut être décrit, compte tenu des hypothèses simplificatrices énoncées dans les chapitres précédents, par les Éq. (11-17) des Rappels II qui lient les valeurs stationnaires de la tension d'électrode, de la densité du courant qui la traverse, des concentrations surfaciques des espèces de la phase adsorbée ou des taux de recouvrement de la surface de l'électrode par ces espèces et des concentrations volumiques interfaciales des espèces électroactives de l'électrolyte ou de l'électrode. Les lois d'évolution des concentrations surfaciques des espèces adsorbées ne sont pas linéairement indépendantes puisque :

$$\sum_{i=Nv+1}^{N} X_i = \Gamma \Leftrightarrow \sum_{i=Nv+1}^{N} \theta_{X_i} = 1 \qquad (2)$$

Il convient donc de remplacer une des équations d'évolution, par exemple la dernière, par la relation (2). Le modèle cinétique est ainsi décrit, en régime stationnaire, par un système de N + 1 équations algébriques linéaires ou non linéaires à N + 1 inconnues qui sont les concentrations surfaciques des espèces de la phase adsorbée, les concentrations volumiques interfaciales des espèces de l'électrolyte ou de l'électrode et la densité de courant lorsque l'on impose une valeur constante de tension d'électrode (commande potentiostatique) ou la tension d'électrode lorsque l'on impose une valeur constante du courant d'électrolyse (commande intensiostatique). Le système complet d'équations est donné dans le Tab. I. Les termes m_{X_i} sont les constantes de transport des espèces électroactives volumiques qui s'écrivent, pour les espèces de l'électrolyte, en présence d'un sel support et en absence de réactions chimiques en volume :

$$m_{X_i} = 0{,}620\, D_{X_i}^{2/3} \nu^{-1/6} \Omega^{1/2} \quad (3)$$

Chaque terme X_i qui figure dans les expressions des vitesses v_j des étapes du mécanisme réactionnel désigne, pour simplifier, soit la concentration surfacique d'une espèce adsorbée, $X_i = \Gamma\theta_{X_i}$, soit la concentration volumique interfaciale d'une espèce de l'électrolyte ou du matériau d'électrode, $X_i(0)$.

Tableau I : Système d'équations du modèle cinétique d'une réaction d'électrode étudiée en régime stationnaire sur EDT.

mécanisme de réaction :

$$\sum_{i=1}^{N} r_{ij}\, X_i \underset{K'_j}{\overset{K_j}{\longleftrightarrow}} \sum_{i=1}^{N} p_{ij}\, X_i \;\pm\; n_j\, e \;;\; j = 1, \ldots, R$$

modèle cinétique en régime stationnaire :

$$i = i_f = F \sum_{j=1}^{R} s_{ej} v_j \text{ avec } s_{ej} = \pm\, n_j$$

$$v_{X_i} = -\, m_{X_i}[X_i^* - X_i(0)] = \sum_{j=1}^{R} s_{ij} v_j \text{ où } s_{ij} = p_{ij} - r_{ij} \;;\; i = 1, \ldots, N_v$$

$$v_{X_i} = \sum_{j=1}^{R} s_{ij} v_j = 0 \;;\; i = N_v + 1, \ldots, N - 1$$

$$\sum_{i=Nv+1}^{N} X_i = \Gamma$$

avec :

$$v_j = K_j \prod_{i=1}^{N} X_i^{r_{ij}} - K'_j \prod_{i=1}^{N} X_i^{p_{ij}} \;;\; j = 1, \ldots, R$$

2. Étude en régime stationnaire

2.1. Isotherme d'électrosorption et cinétique

Les paramètres K_j et K'_j dans l'écriture de la réaction (1) sont les constantes de vitesse de l'étape de rang j, vers la gauche et vers la droite respectivement. Comme en cinétique chimique, ces constantes, terme consacré par l'usage, varient cependant avec la température. Elles varient aussi en cinétique électrochimique avec la tension d'électrode et, éventuellement, avec le taux de recouvrement en adsorbat de l'électrode. Les étapes électrochimiques sont des étapes qui mettent en jeu le transfert d'électrons, à l'interface électrode | électrolyte, entre des espèces présentes dans l'électrolyte ou dans le matériau d'électrode, et éventuellement en phase adsorbée.

Lorsqu'aucune espèce de la phase adsorbée n'intervient, on suppose que les constantes cinétiques K_j et K'_j varient exponentiellement avec la tension d'électrode E selon :

$$K_j \text{ ou } K'_j = K_{oj} = k_{oj} \exp(\alpha_{oj} n_j f E) \quad (4)$$

$$K'_j \text{ ou } K_j = K_{rj} = k_{rj} \exp(-\alpha_{rj} n_j f E) \quad (5)$$

avec $f = F/(RT)$ et $\alpha_{oj} + \alpha_{rj} = 1$. k_{oj} est le paramètre cinétique de transfert de l'étape se déroulant dans le sens de l'oxydation, k_{rj} celui de l'étape se déroulant dans le sens de la réduction, α_{oj} est le facteur de symétrie du transfert électronique dans le sens de l'oxydation pour la $j^{ième}$ étape, α_{rj} le facteur de symétrie dans le sens de la réduction, F le Faraday, R la constante des gaz parfaits et T la température absolue. La somme des deux facteurs de symétrie d'une même étape électrochimique étant égale à 1, on peut éliminer un des deux facteurs de symétrie dans les relations précédentes. Les facteurs de symétrie α_{oj} et α_{rj} sont le plus souvent supposés indépendants de la valeur de la tension d'électrode.

Lorsqu'une étape électrochimique met en jeu une ou plusieurs espèces adsorbées à la surface de l'électrode, les constantes cinétiques K_j et K'_j peuvent dépendre du taux de recouvrement de ces espèces. La loi de variation de ces constantes dépend des interactions qui existent entre les adsorbats. Plusieurs isothermes d'électrosorption peuvent être utilisées pour décrire cette phase à l'état d'équilibre.

- Isotherme de Frumkin

L'isotherme de Frumkin dépend d'un paramètre g décrivant les interactions répulsives ($g > 0$) ou attractives ($g < 0$) des espèces de la phase adsorbée. La constante de vitesse de l'étape se déroulant dans le sens de l'adsorption (oxydation ou réduction) est alors fonction du taux de recouvrement en adsorbat. Elle diminue lorsque le taux de recouvrement augmente pour des interactions répulsives, elle augmente au contraire pour des interactions attractives. L'inverse vaut pour l'étape qui se déroule dans le sens de la désorption. Les expressions des constantes de vitesse s'obtiennent, lorsqu'une seule espèce chimique, de taux de recouvrement θ_X, est présente dans la phase adsorbée, en multipliant l'expression (4) ou (5) de la constante de vitesse de l'étape se déroulant dans le sens de l'adsorption par $\exp(-\alpha_j g \theta_X)$ et celle qui se déroule dans le sens de la désorption par $\exp(\alpha_j g \theta_X)$ où α_j est égal à α_{oj} ou α_{rj} selon que l'étape d'électrosorption est une étape d'oxydation ou de réduction.

- Isotherme de Langmuir

L'isotherme de Langmuir est souvent utilisée pour simplifier la mise en équations. Son utilisation suppose que les espèces adsorbées forment à la surface de l'électrode une phase condensée idéale dans laquelle il n'y a pas d'interaction entre les différents adsorbats, c'est-à-dire que la valeur de g est supposée égale à zéro. Les expressions des constantes de vitesse ne dépendent alors plus que de la température et de la tension d'électrode et sont données par (4) et (5).

Une étape chimique se déroule à l'interface électrode | électrolyte sans transfert d'électron, à l'exemple d'une étape d'adsorption qui s'écrit :

$$A + s \leftrightarrow A,s \tag{6}$$

Ses constantes de vitesse ne dépendent plus explicitement de la tension d'électrode mais seulement du taux de recouvrement en adsorbat lorsque le comportement de la phase adsorbée à l'équilibre est décrit par l'isotherme de Frumkin. Les expressions des constantes de vitesse s'écrivent alors pour la réaction (6) qui mène à une adsorption lorsqu'elle se déroule de la gauche vers la droite, par analogie avec ce qui est écrit pour une étape électrochimique :

$$K_{dj} = k_{dj} \exp(-\alpha_{dj} g \theta_X) \tag{7}$$

$$K_{gj} = k_{gj} \exp(\alpha_{gj} g \theta_X) \tag{8}$$

où α_{dj} et α_{gj} sont les facteurs de symétrie de l'étape chimique avec $\alpha_{dj} + \alpha_{gj} = 1$. Les constantes de vitesse d'une étape chimique ne dépendent plus de la valeur du taux de recouvrement en adsorbat, par contre, lorsque la phase adsorbée est décrite par l'isotherme de Langmuir. On note alors respectivement k_{dj} la constante de vitesse de la réaction chimique partielle de rang j qui se déroule vers la droite et k_{gj} la constante de vitesse de la réaction partielle qui se déroule vers la gauche.

2.2. Résolution du système d'équations cinétiques

Le système d'équations du Tab. I peut être résolu algébriquement par éliminations successives des variables de concentration lorsque le nombre d'étapes du mécanisme réactionnel et le nombre d'espèces électroactives mises en jeu sont faibles.

Le calcul devient rapidement fastidieux, cependant, lorsque les nombres d'étapes et d'espèces croissent. L'utilisation d'un logiciel de calcul formel est alors une aide. Le système d'équations est parfois non linéaire et il est impossible, dans certain cas, de le résoudre analytiquement. Il faut alors mettre en oeuvre une méthode de résolution numérique du système. La résolution algébrique, formelle ou numérique permet de calculer puis de tracer les courbes densité de courant, tension d'électrode caractéristiques de la réaction électrochimique en régime stationnaire.

2.3. Simplification des équations

L'étude cinétique d'un mécanisme de réaction devient rapidement difficile lorsque les nombres d'étapes et d'espèces augmentent. Plusieurs méthodes peuvent être utilisées afin de simplifier la résolution du système d'équations du Tab. I et l'expression de la densité du courant stationnaire.

2.3.1. ÉTAPES CINÉTIQUEMENT RÉVERSIBLES

Lorsqu'une réaction électrochimique constituée de R étapes inversibles se déroule à la surface d'une électrode, la vitesse de chaque étape de la réaction s'exprime comme la différence de la vitesse vers la droite moins la vitesse vers la gauche :

$$v_j = v_{dj} - v_{gj} \; ; \; j = 1, \ldots, R \qquad (9)$$

Dans certaines conditions et pour certaines étapes du mécanisme réactionnel, les deux vitesses partielles peuvent être très grandes devant leur différence :

$$v_{dj,rév} >> v_{j,rév} \tag{10}$$

$$v_{gj,rév} >> v_{j,rév} \tag{11}$$

de telle sorte qu'il est possible d'écrire pour les étapes correspondantes, dites cinétiquement réversibles (rév) :

$$v_{dj,rév} \approx v_{gj,rév} \tag{12}$$

ce qui revient à considérer qu'elles sont en quasi-équilibre. Des relations entre les concentrations des espèces intervenant dans les étapes réversibles sont alors obtenues selon :

$$K_j \prod_{i=1}^{N} X_i^{r_{ij}} \approx K'_j \prod_{i=1}^{N} X_i^{p_{ij}} \tag{13}$$

Lorsque qu'une seule étape d'un mécanisme de réaction n'est pas supposée réversible, on appelle cette étape l'étape cinétiquement déterminante (rds pour rate determining step en anglais). On dit alors que la cinétique de la réaction est limitée ou contrôlée par cette étape. Les concentrations calculées à partir des Éq. (13) sont ensuite utilisées pour établir l'expression de la relation densité de courant, tension d'électrode. L'équation :

$$i_f = F \sum_{j=1}^{R} s_{ej} v_j \tag{14}$$

n'est plus utilisable directement car l'Éq. (13) écrite pour chaque étape supposée cinétiquement réversible mènerait à la nullité de la vitesse de l'étape correspondante, et il convient de remplacer dans cette équation les vitesses des étapes cinétiquement réversibles par leurs expressions en fonction des vitesses v_j des étapes non supposées réversibles en utilisant, par exemple, les relations déduites des équations relatives aux espèces de la phase adsorbée :

$$\sum_{j=1}^{R} s_{ij} v_j = 0 \; ; \; i = N_v + 1, \ldots, N - 1 \tag{15}$$

ou les relations de continuité flux, vitesse de production ou de consommation des espèces volumiques à l'interface :

$$J_{X_i}(0) = -m_{X_i}[X_i^* - X_i(0)] = \sum_{j=1}^{R} s_{ij}v_j \;;\; i = 1, ..., N_v \qquad (16)$$

2.3.2. ÉTAPES CINÉTIQUEMENT IRRÉVERSIBLES

Lorsqu'une réaction électrochimique constituée de R étapes se déroule à une électrode, on peut supposer que certaines des vitesses des étapes retour, ou toutes, sont faibles devant celles des étapes aller :

$$v_{gj,\text{irrév}} << v_{dj,\text{irrév}} \qquad (17)$$

De telles étapes sont dites cinétiquement irréversibles. Les expressions des vitesses des étapes irréversibles, pour un déroulement de la gauche vers la droite, s'écrivent alors :

$$v_{j,\text{irrév}} = v_{dj,\text{irrév}} - v_{gj,\text{irrév}} \approx v_{dj,\text{irrév}} \qquad (18)$$

le cas d'étapes irréversibles en sens inverse s'en déduisant facilement. Dans l'Éq. 14, les expressions des vitesses des étapes supposées cinétiquement irréversibles sont donc simplifiées.

CHAPITRE 2

Énoncés

1. Questions

Question III.1

L'isotherme de Langmuir est souvent utilisée pour décrire les conditions d'équilibre d'une réaction d'électrosorption ou d'insertion. Sur quelle hypothèse est fondée cette isotherme ? À l'inverse, quelles sont les conditions d'utilisation de l'isotherme de Frumkin ? Qu'est-ce que l'isotherme de Temkin ?

Question III.2

Soit la réaction d'électrosorption de l'hydrogène selon :

$$H^+ + s + e^- \leftrightarrow H,s$$

où s est un site libre pour l'adsorption et H,s l'atome d'hydrogène adsorbé. Cette réaction peut-elle être cinétiquement réversible ou irréversible à l'état stationnaire ?

Question III.3

Que signifie la phrase suivante : écrire la vitesse de la réaction d'électrosorption de la Qu. III.2 dans l'hypothèse de l'isotherme de Langmuir ou de celle de Frumkin ?

Question III.4

Pour la réaction d'électrosorption de la Qu. III.2, la loi de variation du taux de recouvrement θ_H en fonction de la tension d'électrode E, en régime stationnaire, est-elle l'expression de l'isotherme d'électrosorption ? Répondre à la même question pour la réaction de formation du dihydrogène selon le mécanisme de Volmer-Heyrovsky :

$$H^+ + s + e^- \leftrightarrow H,s$$

$$H^+ + H,s + e^- \leftrightarrow H_2 + s$$

Question III.5

Montrer que pour la réaction de formation du dibrome selon le mécanisme de Volmer-Tafel :

$$Br^- + s \leftrightarrow Br,s + e^- \qquad (1)$$

$$2\ Br,s \leftrightarrow Br_2 + 2\ s \qquad (2)$$

on a $v_1 = 2\ v_2$ en régime stationnaire. La seconde étape a donc la plus faible vitesse. Peut-on dire dans ce cas qu'elle limite la cinétique de la réaction ?

Question III.6

Soit la réaction d'insertion directe (en une seule étape) de l'hydrogène dans un métal. Un état stationnaire hors équilibre est-il envisageable pour cette réaction lorsque l'électrode est une phase métallique semi-infinie, ou un film mince métallique déposé sur un substrat imperméable à l'hydrogène, ou enfin une cellule à perméation (cf. Fig. 2, corrigé du Pb. I.2) ?

Question III.7

Le concept d'étape cinétiquement déterminante (rate determining step ou rds en anglais) est utilisé pour l'étude cinétique des réactions multi-étapes comportant des espèces intermédiaires adsorbées. Définir ce concept à partir de ceux de réversibilité et d'irréversibilité cinétique des étapes de réaction.

2. Exercices

Exercice III.1 (Étapes cinétiquement réversibles, irréversibles)

Soit la réaction de réduction du proton supposée se dérouler en deux étapes selon le mécanisme de Volmer-Heyrovsky. Soient v_1 et v_2 les vitesses de ces étapes. Donner, en régime stationnaire, l'expression de la densité du courant faradique en fonction de v_1 et de v_2, puis de v_1 seul et enfin de v_2 seul.

Établir, en faisant l'hypothèse de l'isotherme de Langmuir et en supposant que l'appauvrissement interfacial en proton est négligeable, les expressions de la densité du courant stationnaire en fonction de la tension d'électrode dans les trois cas suivants :

1. Les deux étapes sont cinétiquement irréversibles dans le sens de la réduction.

2. La première étape est cinétiquement réversible et la seconde irréversible dans le sens de la réduction.

3. La première étape n'est pas réversible, ni irréversible cinétiquement et la seconde est irréversible dans le sens de la réduction.

Exercice III.2 (Densités de courants d'échange)

Rappeler la définition de la densité du courant d'échange pour une réaction redox simple, puis la généraliser au cas de réactions multi-étapes en prenant l'exemple de la réaction de Volmer-Heyrovsky pour la formation de Cl_2, en utilisant l'isotherme de Langmuir, en supposant la solution non saturée en dichlore dissous et la concentration interfaciale en ion chlorure constante. Peut-on également définir la densité du courant d'échange d'une réaction d'électrosorption, celle du proton par exemple (cf. Qu. III.2) ?

Exercice III.3 (Relation i_F vs. η de type Butler-Volmer)

Rappeler l'équation de Butler-Volmer pour une réaction redox simple, puis, à partir des résultats de l'exercice précédent, montrer que l'on peut, dans des conditions que l'on précisera, écrire la relation i_F vs. η pour le mécanisme de Volmer-Heyrovsky sous la forme d'une ou plusieurs relations de type Butler-Volmer.

Exercice III.4 (Étape cinétiquement déterminante, rds)

1. Utiliser le concept d'étape cinétiquement déterminante présenté à la Qu. III.7 pour établir différents comportements limites possibles du mécanisme de Volmer-Heyrovsky pour la formation ou la réduction du dichlore (cf. Ex. III.2), en supposant que les concentrations interfaciales en ion chlorure et en dichlore dissous s'écartent peu de leurs valeurs au sein de la solution.

Huit expressions du type de la relation de Tafel sont envisageables, quatre en oxydation et quatre en réduction. Deux autres expressions limites de la densité de courant sont prévisibles lorsque l'on tient compte de la variation de la concentration interfaciale en dichlore dissous, en supposant que la concentration de saturation de la solution en Cl_2 n'est pas atteinte lorsque la réaction se déroule dans le sens de l'oxydation. Lesquelles ? Comment les obtenir ?

2. Les comportements limites correspondant à la réversibilité cinétique des deux étapes, ou à l'irréversibilité simultanée de ces deux étapes, ne sont pas pris en compte lorsque l'on utilise le concept d'étape cinétiquement déterminante. Montrer que les résultats obtenus dans le dernier cas se recoupent avec ceux obtenus précédemment (question 1).

Exercice III.5 (Saturation interfaciale en dichlore)

Les équations cinétiques pour la réaction d'électrosynthèse du dichlore selon le mécanisme de Volmer-Heyrovsky ont été établies (cf. Éq. (1-5), corrigé de l'Ex. III.4) dans l'hypothèse où la solution électrolytique n'est pas saturée en Cl_2. Parmi ces équations, lesquelles restent valides lorsque la saturation interfaciale en dichlore est atteinte, si l'on suppose que le dégagement gazeux ne masque pas en partie la surface de l'électrode ?

Exercice III.6 (Multivocité de l'isotherme d'électrosorption)

On considère à nouveau l'isotherme de Frumkin décrivant l'électrosorption d'une espèce A (cf. Qu. III.1) selon :

$$A^- + s \leftrightarrow A{,}s + e^-$$

À l'état stationnaire, cette réaction est à l'équilibre (cf. Qu. III.2) et l'isotherme correspondante s'écrit, en omettant l'indice éq pour alléger les notations :

$$[\theta_A/(1-\theta_A)] \exp[g(\theta_A - \theta_A^\circ)] = (A^{-*}/c^\circ) \exp \xi \; ; \; \xi = f(E - E^\circ)$$

Représenter graphiquement, en supposant $A^{-*} = c^\circ$ pour simplifier, θ_A vs. ξ pour différentes valeurs du paramètre g, positives (interactions répulsives dans la phase adsorbée), nulle (pas d'interaction ; isotherme de Langmuir) et négatives (interactions attractives dans la phase adsorbée).

Étudier les conditions d'annulation de la dérivée $d\xi/d\theta_A$. Que se passe-t-il pour les valeurs de $g < -4$? Décrire dans ce cas l'évolution du taux de recouvrement avec la tension d'électrode en régime stationnaire, par valeurs de tension d'électrode croissantes puis décroissantes.

Exercice III.7 (Cinétique et isotherme de Frumkin)

On considère la réaction de formation du dibrome par oxydation anodique de l'ion bromure selon le mécanisme de Volmer-Heyrovsky ou celui de Volmer-Tafel. Écrire les expressions des vitesses des étapes de ces deux mécanismes en utilisant les hypothèses de l'isotherme de Frumkin, en supposant la concentration interfaciale de l'ion bromure pratiquement constante et la solution électrolytique non saturée en Br_2. Écrire ces expressions en utilisant d'abord les paramètres cinétiques, k_{oj} et k_{rj} pour j = 1, 2, 3, puis les vitesses d'échange, v_{0j} pour j = 1, 2, 3, des étapes à l'équilibre.

Exercice III.8 (Droites de Tafel et isotherme de Frumkin)

Pour étudier l'influence de la nature de l'isotherme d'électrosorption sur le domaine d'observation des droites de Tafel dans la représentation log i_f vs. E, on considère la réaction de formation du dichlore en deux étapes selon le mécanisme de Volmer-Heyrovsky et l'on suppose que la seconde étape de la réaction est l'étape cinétiquement déterminante (cf. Ex. III.4).

Montrer en supposant que $Cl^-(0) \approx Cl^{-*}$, en utilisant une adimensionnalisation judicieuse et en prenant les facteurs de symétrie de transfert électronique égaux à 1/2, qu'il est possible d'écrire la relation densité de courant, tension, ψ vs. ξ en notation adimensionnelle, sous la forme paramétrique suivante où $\theta_{Cl^-}{}^\circ = 1/2$:

$$\xi = g(\theta_{Cl} - \theta_{Cl}{}^\circ) + \ln [\theta_{Cl}/(1 - \theta_{Cl})]$$

$$\psi = [\theta_{Cl}{}^{3/2}/(1 - \theta_{Cl})^{1/2}] \exp [g(\theta_{Cl} - \theta_{Cl}{}^\circ)]$$

En déduire les expressions des droites de Tafel observables dans le plan log ψ vs. ξ lorsque θ_{Cl} tend vers zéro ou vers un respectivement. Représenter log ψ vs. ξ et les asymptotes de ce graphe pour les valeurs g = – 2, 0, 2 et comparer les domaines d'observation des droites de Tafel correspondantes.

Exercice III.9 (Réduction de l'acide oxalique)

On a proposé le mécanisme de réduction électrochimique de l'acide oxalique, noté R, en deux étapes :

$$R + H^+ + s + e^- \leftrightarrow RH,s$$

$$RH,s + e^- \leftrightarrow RH^- + s$$

suivi de la protonation rapide de RH^- en RH_2 dans la solution électrolytique. On suppose que les deux étapes du mécanisme interfacial sont cinétiquement irréversibles dans les conditions de l'expérience. La phase adsorbée comprend des sites libres s et des sites recouverts par l'adsorbat RH,s. On néglige les appauvrissements interfaciaux des espèces R et H^+.

1. Écrire les lois d'évolution de la concentration de l'adsorbat et de la densité du courant faradique avec la tension d'électrode en régime stationnaire dans l'hypothèse de l'isotherme de Langmuir. Donner les expressions limites de la densité du courant obtenues lorsque θ_{RH} tend vers zéro et θ_{RH} tend vers un, respectivement.

2. On étudie cette réaction sur une EDT de plomb à 20 °C en traçant des courbes stationnaires densité de courant, tension d'électrode pour différentes valeurs du pH de l'électrolyte. On observe des droites de pentes identiques dans le plan log | i_f | vs. E, qui se translatent avec le pH. À quel cas limite peut correspondre ce résultat ? Déduire de la courbe expérimentale de la Fig. 1 les valeurs des constantes cinétiques de l'étape correspondante. On donne : $R^* = 0{,}1$ mol L^{-1} ; pH = 1 ; $\Gamma = 10^{-9}$ mol cm^{-2}.

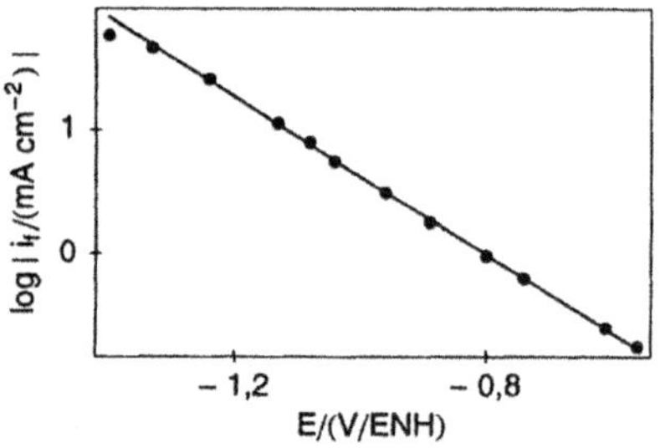

Figure. 1 : Courbe log | i_f | vs. E de réduction de l'acide oxalique en régime stationnaire sur une EDT de plomb à 20 °C.

3. Problèmes

Problème III.1 (Formation du dichlore)

On étudie la réaction de formation du dichlore par oxydation anodique des ions chlorure ainsi que la réaction inverse de réduction du dichlore en ion chlorure à la surface d'une électrode plane de dioxyde de ruthénium (RuO_2, oxyde à conduction métallique, inattaquable dans les conditions d'expérience utilisées) déposé en couche mince sur un substrat de titane. La solution électrolytique qui est agitée mécaniquement est une solution concentrée de chlorure de sodium (NaCl 5 M), acidifiée par HCl (pH = 2), contenant du dichlore dissous en faible concentration Cl_2^* à l'instant initial. On suppose constante la concentration du dichlore au sein de la solution (à distance de l'interface) durant l'expérience. La Fig. 1 montre l'allure d'une courbe de polarisation de l'électrode considérée, en régime stationnaire, relevée à 87 °C, corrigée du terme de chute ohmique dans la solution et tracée en utilisant la représentation semi-logarithmique log | i_f | vs. E.

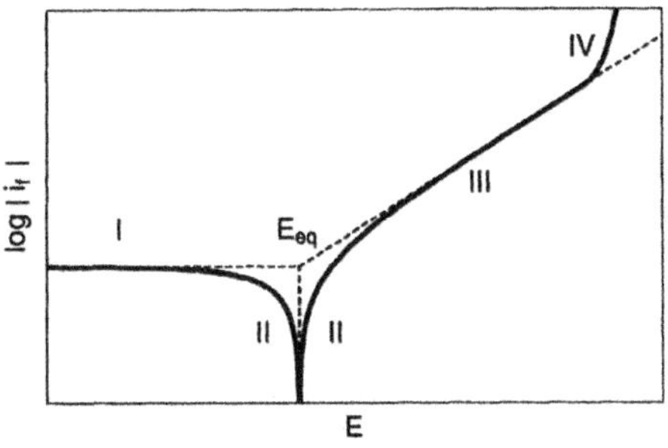

Figure 1 : Courbe log | i_f | vs. E pour une électrode de RuO_2/Ti dans NaCl 5 M à pH = 2 (HCl) et à 87 °C, en régime stationnaire.

Quatre domaines de tension et de courant d'électrode sont repérés sur la courbe. Un courant cathodique limite est observé dans la zone I. La zone II est le domaine de tension proche de l'équilibre. Le graphe présente dans sa partie anodique une portion linéaire de pente 27,8 V^{-1} dans la zone III et une déviation par rapport à la droite précédente dans la zone IV. Un dégagement de dichlore gazeux est observé à la surface de l'électrode dans ce dernier domaine de tension d'électrode.

On suppose que la réaction de formation ou de réduction du dichlore n'est pas perturbée par celle du dioxygène et qu'elle se déroule selon le mécanisme de Volmer-Heyrovsky qui, écrit dans le sens de l'oxydation, comporte une étape d'électrosorption de l'ion chlorure sur un site superficiel s avec formation de l'espèce adsorbée Cl,s à la surface de l'électrode, suivie d'une étape d'électrodésorption de cet adsorbat produisant le dichlore selon :

$$Cl^- + s \leftrightarrow Cl,s + e^- \quad (1)$$

$$Cl^- + Cl,s \leftrightarrow Cl_2 + e^- + s \quad (2)$$

On suppose que la concentration interfaciale en ion chlorure reste pratiquement égale à sa valeur initiale au cours de l'électrolyse et que le transport du dichlore dissous dans l'électrolyte est décrit par le modèle de diffusion-convection de Nernst (cf. Rappels II).

1. Écrire l'équation bilan de la réaction en régime stationnaire.

2. On considère dans un premier temps uniquement le domaine de tension d'électrode pour lequel aucun dégagement gazeux n'est observé à l'interface RuO_2 | solution (zones I, II et III de la Fig. 1). Exprimer, en fonction des vitesses v_1 et v_2 des deux étapes du mécanisme, en régime stationnaire, les vitesses v_{Cl2}, v_s, v_{Cl} de production ou de consommation du dichlore, des sites libres et de l'adsorbat, le flux interfacial $J_{Cl2}(0)$ de transport du dichlore dissous dans la solution et la densité du courant faradique i_f.

3. Quelle relation vérifient v_1 et v_2 en régime stationnaire ? Établir la relation entre la densité du courant faradique et le flux interfacial de transport du dichlore. Donner l'expression de ce flux en utilisant le modèle de diffusion-convection de Nernst et en déduire celle de i_f en fonction de $Cl_2(0)$ et Cl_2^*.

4. Tracer les allures des profils de concentration du dichlore dissous dans l'électrolyte, correspondant aux zones I, II et III de la courbe de polarisation de la Fig. 1.

5. Expliciter les vitesses v_1 et v_2 en fonction des constantes de vitesse des deux étapes et des concentrations des espèces électroactives, dans le cadre de l'isotherme de Langmuir.

6. On considère l'état d'équilibre du système électrochimique. Donner l'expression de la tension d'équilibre $E_{éq}$ en fonction des concentrations Cl_2^* et Cl^{-*} puis celle de la tension standard $E°_{Cl2/Cl-}$ du système en fonction des paramètres cinétiques des deux étapes, en prenant les coefficients d'activité unitaires.

7. On suppose tout d'abord que les deux étapes du mécanisme de formation ou de réduction du dichlore sont cinétiquement réversibles. Établir, compte tenu de cette hypothèse, l'expression de la concentration interfaciale du dichlore dissous en fonction des paramètres cinétiques des deux étapes et de Cl^{-*}. Réécrire l'expression de $Cl_2(0)$ en fonction de Cl_2^* et de la surtension d'électrode relative à la réaction de formation du dichlore, $\eta = E - E_{éq}$.

8. Établir la relation densité de courant, surtension correspondante. Quelles sont les expressions limites $i_{lim,a}$ et $i_{lim,c}$ de la densité de courant lorsque la valeur de surtension imposée est suffisamment positive ou négative ?

9. A partir de quelles valeurs de surtension le graphe log | i_f | vs. η atteint-il son asymptote anodique, son asymptote cathodique ? On suppose que ce graphe et l'une des asymptotes sont confondus lorsque le critère $(i_{lim} - i_f)/i_f \leq 0{,}05$, où i_{lim} désigne $i_{lim,a}$ pour l'asymptote anodique et $i_{lim,c}$ pour l'asymptote cathodique, est vérifié. Quelle est la pente de l'asymptote anodique à 87 °C ?

10. Donner l'allure du graphe log | i_f/i_{dCl2} | vs. η.

11. L'hypothèse de réversibilité cinétique des deux étapes du mécanisme réactionnel permet-elle d'interpréter tout ou partie de la courbe log | i_f | vs. E expérimentale ?

12. L'on a considéré jusqu'ici que le dichlore produit à l'interface par la réaction d'oxydation des ions chlorure se dissolvait entièrement dans la solution électrolytique. En pratique la solubilité de Cl_2 est limitée et lorsque la concentration interfaciale de cette espèce atteint une valeur notée $Cl_{2,sat}$, il y a saturation de la solution électrolytique en Cl_2 et formation puis dégagement de dichlore gazeux à la surface de l'électrode. On suppose que les bulles formées ne masquent pas cette surface durant l'électrolyse et ne perturbent pas le déroulement de la réaction. Donner l'expression η_{sat} de la surtension d'électrode en fonction de $Cl_{2,sat}$ et Cl_2^* dans les conditions de saturation de la solution à l'interface, lorsque l'on conserve l'hypothèse de réversibilité cinétique des deux étapes du mécanisme.

Modifier en conséquence la courbe théorique log | i_f | vs. η tracée précédemment. Déterminer la valeur minimale du rapport $r = Cl_{2,sat}/Cl_2^*$ qui permet d'observer l'asymptote oblique du graphe log | i_f | vs. η sur une décade de courant. Le phénomène de saturation permet-il d'interpréter en partie la courbe de polarisation expérimentale ?

13. Un autre mécanisme réactionnel a été proposé pour décrire la formation ou la réduction électrochimique du dichlore (mécanisme de Volmer-Tafel) :

$$Cl^- + s \leftrightarrow Cl,s + e^-$$

$$2\ Cl,s \leftrightarrow Cl_2 + 2\ s$$

L'expérience réalisée pourrait-elle être interprétée à l'aide de ce mécanisme plutôt que de celui de Volmer-Heyrovsky ? Pourquoi ?

Problème III.2 (Pseudo-droites de Tafel, oxydation anodique d'un métal)

Soit le mécanisme suivant d'oxydation anodique en deux étapes d'un métal M du degré d'oxydation 0 à I dans une solution contenant l'ion A^- en forte concentration :

$$M,s + A^- \leftrightarrow MA,s + e^- \qquad (1)$$

$$MA,s + A^- \leftrightarrow (MA_2)^- + s \qquad (2)$$

où M,s et s désignent la même entité chimique : atome métallique superficiel. La première étape de la réaction est une étape d'électrosorption de l'anion A^-, la seconde une étape d'attaque chimique de l'adsorbat A par l'anion A^- qui produit dans la solution l'anion complexe $(MA_2)^-$. On suppose que le nombre total de sites réactionnels à la surface d'électrode est constant au cours du temps et égal à Γ.

On note K_o et K_r les constantes de vitesse de l'étape électrochimique dans le sens de l'oxydation et de la réduction, k_d et k_g les constantes de vitesse de l'étape chimique vers la droite et vers la gauche, Γ la densité de sites recouverts ou non par l'espèce adsorbée, θ_A le taux de recouvrement de l'électrode en adsorbat A et θ_s celui de l'électrode en site libre s. L'étude est réalisée sur une EDT. On suppose que la concentration volumique interfaciale de l'ion A^- s'écarte très peu de sa concentration A^{-*} du sein de la solution et que la concentration de l'ion complexe $(MA_2)^-$ est nulle au sein de la solution ($(MA_2)^{-*} = 0$). Pour simplifier, on note par la suite B l'ion complexe $(MA_2)^-$ et respectivement $B(0)$, $J_B(0)$ et m_B sa concentration volumique et son flux de diffusion à l'interface électrode | solution et sa constante de transport par diffusion et convection en régime stationnaire. On suppose que les facteurs de symétrie du transfert électronique, α_o et α_r, sont égaux à 0,5.

1. Relations générales en régime stationnaire

1.1. Écrire, en régime stationnaire, les relations entre la densité du courant faradique, i_f, les vitesses des deux étapes du mécanisme, v_1 et v_2, et le flux de transport $J_B(0)$.

1.2. Écrire les expressions de v_1 et v_2 en fonction des constantes de vitesse des deux étapes du mécanisme et des concentrations des espèces électroactives, en faisant l'hypothèse de l'isotherme de Langmuir, puis l'expression de $J_B(0)$ tirée de la théorie de Levich pour l'EDT.

2. Expressions limites de la relation i_f vs. E

L'étude exhaustive du mécanisme considéré est complexe et on se limite à son étude partielle dans les conditions de réversibilité ou d'irréversibilité cinétique des deux étapes de la réaction. Selon le cas limite considéré (questions 2.1 à 2.4), on doit utiliser l'une ou l'autre des expressions de la densité de courant tirées des réponses aux questions 1.1 et 1.2.

2.1. Les deux étapes du mécanisme sont considérées comme cinétiquement réversibles. Établir l'expression de la densité de courant et tracer l'allure du graphe log i_f vs. E correspondant. Donner la valeur de la pente du graphe calculée à 25 °C. Le graphe est-il modifié lorsqu'on multiplie la vitesse de rotation de l'électrode par 10^2 ? Si oui comment ?

2.2. La première étape du mécanisme est toujours supposée cinétiquement réversible, mais la seconde est considérée comme irréversible dans le sens de la formation de l'ion complexe. Établir l'expression correspondante de la densité du courant. Montrer que l'inverse de i_f peut s'écrire comme la somme des inverses des densités de deux courants limites. Donner les expressions i_{lim1} vs. E et i_{lim2} vs. E correspondantes et préciser les conditions, sur E et sur θ_A, d'observation de chacune de ces densités de courants limites. Tracer l'allure du graphe log i_f vs. E en faisant apparaître ses asymptotes. Donner les valeurs des pentes des deux asymptotes du graphe à 25 °C. Le graphe est-il modifié lorsqu'on multiplie la vitesse de rotation de l'électrode par 10^2 ? Si oui comment ?

2.3. Pour le troisième cas limite considéré, l'étape électrochimique est supposée irréversible dans le sens de l'oxydation et l'étape chimique cinétiquement réversible. Montrer que θ_A est alors solution d'une équation du second degré que l'on ne résoudra pas. Établir les expressions limites i_{lim3} vs. E et i_{lim4} vs. E de la densité de courant lorsque $\theta_A \to 0$ puis lorsque $\theta_A \to 1$. Donner l'allure du graphe log i_f vs. E en faisant apparaître ses asymptotes. Donner les valeurs des pentes des deux asymptotes du graphe à 25 °C. Le graphe est-il modifié lorsqu'on multiplie la vitesse de rotation de l'électrode par 10^2 ? Si oui comment ?

2.4. Le dernier cas limite correspond aux conditions d'irréversibilité cinétique simultanée des deux étapes du mécanisme dans le sens de la formation de l'ion complexe en solution. Montrer que l'inverse de i_f peut s'écrire comme la somme des inverses des densités de deux courants limites. Donner les expressions i_{lim5} vs. E et i_{lim6} vs. E correspondantes et préciser les conditions, sur E et sur θ_A, d'observation de chacune de ces densités de courants limites. Donner l'allure du graphe log i_f vs E en faisant apparaître clairement ses asymptotes. Donner les valeurs des pentes des deux asymptotes du graphe calculées à 25 °C. Le graphe est-il modifié lorsqu'on multiplie la vitesse de rotation de l'électrode par 10^2 ? Si oui comment ?

2.5. Dresser un tableau récapitulatif des différents cas limites envisagés et, pour chaque expression limite i_f vs. E, indiquer l'influence de la vitesse de rotation de l'électrode ainsi que celle de la concentration A^{-*} de l'anion A^-.

3. Étude de graphes i_f vs. E

Il s'agit ici de comprendre les allures des trois graphes log i_f vs. E des Fig. 1, 2 à partir des réponses données aux questions 2.1 à 2.4. Les deux premiers graphes ont été tracés pour deux jeux de valeurs des paramètres du modèle de la réaction électrochimique étudiée, le troisième est un graphe expérimental obtenu pour l'oxydation anodique de Cu dans une solution aqueuse d'HCl 1M.

3.1. Le graphe log (i_f/i_{lim}) vs. E (Fig. 1A) est invariant lorsqu'on modifie la vitesse de rotation de l'électrode. La densité de courant est normalisée sur le graphe en la divisant par la densité i_{lim} du courant limite observé pour $E \to \infty$. Comparer ce graphe et les graphes tracés précédemment (questions 2.2 à 2.4), identifier ses différentes asymptotes et repérer les domaines de tension d'électrode où la première étape du mécanisme a éventuellement un comportement cinétique réversible ou irréversible. Faire de même pour la seconde étape.

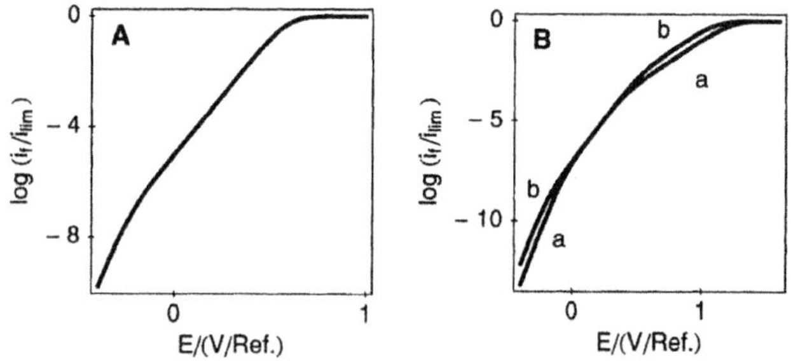

Figure 1 : Courbes log (i_f/i_{lim}) vs. E tracées pour $\alpha_o = \alpha_r = 0{,}5$; $A^{-*} = 10^{-3}$ mol cm^{-3} ; $D_B = 10^{-6}$ cm^2 s^{-1} ; $\nu = 10^{-2}$ cm^2 s^{-1} ; $\Gamma = 10^{-9}$ mol cm^{-2} et (A) $k_o = 10^{-1}$ mol^{-1} cm^3 s^{-1}; $k_r = 10^{-1}$ s^{-1} ; $k_d = 10^4$ mol^{-1} cm^3 s^{-1} ; $k_g = 10^2$ mol^{-1} cm^3 s^{-1} ; pour tout Ω et (B) $k_o = 10^{-3}$ mol^{-1} cm^3 s^{-1} ; $k_r = 10^{-3}$ s^{-1} ; $k_d = 10^4$ mol^{-1} cm^3 s^{-1} ; $k_g = 10^9$ mol^{-1} cm^3 s^{-1} ; Ω/(rd s^{-1}) = 10 (a), 10^3 (b).

3.2. Le graphe log (i/i_{lim}) vs. E est représenté pour deux valeurs de la vitesse de rotation de l'électrode (Fig. 1B). La densité de courant est normalisée sur le graphe en la divisant par la densité i_{lim} du courant limite observé pour $E \to \infty$. Répondre aux mêmes questions que précédemment en 3.1.

3.3. Les graphes expérimentaux log I_f vs. E de la Fig. 2 ont été obtenus pour l'oxydation anodique de Cu dans une solution aqueuse d'HCl 1M à 25 °C. Le mécanisme étudié dans les questions précédentes a été proposé pour décrire ces résultats expérimentaux, l'anion A^- étant dans ce cas l'ion chlorure et $(MA_2)^-$ l'ion complexe $(CuCl_2)^-$. Le graphe log I_f vs. E est représenté pour quatre valeurs de la vitesse de rotation de l'électrode. Comparer ce graphe et les graphes limites tracés précédemment (questions 2.2 à 2.4). Quel comportement limite du modèle réactionnel semble le plus proche des résultats expérimentaux ? Quel autre paramètre expérimental pourrait être modifié pour valider le modèle cinétique ?

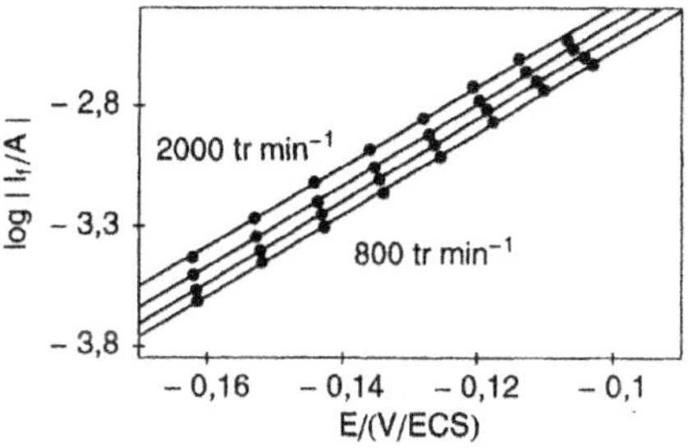

Figure 2 : Courbes log I_f vs. E stationnaires, corrigées de chute ohmique, pour l'oxydation anodique d'une EDT de Cu de 5 mm de diamètre, à 25 °C, dans une solution aqueuse désaérée d'HCl 1M, pour des vitesses de rotation d'électrode de 800, 1000, 1600 et 2000 tr min^{-1}.

Problème III.3 (Insertion de H en deux étapes dans une membrane)

L'étude cinétique de l'insertion de l'hydrogène dans un métal ou alliage peut être réalisée dans une cellule à perméation à l'aide d'une membrane métallique (électrode bipolaire) d'épaisseur L. La cellule à perméation (Fig. 1) comporte deux compartiments séparés par l'électrode bipolaire, fonctionnant en cathode sur sa face d'entrée I et en anode sur sa face de sortie II.

L'hydrogène atomique est formé par réduction du proton sur la face I de la membrane, diffuse dans la membrane et est oxydé en proton sur sa face II. Un dégagement de dihydrogène gazeux est également possible sur la face I, selon les conditions expérimentales de l'étude.

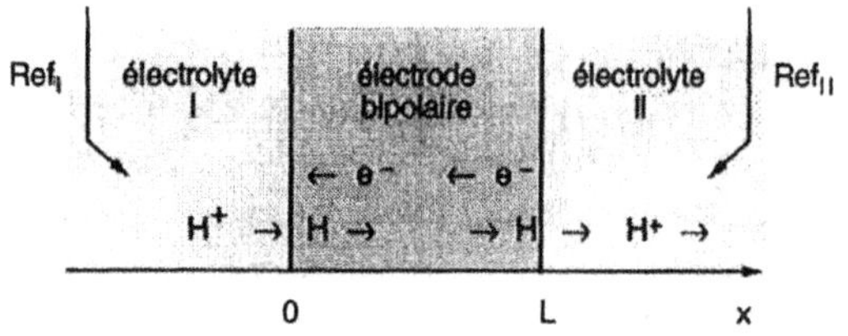

Figure 1 : Schéma de principe d'une cellule à perméation.

Une telle cellule est utilisée pour mesurer le coefficient de diffusion de l'hydrogène dans la membrane métallique à partir de l'évolution du courant d'oxydation sur la face II lorsque l'on impose un échelon de potentiel ou de courant sur la face I. Une cellule à perméation permet aussi d'obtenir des informations d'ordre cinétique sur le mécanisme de formation du dihydrogène, lorsque celui-ci est formé sur la face I, en régime stationnaire. La cellule électrochimique et son circuit de commande électrique sont schématisés sur la Fig. 2A.

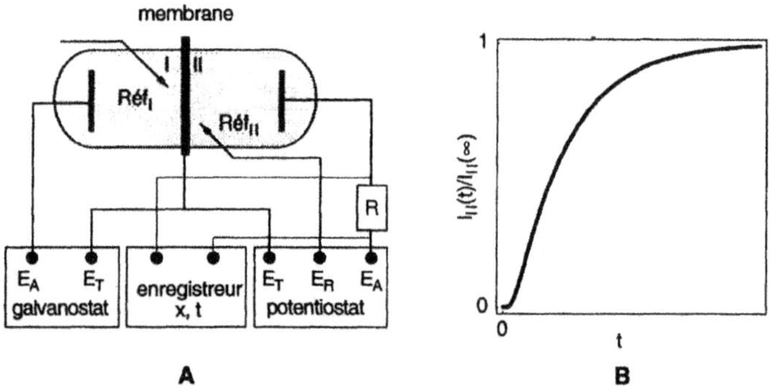

Figure 2. : (A) Cellule électrochimique à perméation et circuit de commande électrique. (B) Densité du courant de réoxydation de l'hydrogène mesuré sur la face II de la membrane, rapportée à sa valeur finale stationnaire, en réponse à un échelon de courant sur la face I.

On considère que la réaction d'insertion de l'hydrogène dans le métal se décompose en étapes d'électrosorption du proton à la surface de l'électrode avec formation de l'adsorbat H,s, de dissolution de l'hydrogène par passage dans les couches métalliques superficielles puis de diffusion dans la membrane selon le mécanisme suivant :

$$H^+ + e^- + s \leftrightarrow H,s \qquad (1_I)$$

$$H,s + \langle\ \rangle \leftrightarrow \langle H \rangle + s \qquad (2_I)$$

On note K_{oI} et K_{rI} les constantes de vitesse de l'étape électrochimique dans le sens de l'oxydation et de la réduction :

$$K_{oI} = k_{oI} \exp(\alpha_{oI} f E_I) \; ; \; K_{rI} = k_{rI} \exp(-\alpha_{rI} f E_I)$$

où E_I est le potentiel de la membrane (face I) mesuré par rapport à l'électrode de référence $Réf_I$, et $k_{désI}$ et k_{adsI} les constantes de vitesse de l'étape chimique se déroulant vers la droite (désorption) et vers la gauche (adsorption).

On considère également que l'espèce H,s peut se désorber chimiquement pour former, sur la face I de la membrane, du dihydrogène selon l'étape supposée cinétiquement irréversible :

$$2\ H,s \leftrightarrow H_2 + 2\ s \qquad (3_I)$$

et l'on note $k'_{dés}$ sa constante de vitesse. Le courant total (densité i_I) de production d'hydrogène inséré et de dihydrogène gazeux sur la face I est maintenu constant à l'aide d'un galvanostat.

On suppose que la concentration interfaciale du proton dans l'électrolyte à la surface I de la membrane n'est pratiquement pas modifiée par le déroulement de la réaction d'électrode (solution suffisamment acide). L'hydrogène qui diffuse dans la membrane est réoxydé sur la face II de l'électrode bipolaire polarisée suffisamment positivement (par rapport à ERH, électrode réversible à hydrogène) à cet effet à l'aide d'un potentiostat. La concentration volumique de l'hydrogène inséré est proche de zéro sur cette face tout au long de l'expérience. La réaction de réoxydation sur la face II se déroule selon le mécanisme inverse de celui de la face I :

$$\langle H \rangle + s \leftrightarrow H,s + \langle\ \rangle \qquad (1_{II})$$

$$H,s \leftrightarrow H^+ + e^- + s \qquad (2_{II})$$

On note K_{oII} et K_{rII} les constantes de vitesse de l'étape électrochimique dans le sens de l'oxydation et de la réduction :

$$K_{oII} = k_{oII} \exp(\alpha_{oII} f E_{II}) \; ; \; K_{rII} = k_{rII} \exp(-\alpha_{rII} f E_{II})$$

où E_{II} est le potentiel de la membrane (face II) mesuré par rapport à l'électrode de référence $Réf_{II}$. Les constantes de vitesse de l'étape chimique sont indépendantes de la tension d'électrode et sont notées k_{adsII} et $k_{désII}$. On enregistre le courant de réoxydation $i_{II}(t)$ en fonction du temps (Fig. 2B) lorsque l'on impose un échelon de courant sur la face I. Le courant $i_{II}(t)$ tend vers une valeur limite $i_{II}(\infty)$, caractéristique de l'état stationnaire, lorsque l'on poursuit l'expérience suffisamment longtemps.

On utilise en pratique une membrane de fer nue sur sa face I et recouverte sur sa face II d'une couche mince de palladium afin de prévenir toute dissolution anodique de l'électrode. L'épaisseur de cette couche mince est négligeable devant celle de la membrane. On constate expérimentalement que la densité de courant $i_{II}(\infty)$ varie comme $\sqrt{|i_I|}$. On considère par la suite que le régime stationnaire est établi sur les deux faces et à l'intérieur de la membrane.

1. Représenter le sens du passage des courants dans les différentes branches du circuit de la Fig. 2A.

2. Écrire en régime stationnaire sur les faces I et II de la membrane les vitesses de production ou de consommation de l'hydrogène adsorbé et de l'hydrogène inséré en fonction des vitesses des étapes du mécanisme réactionnel. Faire de même pour le flux de diffusion de l'hydrogène inséré à $x = 0$, puis à $x = L$, et enfin pour les densités des courants faradiques i_I et $i_{II}(\infty)$.

3. Calculer puis tracer le profil de concentration stationnaire de l'hydrogène inséré dans la membrane, en supposant le coefficient de diffusion de cette espèce indépendant de sa concentration.

4. Exprimer les vitesses des étapes sur la face I de la membrane en fonction des constantes de vitesse et des concentrations des espèces électroactives, en régime stationnaire, dans le cadre de l'isotherme de Langmuir pour l'adsorption et l'insertion de l'hydrogène.

5. Établir la relation entre la concentration volumique interfaciale de l'hydrogène inséré et le taux de recouvrement de l'hydrogène adsorbé sur la face I de la membrane à partir de la relation de continuité flux, vitesse de production de H inséré à $x = 0$.

6. Exprimer $i_{II}(\infty)$ en fonction de i_I lorsque l'on suppose que le courant sur la face I de la membrane sert essentiellement à former de l'hydrogène inséré. Cette hypothèse permet-elle d'expliquer le comportement expérimental observé ?

7. On suppose à l'inverse que i_I sert essentiellement à former du dihydrogène sur la face I de la membrane. Montrer que la concentration interfa-

ciale d'hydrogène inséré à $x = 0$ doit être proportionnelle à $\theta_{H,I}$, compte tenu de la variation de $i_{II}(\infty)$ en fonction de $\sqrt{|i_I|}$ dans les conditions d'expérience. Discuter les conditions de validité de cette hypothèse.

Problème III.4 (Relations flux, courant en régime stationnaire)

Dans le Pb. I.5, il a été montré que, pour toute réaction électrochimique comportant une seule étape, il y a proportionnalité à tout instant, en régime dynamique, entre la densité du courant faradique et la pente, à $x = 0$, du profil concentration volumique, distance à l'interface, pour chaque espèce présente dans une phase volumique (électrolyte ou électrode) et mise en jeu dans la réaction à l'interface électrode | électrolyte. Il a été également montré que ceci s'applique aux espèces volumiques X_i participant à des réactions multi-étapes lorsque les coefficients stœchiométriques de l'électron (s_{ej}) et de l'espèce considérée (s_{ij}) vérifient une même relation de proportionnalité, $s_{ij} = \lambda_i s_{ej}$ avec $\lambda_i \neq 0$, dans toutes les étapes du mécanisme ($j = 1, ..., R$). C'est le cas, par exemple, de l'ion chlorure dans les mécanismes de Volmer-Heyrovsky et de Volmer-Tafel pour la formation du dichlore. Par contre, pour ces deux mécanismes, il n'y a pas de relation simple en régime dynamique entre le courant faradique et le flux de diffusion interfacial de Cl_2.

Prolonger la discussion précédente en régime stationnaire. En particulier, montrer que pour les deux mécanismes considérés on peut écrire en régime stationnaire :

$$Cl_2(0)/Cl_2^* = 1 - i_f/i_{dCl2}$$

à condition, pour ce qui concerne l'oxydation, de ne pas atteindre la concentration de saturation de Cl_2 à l'interface électrode | solution.

Plus généralement, quelles sont les conditions qui, pour une espèce X_i volumique consommée ou produite dans une réaction multi-étapes avec espèces intermédiaires adsorbées, permettent d'écrire en régime stationnaire :

$$X_i(0)/X_i^* = 1 - i_f/i_{dXi}$$

indépendamment de tout hypothèse cinétique sur les vitesses des étapes de la réaction ? Considérer par exemple le mécanisme suivant de réduction du dioxygène dissous :

$$O_2 + 2\ s \leftrightarrow 2\ O,s$$

$$O,s + H^+ + e^- \leftrightarrow OH,s$$

$$OH,s + H^+ + e^- \leftrightarrow H_2O + s$$

puis le mécanisme composé des trois étapes précédentes auxquelles on ajoute celle de formation d'eau oxygénée :

$$2\ OH,s \leftrightarrow H_2O_2 + 2\ s$$

Problème III.5 (Réduction du dioxygène sur platine)

Des courbes i_f vs. E de réduction de O_2 sur une EDT de platine, tracées en régime quasi-stationnaire à différentes vitesses de rotation d'électrode dans une solution aqueuse d'H_2SO_4 1 M saturée en O_2 à 25 °C sous une pression p_{O2} = 1 bar (la solubilité de O_2 vaut 1,18 10^{-3} mol L^{-1} dans ces conditions) sont présentées sur la Fig. 1.

1. Déterminer le coefficient de diffusion de O_2, sachant que la viscosité cinématique de la solution est $\nu = 10^{-2}$ cm^2 s^{-1}.

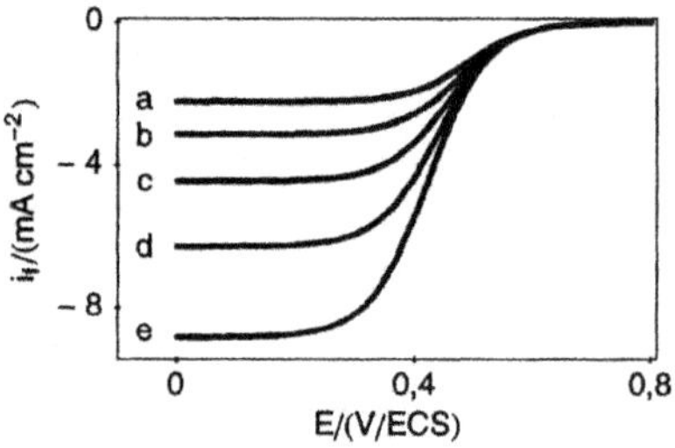

Figure 1 : Courbes densité de courant, tension tracées en régime quasi-stationnaire dans une solution H_2SO_4 1 M saturée en O_2 à 25 °C pour les vitesses de rotation/tr min^{-1} : 250 (a), 500 (b), 1000 (c), 2000 (d), 4000 (e).

2. On effectue une correction de diffusion (cf. Pb. II.2) sur une quelconque des courbes de la Fig. 1, puis on porte log | i_f $i_{dO2}/(i_{dO2} - i_f)$ | en fonction de E sur la Fig. 2.

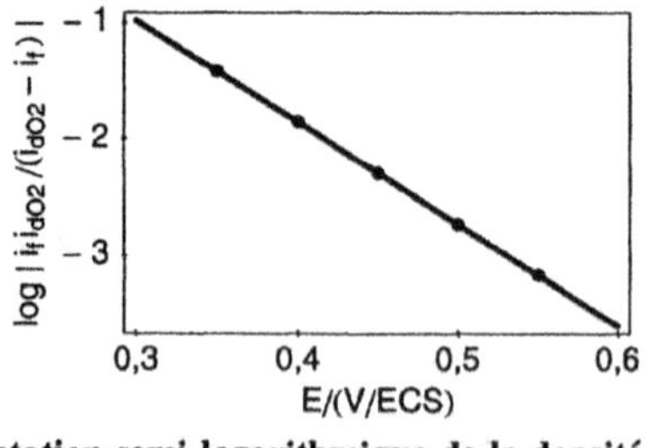

Figure 2 : Représentation semi-logarithmique de la densité de courant calculée par correction de diffusion en fonction de la tension d'électrode. Points calculés et droite de moindres carrés.

Que peut-on en déduire quant à l'ordre de la cinétique de réaction par rapport à O_2 ? Quelle expression i_f vs. E est vérifiée dans ce cas ?

3. La relation i_f vs. E de la question précédente peut-elle être obtenue comme cas limite de la cinétique de réduction de O_2 selon le mécanisme de la fin du Pb. III.4 ? Utiliser le concept d'étape déterminante de la Qu. III.7 et de l'Ex. III.4 pour répondre à cette question.

4. Le mécanisme de réduction de O_2 envisagé ci-dessous :

$$O_2 + 2\ s \leftrightarrow O,s\text{–}O,s$$

$$O,s\text{–}O,s + H^+ + e^- \leftrightarrow O,s\text{–}OH,s$$

$$O,s\text{–}OH,s + H^+ + e^- \leftrightarrow OH,s\text{–}OH,s$$

$$OH,s\text{–}OH,s \leftrightarrow 2\ OH,s$$

$$OH,s + H^+ + e^- \leftrightarrow H_2O + s$$

où – symbolise la liaison O–O dont la rupture a lieu au cours de la quatrième étape, permet-il d'interpréter les résultats expérimentaux ? Dans quelles conditions cinétiques ?

CHAPITRE 3

Corrigés

1. Corrigés des questions

Question III.1

L'isotherme de Langmuir, souvent utilisée en cinétique électrochimique, suppose que les espèces adsorbées forment à la surface de l'électrode une phase condensée idéale dans laquelle il n'y a pas d'interaction entre les différents adsorbats. À l'inverse, l'isotherme de Frumkin dépend d'un paramètre g décrivant les interactions répulsives (g > 0) ou attractives (g < 0) des espèces de la phase adsorbée. Pour une réaction d'électrosorption d'une espèce X, cette isotherme s'écrit, en choisissant comme état standard $\theta_X{}^\circ = 1/2$:

$$[\theta_{X,éq}/(1-\theta_{X,éq})] \exp [g(\theta_{X,éq}-\theta_X{}^\circ)] = (X^*/c^\circ) \exp [\pm f(E_{éq}-E^\circ)]$$

Le signe + correspond à une réaction écrite dans le sens de l'oxydation, le signe – à une réaction écrite dans celui de la réduction, et X^* désigne la concentration en solution de l'anion ou du cation correspondant. En faisant g = 0 dans l'équation précédente, on retrouve l'isotherme de Langmuir.

Si l'on prend le logarithme du membre de gauche de l'égalité ci-dessus, le terme ln $[\theta_{X,éq}/(1-\theta_{X,éq})]$ est négligeable pour les valeurs intermédiaires du taux de recouvrement, de part et d'autre de $\theta_{X,éq} = \theta_X{}^\circ$. Le taux de recouvrement varie alors linéairement avec la tension d'équilibre selon :

$$\theta_{X,éq} = \theta_X{}^\circ + (1/g) \ln (X^*/c^\circ) \pm f(E_{éq}-E^\circ)/g$$

qui est une forme possible de l'isotherme de Temkin (Fig. 1).

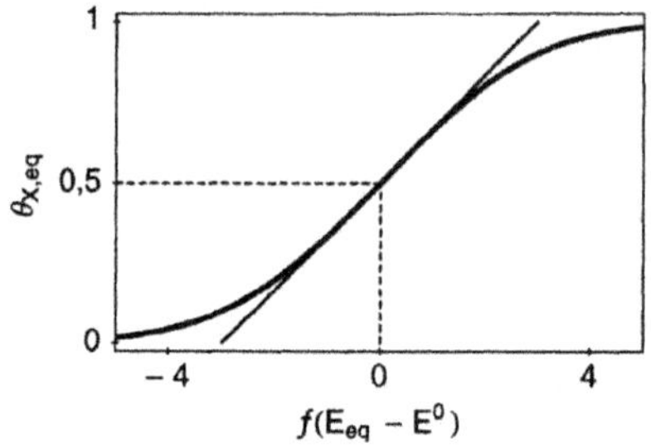

Figure 1 : Isothermes de Frumkin (trait épais) et de Temkin (trait fin) pour une réaction d'électrosorption dans le sens de l'oxydation lorsque g = 2 et $X^* = c°$.

Les isothermes précédentes peuvent également, par analogie, être utilisées pour décrire les conditions d'équilibre d'une réaction d'insertion électrochimique, le taux de recouvrement θ_X étant alors remplacé par le taux d'occupation des sites disponibles dans le composé d'insertion, soit $y_{\langle X \rangle} = \langle X \rangle / \langle X \rangle_{max}$ où $\langle X \rangle_{max}$ est la concentration volumique des sites disponibles.

Question III.2

La réaction d'électrosorption de l'hydrogène s'écrit, en faisant apparaître les sites libres pour l'adsorption et l'adsorbat :

$$H^+ + s + e^- \leftrightarrow H,s$$

Sa vitesse est liée à celle de formation de l'adsorbat et à la densité du courant faradique selon :

$$v(t) = v_H(t) = \Gamma \, d\theta_H(t)/dt = - i_f/F$$

et s'annule à l'état stationnaire puisque $d\theta_H(t)/dt = 0$. Tout état stationnaire est un état d'équilibre pour cette réaction et son comportement cinétique est donc toujours réversible dans les conditions stationnaires.

Question III.3

Écrire la vitesse de la réaction de la Qu. III.2 dans l'hypothèse de l'isotherme de Langmuir ou de celle de Frumkin, c'est utiliser une expression de la vitesse de réaction permettant de retrouver l'isotherme considérée (relation thermodynamique) en faisant $v_{éq} = 0$ à l'équilibre.

Question III.4

La réaction d'électrosorption du proton de la Qu. III.2 étant en état d'équilibre dans les conditions de stationnarité, la loi de variation de θ_H en fonction de la tension de l'électrode est bien l'isotherme d'électrosorption.

Par contre, pour la réaction de formation du dihydrogène selon le mécanisme de Volmer-Heyrovsky, les vitesses des deux étapes s'écrivent de manière formelle $v_1(E, \theta_H)$ et $v_2[E, \theta_H, H_2(0)]$ en faisant apparaître les variables, tension d'électrode et concentrations des espèces électroactives, dans chaque vitesse. Il faut dans ce cas distinguer l'isotherme obtenue pour chaque étape à l'équilibre en résolvant en $\theta_{H,éq}(E_{éq})$ l'équation $v_{1,éq} = v_{2,éq} = 0$ et la loi de variation du taux de recouvrement en fonction de la tension d'électrode, en régime stationnaire hors équilibre, établie en résolvant en $\theta_H(E)$ l'équation $v_1 = v_2 \neq 0$. La relation $\theta_H(E)$ dépend des paramètres cinétiques des étapes de la réaction dans le cas général. Toutefois, dans l'hypothèse de réversibilité cinétique de la première étape de la réaction, la loi de variation $\theta_H(E)$ se confond avec l'isotherme d'électrosorption. Par analogie avec le concept de système Nersnstien, dans les conditions de réversibilité cinétique d'un transfert électronique, on peut parler dans ce cas de système Langmuirien ou Frumkinien selon la nature de l'isotherme considérée. Ces deux termes ne sont pas encore consacrés par l'usage.

Question III.5

L'hypothèse du régime stationnaire appliquée à l'adsorbat :

$$\Gamma\ d\theta_{Br}/dt = v_1 - 2\ v_2 = 0$$

montre que la vitesse de la première étape est le double de celle de la seconde, mais ceci n'influe en aucune manière sur le type de contrôle de la cinétique de la réaction par l'une ou l'autre des étapes du mécanisme, qui dépend des constantes de vitesse des deux étapes.

Question III.6

La réaction d'insertion directe de l'hydrogène dans un métal a déjà été évoquée dans l'Ex. I.5 :

$$H^+ + e^- + \langle\ \rangle \leftrightarrow \langle H\rangle$$

et les relations densité de courant faradique, flux, vitesse de production, désormais classiques, s'écrivent en régime stationnaire :

$$J_{\langle H\rangle}(0) = v_{\langle H\rangle} = v = -\,i_f/F$$

Un état stationnaire hors équilibre est envisageable pour cette réaction lorsque le flux de diffusion de H inséré dans le métal, $J_{\langle H\rangle}(x)$, est constant et non nul. Reconsidérons les trois exemples de systèmes électrochimiques de la Fig. 2 du corrigé du Pb. I.2. Lorsque le métal est considéré comme une phase semi-infinie, la condition $\langle H\rangle(\infty)$ = cte est contradictoire avec $J_{\langle H\rangle}(x)$ = cte $\neq 0$, $\forall$ x. Un état stationnaire hors équilibre est donc impossible dans ce cas (cf. Qu. II.3). Il en est de même lorsque le métal forme une couche mince déposée sur un substrat imperméable à l'hydrogène inséré puisque la condition de diffusion restreinte, $J_{\langle H\rangle}(L) = 0$, entraîne $J_{\langle H\rangle}(x) = 0$, $\forall$ x $\in$ [0, L]. Seule la géométrie de la membrane à perméation (Fig. 2C, corrigé du Pb. I.2) permet l'établissement d'un régime stationnaire hors équilibre (cf. Pb. III.3).

Question III.7

Le concept d'étape cinétiquement déterminante (rate determining step ou rds en anglais) est utilisé classiquement pour l'étude cinétique des réactions multi-étapes mettant en jeu des espèces intermédiaires adsorbées.

Dans un mécanisme multi-étapes, une étape est dite cinétiquement déterminante lorsque, d'une part, le transport de matière ne limite pas la cinétique de réaction et, d'autre part, toutes les autres étapes du mécanisme sont supposées en état de quasi-équilibre, c'est à dire cinétiquement réversibles. On suppose de plus que l'étape cinétiquement déterminante se déroule suffisamment loin de son état d'équilibre pour qu'elle puisse être considérée comme cinétiquement irréversible et l'on fait enfin des hypothèses sur les valeurs des taux de recouvrement des adsorbats mis en jeu dans la réaction d'électrode ($\theta_X \to 0$ ou $\theta_X \to 1$).

L'ensemble de ces hypothèses permet d'établir des expressions simplifiées de la relation i_f vs. E ou i_f vs. η caractéristique de la réaction et menant à des droites dans le plan log $|i_f|$ vs. E ou log $|i_f|$ vs. η. C'est une méthode de détermination des différents types de comportements cinétiques limites d'un mécanisme réactionnel.

2. Corrigés des exercices

Exercice III.1 (Étapes cinétiquement réversibles, irréversibles)

La réaction de réduction du proton selon le mécanisme de Volmer-Heyrovsky s'écrit :

$$H^+ + s + e^- \leftrightarrow H,s \quad (1)$$

$$H^+ + H,s + e^- \leftrightarrow H_2 + s \quad (2)$$

L'équation d'évolution du taux de recouvrement en adsorbat s'écrit en régime stationnaire :

$$\Gamma\ d\theta_H/dt = v_1 - v_2 = 0 \quad (3)$$

et les vitesses des deux étapes sont égales :

$$v_1 = v_2 \quad (4)$$

Il est alors possible d'obtenir les différentes expressions demandées de la densité du courant stationnaire :

$$i_f = -F(v_1 + v_2) \quad (5)$$

$$i_f = -2\ Fv_1 \quad (6)$$

$$i_f = -2\ Fv_2 \quad (7)$$

1. Les vitesses s'écrivent lorsque les deux étapes sont supposées irréversibles dans le sens de la réduction (r) :

$$v_1 = v_{1r} = K_{r1}H^{+*}\Gamma\theta_s \quad (8)$$

$$v_2 = v_{2r} = K_{r2}H^{+*}\Gamma\theta_H \quad (9)$$

L'équation d'évolution du taux de recouvrement en adsorbat se déduit des Éq. (4, 8, 9), en faisant $\theta_s = 1 - \theta_H$:

$$\theta_H = K_{r1}/(K_{r1} + K_{r2}) \quad (10)$$

La relation densité de courant, tension d'électrode s'obtient en faisant $\theta_s = 1 - \theta_H$ et en remplaçant θ_H par l'expression (10) dans l'une quelconque des trois expressions (5-7) :

$$i_f = -2\ F\Gamma H^{+*}K_{r1}K_{r2}/(K_{r1} + K_{r2}) \quad (11)$$

2. Lorsque la première étape est supposée cinétiquement réversible ($v_{1r} \approx v_{1o}$), il vient :

$$K_{r1}H^{+*}\Gamma\theta_s \approx K_{o1}\Gamma\theta_H \quad (12)$$

De (12) il est possible de déduire l'expression suivante d'évolution du taux de recouvrement en adsorbat H avec la tension d'électrode, avec $\theta_s = 1 - \theta_H$:

$$\theta_H = K_{r1}H^{+*}/(K_{o1} + K_{r1}H^{+*}) = 1/\{1 + [K_{o1}/(K_{r1}H^{+*})]\} \quad (13)$$

$$\theta_H = 1/\{1 + [k_{o1}/(k_{r1}H^{+*})] \exp(fE)\} \quad (14)$$

puisque lorsque l'on se place dans le cadre de l'isotherme de Langmuir :

$$K_{o1} = k_{o1} \exp(\alpha_{o1} fE) \; ; \; K_{r1} = k_{r1} \exp(-\alpha_{r1} fE) \; ; \; \alpha_{o1} + \alpha_{r1} = 1 \quad (15)$$

Les expressions (5) et (6) de la densité de courant ne doivent pas être utilisées dans ce cas car elles contiennent v_1 (cf. Pb. I.4), mais il est possible de remplacer θ_H par son expression (14) dans (7). On obtient alors, puisque la seconde étape est supposée irréversible, l'expression de la densité de courant d'après (9) et (14) :

$$i_f = -2\, Fv_2 = -2\, Fv_{2r} = -2\, FK_{r2}H^{+*}\Gamma\theta_H$$

$$i_f = -2\, F\Gamma K_{r2}H^{+*}/\{1 + [k_{o1}/(k_{r1}H^{+*})] \exp(fE)\} \quad (16)$$

Le rapport des paramètres cinétiques k_{o1} et k_{r1} apparaît dans l'expression de la densité du courant. Il n'est pas possible en effet de déterminer séparément les paramètres k_{o1}, k_{r1} et les facteurs de symétrie α_{o1} et α_{r1} de l'étape (1) supposée cinétiquement réversible.

3. Lorsqu'aucune hypothèse cinétique n'est faite sur la vitesse de la première étape et que la seconde est supposée irréversible dans le sens de la réduction, l'équation d'évolution du taux de recouvrement en adsorbat H en fonction de la tension d'électrode se déduit de :

$$v_1 = v_2 = v_{2r} \quad (17)$$

d'où :

$$\theta_H = K_{r1}H^{+*}/[K_{o1} + (K_{r1} + K_{r2})H^{+*}] \quad (18)$$

L'expression de la densité de courant i_f se déduit d'une quelconque des trois relations (5-7) :

$$i_f = -2\, F\Gamma(H^{+*})^2 K_{r1}K_{r2}/[K_{o1} + (K_{r1} + K_{r2})H^{+*}] \quad (19)$$

Exercice III.2 (Densités de courants d'échange)

Pour une réaction redox simple, $O + n\,e \leftrightarrow R$, la densité du courant d'échange est la valeur absolue commune des densités des courants partiels d'oxydation et de réduction à l'équilibre (cf. Rappels II) :

$$i_0 = i_{o,éq} = |\, i_{r,éq} \,|$$

et la relation densité de courant, surtension d'électrode s'écrit en régime stationnaire, lorsque les deux espèces O et R sont dissoutes :

$$i_f = i_0\{[R(0)/R^*] \exp(\alpha_o f\eta) - [O(0)/O^*] \exp(-\alpha_r f\eta)\}$$

Cette définition se généralise au cas des réactions multi-étapes avec espèces intermédiaires adsorbées. Prenons l'exemple de la réaction d'électrosynthèse du dichlore selon le mécanisme de Volmer-Heyrovsky :

$$Cl^- + s \leftrightarrow Cl,s + e^- \qquad (1)$$

$$Cl^- + Cl,s \leftrightarrow Cl_2 + s + e^- \qquad (2)$$

dont les vitesses des étapes s'écrivent dans le cadre des hypothèses de l'isotherme de Langmuir, en supposant pratiquement constante la concentration interfaciale en ion chlorure, soit $Cl^-(0) \approx Cl^{-*}$:

$$v_1 = K_{o1}Cl^{-*}\Gamma\theta_s - K_{r1}\Gamma\theta_{Cl}$$

$$v_2 = K_{o2}Cl^{-*}\Gamma\theta_{Cl} - K_{r2}Cl_2(0)\Gamma\theta_s$$

La densité du courant faradique stationnaire est égale à :

$$i_f = F(v_1 + v_2) = 2\,Fv_1 = 2\,Fv_2$$

puisque $v_1 = v_2$, et, en introduisant les densités des courants d'échange des deux étapes à l'équilibre :

$$i_{01} = FK_{o1,éq}Cl^{-*}\Gamma\theta_{s,éq} = FK_{r1,éq}\Gamma\theta_{Cl,éq}$$

$$i_{02} = FK_{o2,éq}Cl^{-*}\Gamma\theta_{Cl,éq} = FK_{r2,éq}Cl_2^{*}\Gamma\theta_{s,éq}$$

i_f se réécrit de deux manières équivalentes, avec $\eta = E - E_{éq}$:

$$i_f = 2\,i_{01}[(\theta_s/\theta_{s,éq}) \exp(\alpha_{o1}f\eta) - (\theta_{Cl}/\theta_{Cl,éq}) \exp(-\alpha_{r1}f\eta)] \qquad (3)$$

$$i_f = 2\,i_{02}\{(\theta_{Cl}/\theta_{Cl,éq}) \exp(\alpha_{o2}f\eta) - [Cl_2(0)/Cl_2^*](\theta_s/\theta_{s,éq}) \exp(-\alpha_{r2}f\eta)\} \qquad (4)$$

Par contre, i_0 ne prend pas une valeur unique pour une réaction d'électrosorption, par exemple $H^+ + s + e^- \leftrightarrow H,s$, puisque tout état stationnaire est un état d'équilibre pour cette réaction (cf. Qu. III.2) et il y a donc autant de valeurs de $i_0 = FK_{o,éq}\Gamma\theta_{H,éq} = FK_{r,éq}H^{+*}\Gamma\theta_{s,éq}$ que de valeurs de tension d'électrode imposée dans ce cas.

Exercice III.3 (Relation i_f vs. η de type Butler-Volmer)

La relation de Butler-Volmer écrite pour une réaction redox simple $O + n\,e \leftrightarrow R$ est (cf. Rappels II) :

$$i_f = i_0[\exp(\alpha_o nf\eta) - \exp(-\alpha_r nf\eta)] \qquad (1)$$

On se propose d'établir une relation de même type pour la réaction d'oxydation de l'ion chlorure selon le mécanisme de Volmer-Heyrovsky. Pour cela on dispose des deux expressions équivalentes de i_f tirées des

Éq. (3) et (4) de l'exercice précédent.

$$i_f = 2\, i_{01}[(\theta_s/\theta_{s,éq}) \exp(\alpha_{o1} f\eta) - (\theta_{Cl}/\theta_{Cl,éq}) \exp(-\alpha_{r1} f\eta)] \quad (2)$$

$$i_f = 2\, i_{02}\{(\theta_{Cl}/\theta_{Cl,éq}) \exp(\alpha_{o2} f\eta) - [Cl_2(0)/Cl_2^*](\theta_s/\theta_{s,éq}) \exp(-\alpha_{r2} f\eta)\} \quad (3)$$

La première condition nécessaire pour que les Éq. (2) et (3) mènent à une relation de type Butler-Volmer est que $Cl_2(0) \approx Cl_2^*$, c'est-à-dire que le transport de Cl_2 dissous dans la solution électrolytique ne limite pas la cinétique de réaction. D'autre part, une expression de type Butler-Volmer n'est envisageable que lorsque les rapports $\theta_s/\theta_{s,éq}$ et $\theta_{Cl}/\theta_{Cl,éq}$ dans (2) et (3) sont constants, c'est-à-dire θ_s ou θ_{Cl} voisins de zéro ou de un, ou fonctions exponentielles de la surtension. Ceci est vérifié, par exemple, lorsque d'une part la première étape du mécanisme est supposée cinétiquement réversible et que l'on tire de (2) en posant $\chi = \theta_{Cl,éq}/(1 - \theta_{Cl,éq})$ pour simplifier les notations :

$$\theta_{Cl}/(1 - \theta_{Cl}) = \chi \exp(f\eta) \quad (4)$$

et d'autre part le taux de recouvrement de la surface de l'électrode par l'adsorbat est négligeable, $\theta_{Cl} << 1$ et donc $\theta_s \approx 1$, puisque dans ce cas $\theta_{Cl} \approx \chi \exp(f\eta)$ d'après (4) et l'on tire de (3) :

$$i_f = 2\,(i_{02}/\theta_{s,éq})\{\exp[(1 + \alpha_{o2})f\eta] - \exp(-\alpha_{r2} f\eta)\} \quad (5)$$

qui, en posant $i_0 = 2\, i_{02}/\theta_{s,éq}$, $\alpha = 1 + \alpha_{o2}$ et $\beta = \alpha_{r2}$, mène à :

$$i_f = i_0[\exp(\alpha f\eta) - \exp(-\beta f\eta)] \quad (6)$$

qui a bien la même forme que l'équation de Butler-Volmer (1) mais où $\alpha + \beta = 2$ contrairement à (1) où $\alpha_o + \alpha_r = 1$. α et β sont appelés coefficients de transfert afin de les distinguer des facteurs de symétrie α_{o1}, α_{r1}, α_{o2} et α_{r2} des deux étapes du mécanisme. À l'inverse, si $\theta_{Cl} \approx 1$, les autres hypothèses étant maintenues, on a $\theta_s \approx \exp(-f\eta)/\chi$ d'après (4) et, en utilisant (3), on retrouve (6) où $i_0 = 2\, i_{02}/\theta_{Cl,éq}$, $\alpha = \alpha_{o2}$ et $\beta = 1 + \alpha_{r2}$.

L'hypothèse de réversibilité cinétique de la seconde étape de la réaction, toujours en supposant $Cl_2(0) \approx Cl_2^*$ et $\theta_s \approx 1$ ou $\theta_{Cl} \approx 1$, mène également à deux autres relations de type (6) où i_0, α et β ont toutefois des expressions différentes des précédentes. Au total quatre relations limites de type Butler-Volmer sont donc prévisibles pour le mécanisme de Volmer-Heyrovsky lorsque $Cl_2(0) \approx Cl_2^*$, selon les valeurs des paramètres du modèle cinétique et le domaine de tension d'électrode considéré.

Exercice III.4 (Étape cinétiquement déterminante, rds)

Pour le mécanisme de Volmer-Heyrovsky de l'Ex. III.2, les vitesses s'écrivent en régime stationnaire, dans le cadre de l'isotherme de Langmuir, en utilisant les densités des courants d'échange de l'exercice précédent et en faisant $Cl^-(0) \approx Cl^{-*}$:

$$v_1 = (i_{01}/F)[(\theta_s/\theta_{s,éq}) \exp(\alpha_{o1} f\eta) - (\theta_{Cl}/\theta_{Cl,éq}) \exp(-\alpha_{r1} f\eta)] \quad (1)$$

$$v_2 = (i_{02}/F)\{(\theta_{Cl}/\theta_{Cl,éq}) \exp(\alpha_{o2} f\eta) - [Cl_2(0)/Cl_2^*](\theta_s/\theta_{s,éq}) \exp(-\alpha_{r2} f\eta)\} \quad (2)$$

La densité du courant faradique est égale à :

$$i_f = F(v_1 + v_2) = 2\,Fv_1 = 2\,Fv_2 \quad (3)$$

puisque $v_1 = v_2$ en régime stationnaire. Pour une étude sur EDT, on a de plus, en utilisant les résultats de la théorie de Levich :

$$J_{Cl_2}(0) = -\,m_{Cl_2}[Cl_2^* - Cl_2(0)] = v_2 \; ; \; m_{Cl_2} = D_{Cl_2}/\delta_{Cl_2} \quad (4)$$

et donc d'après (3) et (4) :

$$i_f = -\,2\,Fm_{Cl_2}[Cl_2^* - Cl_2(0)] \quad (5)$$

à condition que $Cl_2(0) \le Cl_{2,sat}$, concentration de saturation en dichlore dissous dans la solution. Les équations (1-5), moyennant des hypothèses sur les cinétiques des étapes de la réaction (réversibilité ou irréversibilité cinétique), la valeur du taux de recouvrement ($\theta_{Cl} \to 0$ ou $\theta_{Cl} \to 1$) et celle de la concentration interfaciale en dichlore dissous ($Cl_2(0) \approx Cl_2^*$ ou $Cl_2(0) \to 0$), permettent d'établir la liste des comportements cinétiques limites du mécanisme étudié.

1. Le concept d'étape cinétiquement déterminante suppose à priori que $Cl_2(0) \approx Cl_2^*$ (pas de limitation cinétique par le transport de matière), que l'étape déterminante a un comportement irréversible et l'autre étape un comportement cinétique réversible. Les huit cas limites envisageables pour la relation i_f vs. η du mécanisme de Volmer-Heyrovsky sont indiqués dans le Tab. I ainsi que l'inverse de la pente du graphe $\log |i_f|$ vs. η calculée à 25 °C. Ces huit cas limites correspondent aux quatre relations de type Butler-Volmer obtenues dans l'exercice précédent.

Lorsque l'on tient compte, par contre, de la variation de concentration interfaciale en dichlore dissous, deux autres expressions simplifiées de i_f mènent à des droites dans le plan $\log |i_f|$ vs. η. C'est le cas de la densité du courant limite cathodique de réduction de Cl_2 (asymptote horizontale) obtenue directement en faisant $Cl_2(0) = 0$ dans l'Éq. (5), indépendamment de toute hypothèse sur la réversibilité ou l'irréversibilité cinétique des étapes de la réaction :

$$i_{dCl2} = -2\,Fm_{Cl2}Cl_2^* \qquad (6)$$

La dernière expression limite est obtenue dans la question suivante.

Tableau I : Expressions limites de la relation i_f vs. η pour le mécanisme de Volmer-Heyrovsky de formation de Cl_2, lorsque $Cl^-(0) \approx Cl^{-*}$ et $Cl_2(0) \approx Cl_2^*$, établies en utilisant le concept d'étape cinétiquement déterminante. Les pentes ([1]) $d\eta/d\log|i_f|$ sont données à 25 °C. Notations : réversible (rév.), irréversible (irrév.), oxydation (oxyd.) et réduction (réd.). ln 10/f ≈ 60 mV à 25 °C.

Conditions cinétiques	θ_{Cl}	Expressions limites i_f vs. η	$d\eta/d\log\|i_f\|$ mV
(1) rév., (2) irrév. oxyd.	0	$2(i_{02}/\theta_{s,éq})\exp[(1+\alpha_{o2})f\eta]$	$60/(1+\alpha_{o2})$
	1	$2(i_{02}/\theta_{Cl,éq})\exp(\alpha_{o2}f\eta)$	$60/\alpha_{o2}$
(1) irrév. oxyd., (2) rév.	0	$2(i_{01}/\theta_{s,éq})\exp(\alpha_{o1}f\eta)$	$60/\alpha_{o1}$
	1	$2(i_{01}/\theta_{Cl,éq})\exp[(1+\alpha_{o1})f\eta]$	$60/(1+\alpha_{o1})$
(1) rév., (2) irrév. réd.	0	$-2(i_{02}/\theta_{s,éq})\exp(-\alpha_{r2}f\eta)$	$-60/\alpha_{r2}$
	1	$-2(i_{02}/\theta_{Cl,éq})\exp[-(1+\alpha_{r2})f\eta]$	$-60/(1+\alpha_{r2})$
(1) irrév. réd., (2) rév.	0	$-2(i_{01}/\theta_{s,éq})\exp[-(1+\alpha_{r1})f\eta]$	$-60/(1+\alpha_{r1})$
	1	$-2(i_{01}/\theta_{Cl,éq})\exp(-\alpha_{r1}f\eta)$	$-60/\alpha_{r1}$

2. Les hypothèses de réversibilité cinétique des deux étapes du mécanisme ou d'irréversibilité simultanée de ces étapes ne sont pas prises en compte lorsque l'on utilise le concept d'étape cinétiquement déterminante.

Lorsque les deux étapes sont cinétiquement réversibles, le transport de matière est le processus limitant la cinétique de réaction. De (1, 2, 5) on tire, en faisant $v_{1o} \approx v_{1r}$ et $v_{2o} \approx v_{2r}$, et en supposant que la saturation de la solution en dichlore dissous n'est pas atteinte dans le sens de l'oxydation :

$$Cl_2(0) = Cl_2^* \exp(2f\eta) \qquad (7)$$

$$i_f = i_{dCl2}[1 - \exp(2f\eta)] \qquad (8)$$

qui, pour $Cl_2(0) >> Cl_2^*$, fournit la dernière expression limite cherchée :

1. Les pentes $d\eta/d\log|i_f|$ sont données plutôt que leurs inverses en raison de l'ancienne utilisation de la représentation η vs. $\log|i_f|$.

$$i_f = -\,i_{dCl2} \exp(2f\eta) \qquad (9)$$

utilisée dans le Pb. III.1, dont le graphe dans le plan log | i_f | vs. η est une pseudo-droite de Tafel, car fonction de l'agitation de la solution par l'intermédiaire de i_{dCl2}. La pente $d\eta$/dlog | i_f | est alors égale à ln $10/(2f)$ soit à peu près 30 mV par unité logarithmique (décade de densité du courant) à 25 °C.

À l'inverse, l'hypothèse de l'irréversibilité cinétique des deux étapes du mécanisme, en faisant $\theta_{Cl} \approx 0$ ou $\theta_{Cl} \approx 1$ mène aux expressions simplifiées du Tab. II.

Tableau II : Expressions limites de la relation i_f vs. η pour le mécanisme de Volmer-Heyrovsky de formation de Cl_2, lorsque $Cl^-(0) \approx Cl^{-*}$ et $Cl_2(0) \approx Cl_2^*$, établies dans l'hypothèse de l'irréversibilité cinétique des deux étapes de la réaction dans le sens de l'oxydation ou de la réduction. Les pentes $d\eta$/dlog | i_f | sont données à 25 °C avec ln $10/f \approx 60$ mV. Autres notations comme Tab. I.

Conditions cinétiques	θ_{Cl}	Expressions limites i_f vs. η	$d\eta$/dlog | i_f | (mV)
(1) et (2) irrév. oxyd.	0	$2(i_{01}/\theta_{s,éq}) \exp(\alpha_{o1} f\eta)$	$60/\alpha_{o1}$
	1	$2(i_{02}/\theta_{Cl,éq}) \exp(\alpha_{o2} f\eta)$	$60/\alpha_{o2}$
(1) et (2) irrév. réd.	0	$-2(i_{02}/\theta_{s,éq}) \exp(-\alpha_{r2} f\eta)$	$-60/\alpha_{r2}$
	1	$-2(i_{01}/\theta_{Cl,éq}) \exp(-\alpha_{r1} f\eta)$	$-60/\alpha_{r1}$

Les données du Tab. II recoupent en partie celles du Tab. I. Ainsi, dans l'hypothèse de l'irréversibilité dans le sens de l'oxydation pour l'étape (1) et de la réversibilité cinétique de l'étape (2), la condition $\theta_{Cl} \to 0$ mène (Tab. I) à l'expression limite $i_f = 2\,(i_{01}/\theta_{s,éq}) \exp(\alpha_{o1} f\eta)$. Par contre, la réciproque n'est pas vraie, puisque cette expression peut également être tirée du Tab. II dans l'hypothèse de l'irréversibilité simultanée des deux étapes du mécanisme dans le sens de l'oxydation.

Remarque 1 : Seuls les dix comportements limites produisant des droites dans le plan log | i_f | vs. η ont été établis ci-dessus. Des régimes mixtes sont bien sûr possibles.

Remarque 2 : Après avoir établi la liste de tous les comportements limites envisageables, l'important est de prévoir les séquences possibles de comportements limites le long de la courbe stationnaire log | i_f | vs. η. La construction de diagrammes de zones cinétiques est l'outil adapté à la résolution de ce problème.

Remarque 3 : Lorsque l'on étudie expérimentalement une réaction de type Volmer-Heyrovsky, il est possible de se trouver dans des conditions où aucune expression simplifiée de la relation i_f vs. η n'est valide. Une droite ou pseudo-droite de Tafel n'est pas obligatoirement observée dans le plan $\log |i_f|$ vs. η.

Exercice III.5 (Saturation interfaciale en dichlore)

Les trois premières équations de l'Ex. III.4 restent valides lorsque la saturation de la solution en dichlore est atteinte à l'interface ($Cl_2(0) = Cl_{2,sat}$), pourvu que le dégagement gazeux ne masque pas une partie de l'électrode, soit :

$$v_1 = (i_{01}/F)[(\theta_s/\theta_{s,éq}) \exp(\alpha_{o1} f\eta) - (\theta_{Cl}/\theta_{Cl,éq}) \exp(-\alpha_{r1} f\eta)]$$

$$v_2 = (i_{02}/F)\{(\theta_{Cl}/\theta_{Cl,éq}) \exp(\alpha_{o2} f\eta) - [Cl_{2,sat}/Cl_2^*](\theta_s/\theta_{s,éq}) \exp(-\alpha_{r2} f\eta)\}$$

$$i_f = F(v_1 + v_2) = 2\,Fv_1 = 2\,Fv_2$$

Par contre la relation flux, vitesse de production de Cl_2 à l'interface électrode | solution ne doit plus être utilisée puisqu'une partie de Cl_2 formé s'échappe sous forme de gaz (cf. Qu. I.21). Les Éq. (4) et (5) de l'Ex. III.4 ne sont donc plus valides.

Exercice III.6 (Multivocité de l'isotherme d'électrosorption)

L'isotherme de Frumkin se réécrit pour l'électrosorption de l'espèce A, avec $\theta_A° = 1/2$ et $A^{-*} = c°$:

$$[\theta_A/(1 - \theta_A)] \exp [g(\theta_A - \theta_A°)] = \exp \xi \ ; \ \xi = f(E - E°)$$

Il est possible d'exprimer ξ en fonction de θ_A :

$$\xi = \ln [\theta_A/(1 - \theta_A)] + g(\theta_A - \theta_A°)$$

ce qui permet le tracé des graphes de la Fig. 1 où la représentation θ_A vs. ξ est conservée. La dérivée de ξ qui a pour expression :

$$d\xi/d\theta_A = g + 1/[\theta_A(1 - \theta_A)]$$

s'annule pour les valeurs de θ_A vérifiant :

$$g\theta_A^2 - g\theta_A - 1 = 0$$

Lorsque $g(g + 4) > 0$, c'est-à-dire $g > 0$ ou $g < -4$, cette équation possède deux racines réelles :

$$\theta_A = (1/2)\{1 \pm [(4 + g)/g]^{1/2}\}$$

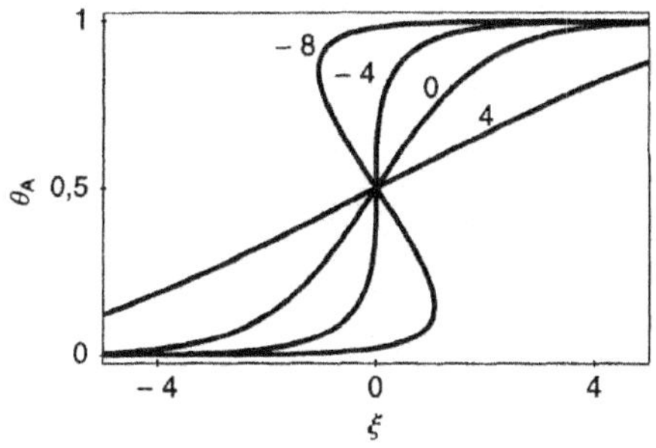

Figure 1 : Isotherme de Frumkin calculée pour les valeurs de g indiquées sur la figure lorsque X* = c°.

Pour g > 0 une racine est négative, l'autre supérieure à un, et les deux racines n'ont pas de sens physique puisque θ_A est compris entre zéro et un. Aucune valeur de $\theta_A \in [0, 1]$ ne permet d'annuler $d\xi/d\theta_A$ et l'isotherme θ_A vs. ξ de la Fig. 1 est univoque, c'est-à-dire qu'à une valeur de tension d'électrode correspond une seule valeur du taux de recouvrement.

Pour $g < -4$, les deux racines sont comprises entre zéro et un, il existe donc deux valeurs de θ_A et de ξ telles que la dérivée $d\xi/d\theta_A$ s'annule et la courbe θ_A vs. ξ possède une tangente verticale pour :

$$\xi = \ln\left(-\frac{1 \pm \sqrt{(4+g)/g}}{-1 \pm \sqrt{(4+g)/g}}\right) \pm (1/2)\sqrt{(4+g)/g}$$

Entre les deux valeurs de tension d'électrode pour lesquelles les tangentes sont verticales, l'isotherme est multivoque (Fig. 1), c'est-à-dire qu'existent trois points possibles de fonctionnement, deux stables et un troisième instable ([2]).

Lorsque l'on décrit la courbe θ_A vs. ξ par valeurs croissantes puis décroissantes de la tension d'électrode, on observe une hystérésis avec des variations brusques du taux de recouvrement aux points de tangence verticale de la courbe (Fig. 2).

2. Un point de fonctionnement est stable quand on tend à y revenir après une perturbation, instable quand on tend à s'en éloigner davantage.

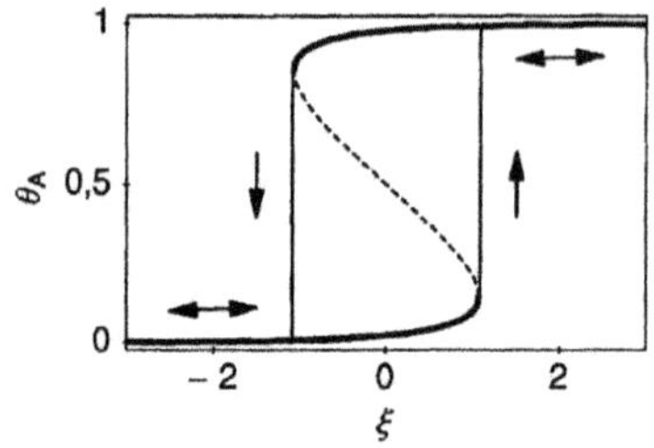

Figure 2 : Isotherme de Frumkin calculée pour g = − 8 et cycle d'hystérésis. X* = c°. Traits continus, points de fonctionnement stables, traits pointillés : points de fonctionnement instables.

Ce comportement est caractéristique de la présence d'une bifurcation statique de type nœud-col.

Exercice III.7 (Cinétique et isotherme de Frumkin)

La forme la plus générale possible de la vitesse d'électrosorption du proton compatible avec l'isotherme de Frumkin a été établie dans le corrigé du Pb. I.3. Le même raisonnement est valide pour la première étape (étape de Volmer) du mécanisme de formation du dibrome :

$$Br^- + s \leftrightarrow Br{,}s + e^-$$

Dans le cas d'interactions répulsives entre adsorbats (g > 0), la constante de vitesse d'adsorption diminue et celle de désorption augmente avec le taux de recouvrement de la surface de l'électrode par l'adsorbat. Pour des interactions attractives (g < 0), c'est l'inverse qui se passe. Si l'on suppose de plus que les paramètres cinétiques et les facteurs de symétrie de transfert électronique sont indépendants de la tension d'électrode, hypothèse communément admise, on peut écrire :

$$v_1 = k_{o1}Br^{-*}\Gamma\theta_s \exp[\alpha_{o1}(fE - g\theta_{Br})] - k_{r1}\Gamma\theta_{Br} \exp[-\alpha_{r1}(fE - g\theta_{Br})]$$

et de même pour la seconde étape électrochimique (étape d'Heyrovsky) où la désorption se déroule cette fois dans le sens de l'oxydation :

$$Br^- + Br{,}s \leftrightarrow Br_2 + s + e^-$$

on peut écrire :

$$v_2 = k_{o2}Br^{-*}\Gamma\theta_{Br} \exp[\alpha_{o2}(fE+g\theta_{Br})] - k_{r2}Br_2(0)\Gamma\theta_s \exp[-\alpha_{r2}(fE+g\theta_{Br})]$$

Si l'on envisage comme autre étape celle de désorption chimique (étape de Tafel) :

$$2\ Br,s \leftrightarrow Br_2 + 2\ s$$

on a :

$$v_3 = k_{d3}(\Gamma\theta_{Br})^2 \exp(2\,\alpha_{d3}g\theta_{Br}) - k_{g3}Br_2(0)(\Gamma\theta_s)^2 \exp(-2\,\alpha_{g3}g\theta_{Br})$$

où α_{d3} et α_{g3} sont des facteurs de symétrie tels que $\alpha_{d3} + \alpha_{g3} = 1$.

Les trois relations précédentes écrites en utilisant les paramètres cinétiques des étapes peuvent l'être également en utilisant leurs vitesses d'échange à l'équilibre, v_{0j} pour $j = 1, 2, 3$ (cf. Ex. III.2 pour l'isotherme de Langmuir), et en posant $\eta = E - E_{éq}$, selon :

$$v_1 = v_{01}\Big((\theta_s/\theta_{s,éq}) \exp\{\alpha_{o1}[f\eta - g(\theta_{Br} - \theta_{Br,éq})]\}$$
$$- (\theta_{Br}/\theta_{Br,éq}) \exp\{-\alpha_{r1}[f\eta - g(\theta_{Br} - \theta_{Br,éq})]\}\Big)$$

$$v_2 = v_{02}\Big((\theta_{Br}/\theta_{Br,éq}) \exp\{\alpha_{o2}[f\eta + g(\theta_{Br} - \theta_{Br,éq})]\}$$
$$- [Br_2(0)/Br_2{}^*](\theta_s/\theta_{s,éq}) \exp\{-\alpha_{r2}[f\eta + g(\theta_{Br} - \theta_{Br,éq})]\}\Big)$$

$$v_3 = v_{03}\{(\theta_{Br}/\theta_{Br,éq})^2 \exp[2\,\alpha_{d3}g(\theta_{Br} - \theta_{Br,éq})]$$
$$- [Br_2(0)/Br_2{}^*](\theta_s/\theta_{s,éq})^2 \exp[-2\,\alpha_{g3}g(\theta_{Br} - \theta_{Br,éq})]\}$$

puis en utilisant les densités des courants d'échange pour les étapes électrochimiques :

$$i_{0j} = Fv_{0j}\ ;\ j = 1, 2$$

Exercice III.8 (Droites de Tafel et isotherme de Frumkin)

La seconde étape du mécanisme de Volmer-Heyrovsky est l'étape cinétiquement déterminante. Elle est considérée comme irréversible dans le sens de la formation du dichlore, la première étape quant à elle étant en état de quasi-équilibre (condition de réversibilité cinétique) (cf. Qu. III.7).

La réversibilité cinétique de l'étape de Volmer :

$$Cl^- + s \leftrightarrow Cl,s + e^-$$

implique que l'isotherme d'électrosorption est vérifiée, même hors des conditions d'équilibre de la réaction. Dans l'hypothèse de l'isotherme de Frumkin (cf. Ex. III.6), et en supposant que la concentration interfaciale en ion chlorure s'écarte peu de sa valeur du sein de la solution, $Cl^-(0) \approx Cl^{-*}$, on a :

$$\theta_{Cl}/(1 - \theta_{Cl}) \exp[g(\theta_{Cl} - \theta_{Cl}{}^\circ)] = (Cl^{-*}/c^\circ) \exp\xi\ ;\ \xi = f(E - E^\circ) \quad (1)$$

où le potentiel standard E° correspond à $\theta_{Cl}° = 1/2$ et $Cl^{-*} = c°$. En prenant $Cl^{-*} = c° = 1$ mol L^{-1} pour simplifier, le potentiel adimensionnalisé ξ s'écrit d'après (1) :

$$\xi = g(\theta_{Cl} - \theta_{Cl}°) + \ln [\theta_{Cl}/(1 - \theta_{Cl})] \qquad (2)$$

Les conditions de réversibilité cinétique de l'étape de Volmer et d'irréversibilité cinétique de l'étape d'Heyrovsky dans le sens de l'oxydation :

$$Cl^- + Cl{,}s \rightarrow Cl_2 + s + e^-$$

permettent par ailleurs de simplifier l'expression de la densité du courant faradique selon :

$$i_f = 2\,Fv_2 = 2\,Fv_{2o} = 2\,F\Gamma Cl^{-*}k_{o2}\theta_{Cl} \exp [\alpha_{o2}(fE + g\theta_{Cl})] \qquad (3)$$

En faisant $E = E° + \xi/f$ dans l'Éq. (3), en posant $\alpha_{o2} = 1/2$, en utilisant l'Éq. (2) et en adimensionnalisant i_f par division par tous les termes constants, on obtient finalement :

$$\psi = [\theta_{Cl}^{3/2}/(1 - \theta_{Cl})^{1/2}] \exp [g(\theta_{Cl} - \theta_{Cl}°)] \qquad (4)$$

Les Éq. (2) et (4) sont une représentation paramétrique de la courbe stationnaire densité de courant, tension d'électrode en utilisant les notations adimensionnelles, θ_{Cl} variant de zéro à un. Cette fonction est représentée, dans le plan log ψ vs. ξ, sur la Fig. 1, pour les valeurs g = – 2, 0 et 2 du facteur d'interaction de Frumkin.

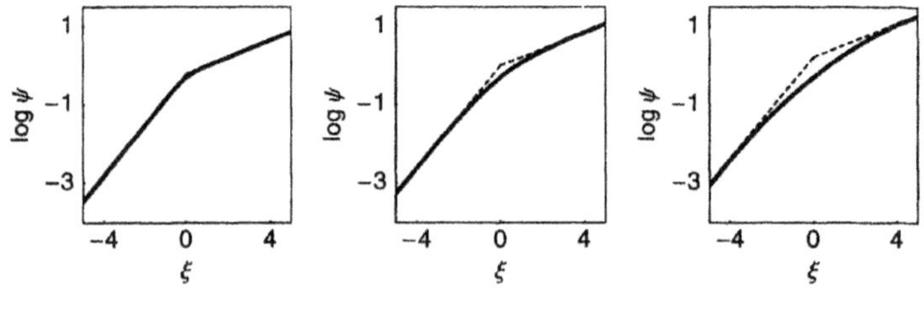

Figure 1 : Courbes log ψ vs. ξ pour différentes valeurs de g (traits continus) et droites de Tafel (traits pointillés). De gauche à droite g = – 2, 0, 2.

Les asymptotes des graphes (droites de Tafel) de la Fig. 1 correspondent aux expressions limites que l'on peut tirer des Éq. (2) et (4) respectivement pour θ_{Cl} qui tend vers zéro ou un :

$$\theta_{Cl} \rightarrow 0 \Rightarrow \psi = \exp (3\xi/2 + g/4) \qquad (5)$$

$$\theta_{Cl} \to 1 \Rightarrow \psi = \exp(\xi/2 + g/4) \qquad (6)$$

La valeur g = 0, indiquant l'absence d'interaction entre espèces adsorbées, correspond à l'isotherme de Langmuir. Les domaines d'observation des deux droites de Tafel sont d'autant plus réduits que la valeur de g est grande, c'est-à-dire que les interactions sont répulsives. À l'inverse, pour les valeurs de g comprises entre – 4 et 0, l'on passe dans un intervalle réduit de tension d'électrode d'un comportement de type Tafel à l'autre. D'autres comportements, non présentés ici, sont enfin prévisibles lorsque $g < -4$: multivocité de la courbe ψ vs. ξ, commutations et bifurcations statiques.

Exercice III.9 (Réduction de l'acide oxalique)

Le mécanisme supposé de réduction de l'acide oxalique, noté R, comporte deux étapes à l'interface électrode | solution électrolytique :

$$R + H^+ + s + e^- \leftrightarrow RH,s \qquad (1)$$

$$RH,s + e^- \leftrightarrow RH^- + s \qquad (2)$$

suivies de la protonation de RH^- dans la solution :

$$RH^- + H^+ \leftrightarrow RH_2 \qquad (3)$$

La condition d'irréversibilité cinétique des étapes (1) et (2) fait que l'étape (3) n'a aucune influence sur la cinétique de la réaction interfaciale.

1. L'équation d'évolution du taux de recouvrement de l'adsorbat RH,s s'écrit en régime stationnaire :

$$\Gamma \, d\theta_{RH}/dt = v_1 - v_2 = 0$$

et les deux vitesses sont égales. La densité du courant faradique est égale à :

$$i_f = Fv_{e-} = -F(v_1 + v_2) = -2\,Fv_1 = -2\,Fv_2$$

avec, puisque les deux étapes sont irréversibles dans le sens de la réduction, $v_1 = v_{1r}$, $v_2 = v_{2r}$, et :

$$i_f = -2\,Fv_{1r} = -2\,Fv_{2r}$$

Dans le cadre de l'hypothèse de l'isotherme de Langmuir, les vitesses des étapes s'écrivent, en utilisant $\theta_s + \theta_{RH} = 1$, dans les conditions d'irréversibilité cinétique :

$$v_{1r} = K_{r1}R^*H^{+*}\Gamma(1 - \theta_{RH})\,;\; K_{r1} = k_{r1}\exp(-\alpha_{r1}fE)$$

$$v_{2r} = K_{r2}\Gamma\theta_{RH} \ ; \ K_{r2} = k_{r2} \exp(-\alpha_{r2}fE)$$

puisque l'on néglige les appauvrissements interfaciaux des espèces R et H^+ et que l'on pose donc $R(0) \approx R^*$ et $H^+(0) \approx H^{+*}$. La condition de stationnarité du taux de recouvrement de l'adsorbat, $v_{1r} = v_{2r}$, entraîne :

$$K_{r1}R^*H^{+*}\Gamma(1 - \theta_{RH}) = K_{r2}\Gamma\theta_{RH}$$

d'où :

$$\theta_{RH} = K_{r1}R^*H^{+*}/(K_{r1}R^*H^{+*} + K_{r2})$$

et :

$$i_f = -2\,F\Gamma K_{r1}K_{r2}R^*H^{+*}/(K_{r1}R^*H^{+*} + K_{r2})$$

L'inverse de i_f est la somme des inverses de deux densités de courants limites :

$$1/i_f = 1/i_{f1} + 1/i_{f2}$$

avec :

$$i_{f1} = -2\,F\Gamma K_{r1}R^*H^{+*}$$

$$i_{f2} = -2\,F\Gamma K_{r2}$$

et l'on montre que i_{f1} est obtenu lorsque θ_{RH} tend vers zéro, c'est-à-dire $K_{r1}R^*H^{+*} << K_{r2}$, alors que i_{f2} correspond à θ_{RH} qui tend vers un et $K_{r1}R^*H^{+*} >> K_{r2}$.

Dans la représentation semi-logarithmique, $\log|i_f|$ vs. E, on prévoit l'observation possible de deux droites de Tafel, d'équations respectives :

$$\theta_{RH} \approx 0 \Leftrightarrow \log|i_f| \approx \log|i_{f1}| = \log(2\,F\Gamma k_{r1}R^*H^{+*}) - \alpha_{r1}fE/\ln 10$$

$$\theta_{RH} \approx 1 \Leftrightarrow \log|i_f| \approx \log|i_{f2}| = \log(2\,F\Gamma k_{r2}) - \alpha_{r2}fE/\ln 10$$

La première droite se translate avec le pH de la solution, la seconde est indépendante du pH, ce qui permet de discriminer les deux comportements limites envisageables.

2. L'étude expérimentale de la réaction précédente sur une EDT de plomb, par tracé de courbes stationnaires densité de courant, tension d'électrode, montre dans le plan $\log|i_f|$ vs. E des droites de pentes identiques qui se translatent avec le pH. Ce comportement est prévisible si l'on suppose que $\theta_{RH} \approx 0$ en plus de l'irréversibilité cinétique des deux étapes du mécanisme de la réaction interfaciale. La pente de la droite de la Fig. 1 de l'énoncé,

$- \alpha_{r1} f/\ln 10$, et la valeur de la densité de courant relevée à une valeur de tension d'électrode quelconque permettent de déterminer le facteur de symétrie de la première étape, α_{r1}, et son paramètre cinétique, k_{r1}, en utilisant $R^* = 10^{-4}$ mol cm^{-3}, $H^{+*} = 10^{-4}$ mol cm^{-3} et $\Gamma = 10^{-9}$ mol cm^{-2}, la température étant fixée à 20 °C, selon :

$$\alpha_{r1} = 0{,}18 \; ; \; k_{r1} = 1{,}5\ 10^{6} \text{ mol}^{-2} \text{ cm}^{6} \text{ s}^{-1}$$

La valeur de k_{r1} est relative à l'électrode de référence choisie, ici l'ENH.

3. Corrigés des problèmes

Problème III.1 (Formation du dichlore)

1. L'équation bilan de la réaction s'écrit en régime stationnaire, à un facteur multiplicatif près :

$$2\, Cl^- = Cl_2 + 2\, e^- \tag{1}$$

2. Les vitesses de production ou de consommation du dichlore, des sites libres et de l'adsorbat s'écrivent en fonction des vitesses des étapes, v_1 et v_2, selon :

$$v_{Cl2} = v_2 \tag{2}$$

$$v_s = - v_1 + v_2 \tag{3}$$

$$v_{Cl} = v_1 - v_2 \tag{4}$$

Le flux interfacial de transport du dichlore dissous est égal à la vitesse de production de cette espèce (cf. Qu. I.20 et I.21) :

$$J_{Cl2}(0) = v_{Cl2} = v_2 \tag{5}$$

et la densité du courant faradique s'exprime en fonction des vitesses des étapes selon :

$$i_f = F(v_1 + v_2) \tag{6}$$

3. L'équation d'évolution du taux de recouvrement en adsorbat s'écrit en régime stationnaire :

$$\Gamma\, d\theta_{Cl}/dt = v_{Cl} = v_1 - v_2 = 0 \tag{7}$$

et les vitesses des deux étapes sont égales :

$$v_1 = v_2 \tag{8}$$

La densité du courant faradique est liée au flux interfacial de diffusion du dichlore selon (5-8) :

$$i_f = 2\,FJ_{Cl2}(0) \quad (9)$$

et l'expression du flux tirée du modèle de diffusion-convection de Nernst (cf. Rappels II) est :

$$J_{Cl2}(0) = -\,m_{Cl2}[Cl_2^* - Cl_2(0)] \quad (10)$$

avec $m_{Cl2} = D_{Cl2}/\delta$, où D_{Cl2} est le coefficient de diffusion du dichlore dissous et δ l'épaisseur de la couche limite de diffusion. On tire des Éq. (9) et (10) l'expression de la densité du courant en fonction de la concentration interfaciale en dichlore :

$$i_f = -\,2\,Fm_{Cl2}[Cl_2^* - Cl_2(0)] \quad (11)$$

4. Les profils stationnaires de concentration du dichlore dissous dans la solution, correspondant aux zones I, II et III de la courbe de polarisation, sont présentés sur la figure suivante :

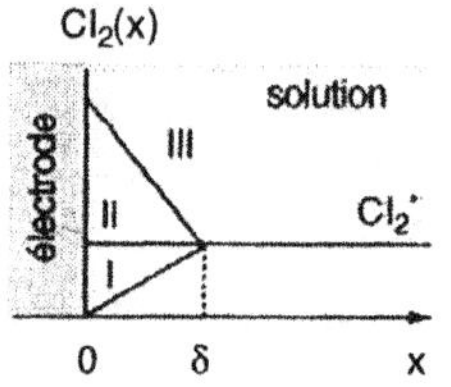

Figure 1 : Exemples de profils de concentration en dichlore dissous (modèle de diffusion-convection de Nernst) prévisibles pour les zones I, II et III de la courbe log | i_f | vs. E de l'énoncé.

On remarque sur la Fig. 1 de l'énoncé que la valeur absolue du courant est beaucoup plus grande dans la zone III que dans la zone I de la courbe de polarisation. Le flux interfacial en dichlore dissous est donc beaucoup plus grand, en valeur absolue, en zone III que dans la zone I, d'où les pentes respectives représentées sur la Fig. 1 ci-dessus.

5. Les vitesses v_1 et v_2 s'écrivent en fonction des constantes de vitesse des deux étapes, des concentrations interfaciales des espèces électroactives et des taux de recouvrement, en faisant l'hypothèse de l'isotherme de Langmuir, selon :

$$v_1 = v_{1o} - v_{1r} = K_{o1}Cl^{-*}\Gamma\theta_s - K_{r1}\Gamma\theta_{Cl} \quad (12)$$

$$v_2 = v_{2o} - v_{2r} = K_{o2}Cl^{-*}\Gamma\theta_{Cl} - K_{r2}Cl_2(0)\Gamma\theta_s \qquad (13)$$

6. La tension d'équilibre, $E_{éq}$, s'exprime en fonction des concentrations Cl_2^* et Cl^{-*}, en faisant $v_{1,éq} = v_{2,éq} = 0$ dans (12) et (13) :

$$E_{éq} = E^{\circ\prime}{}_{Cl2/Cl-} + (2f)^{-1} \ln [(Cl_2^*/c^\circ)/(Cl^{-*}/c^\circ)^2] \qquad (14)$$

où les coefficients d'activité sont pris unitaires, c° est la concentration standard et le potentiel thermodynamique standard du système Cl_2/Cl^- s'exprime en fonction des paramètres cinétiques des deux étapes selon :

$$E^{\circ\prime}{}_{Cl2/Cl-} = (2f)^{-1} \ln [k_{r1}k_{r2}/(k_{o1}k_{o2}c^\circ)] \qquad (15)$$

Remarque : Le potentiel standard $E^{\circ\prime}{}_{Cl2/Cl-}$ défini pour Cl_2 dissous (1,39 V/ENH à 25 °C) diffère de $E^\circ{}_{Cl2/Cl-}$ potentiel standard traditionnel (1,36 V/ENH à 25 °C) obtenu en considérant Cl_2 gaz ; on passerait de l'un à l'autre en utilisant la loi de Henry.

7. En écrivant $v_{jo} \approx v_{jr}$ pour j = 1, 2 dans (12) et (13), hypothèse de réversibilité cinétique des deux étapes, on obtient l'expression de la concentration interfaciale du dichlore dissous en fonction des paramètres cinétiques des deux étapes et de Cl^{-*} :

$$Cl_2(0) = K_{o1}K_{o2}(Cl^{-*})^2/(K_{r1}K_{r2}) = [k_{o1}k_{o2}(Cl^{-*})^2/(k_{r1}k_{r2})] \exp (2fE) \qquad (16)$$

L'expression de $Cl_2(0)$ en fonction de Cl_2^* et de la surtension d'électrode η relative au couple Cl_2/Cl^- s'obtient, en faisant $E = E_{éq} + \eta$ puis en utilisant l'expression (14, 15) de $E_{éq}$ dans la relation (16) :

$$Cl_2(0) = Cl_2^* \exp (2f\eta) \qquad (17)$$

8. La relation densité de courant, surtension correspondante s'écrit à l'aide de (11) et (17) :

$$i_f = - 2\, F m_{Cl2} Cl_2^* [1 - \exp (2f\eta)] \qquad (18)$$

Les expressions limites de la densité de courant lorsque la valeur de surtension imposée est suffisamment positive ou négative sont :

$$i_{lim,a} = \lim_{\eta \to \infty} i_f = 2\, F m_{Cl2} Cl_2^* \exp (2f\eta) \qquad (19)$$

$$i_{lim,c} = \lim_{\eta \to -\infty} i_f = i_{dCl2} = - 2\, F m_{Cl2} Cl_2^* \qquad (20)$$

où i_{dCl2} est la densité du courant limite de réduction de Cl_2.

9. On admet que le graphe de la densité de courant en fonction de la surtension et l'une de ses asymptotes sont confondus lorsque le critère relatif $(i_{lim} - i_f)/i_f \leq 0{,}05$, où i_{lim} désigne $i_{lim,a}$ pour l'asymptote anodique et $i_{lim,c}$

pour l'asymptote cathodique, est vérifié. Pour ces conventions, le graphe $\log |i_f|$ vs. η atteint son asymptote anodique pour $\eta \geq 47$ mV et son asymptote cathodique pour $\eta \leq -47$ mV. La pente de l'asymptote anodique vaut $2f/\ln 10 = 28{,}0\ V^{-1}$ à 87 °C.

10. L'allure du graphe $\log |i_f/i_{dCl2}|$ vs. η est présentée sur la Fig. 2.

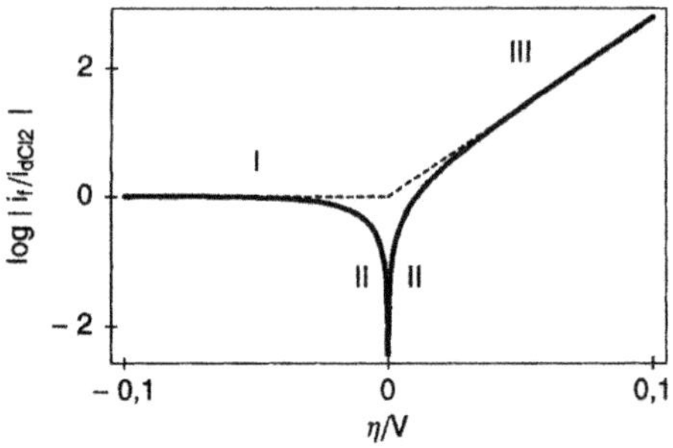

Figure 2 : Courbe $\log |i_f/i_{dCl2}|$ vs. η calculée dans l'hypothèse de réversibilité cinétique des deux étapes du mécanisme. Traits pointillés : asymptotes.

11. L'hypothèse de réversibilité cinétique des deux étapes du mécanisme permet d'interpréter les zones I, II et III de la courbe expérimentale.

12. À l'aide de (17) on peut exprimer la surtension d'électrode relative au couple Cl_2/Cl^- en fonction de la concentration interfaciale en dichlore selon :

$$\eta = (2f)^{-1} \ln [Cl_2(0)/Cl_2^*] \qquad (21)$$

Cette surtension, dans les conditions de saturation de la solution en Cl_2 à l'interface, si l'on conserve l'hypothèse de réversibilité cinétique des deux étapes du mécanisme, s'exprime en fonction de $Cl_{2,sat}$ et Cl_2^*, d'après (21), selon :

$$\eta_{sat} = (2f)^{-1} \ln (Cl_{2,sat}/Cl_2^*) = (2f)^{-1} \ln r \qquad (22)$$

En partant de l'équilibre, on atteint l'asymptote oblique III de la Fig. 2 pour $\eta = 47$ mV (cf. question 9). D'après (19), une décade en courant (une unité logarithmique) correspond à 36 mV à 87 °C. On désire donc que le graphe quitte l'asymptote pour $\eta_{sat} = 83$ mV, ce qui correspond à $r = Cl_{2,sat}/Cl_2^* = \exp(2f\eta_{sat}) = 207$. La valeur minimale du rapport $Cl_{2,sat}/Cl_2^*$ qui permet d'observer l'asymptote oblique du graphe $\log |i_f/i_{dCl2}|$ vs. η sur une décade en courant vaut donc 207. La surtension est alors fixée à une valeur constante (Fig. 3). Le phénomène de saturation permet donc d'interpréter la zone IV de la courbe de polarisation expérimentale. En pratique cependant, le courant ne peut augmenter indéfiniment et l'écart à la verticale sur la courbe expérimentale traduit l'écart à la réversibilité cinétique des deux étapes de la réaction.

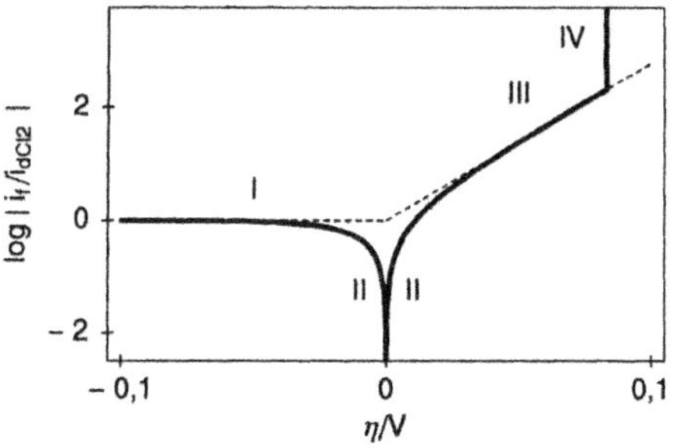

Figure 3 : Courbe log | i_f/i_{dCl2} | vs. η calculée dans l'hypothèse de réversibilité cinétique des deux étapes du mécanisme (zones I-IV) et du phénomène de saturation interfaciale de la solution en Cl_2 (zone IV). Mêmes valeurs des paramètres que celles de la Fig. 2. Traits pointillés : asymptotes.

Remarque 1 : Reporter $Cl_2(0) = Cl_{2,sat}$ dans l'Éq. (11) et en déduire que i_f = cte (asymptote horizontale) pour $\eta \geq \eta_{sat}$ est erroné car cette équation n'est valide que lorsque tout le dichlore produit est dissous dans la solution (cf. Qu. I.21).

Remarque 2 : Pour confirmer la justesse du raisonnement ci-dessus, il suffit de tracer le graphe log | i_f | vs. η pour un jeu de valeurs de paramètres données. Le graphe de la Fig. 4 a été construit en supposant l'étape (1) cinétiquement réversible, en prenant $\theta_{Cl,éq} = 10^{-3}$ et $\alpha_{o2} = \alpha_{r2} = 0{,}5$, pour les valeurs du paramètre 2 $i_{02}/(\theta_{s,éq} | i_{dCl2} |)$ indiquées dans la légende de la figure. En absence de saturation de la solution en dichlore, i_f est tiré des Éq. (2, 3, 5) du corrigé de l'Ex. III.4 et θ_{Cl} de $v_{1o} \approx v_{1r}$, condition de réversibilité cinétique de l'étape (1). Lorsque la saturation interfaciale est atteinte, il suffit de porter $Cl_2(0) = Cl_{2,sat}$ dans les Éq. (2) et (3) du même exercice, en faisant toujours $v_{1o} \approx v_{1r}$. Les conditions de réversibilité cinétique simultanée des deux étapes du mécanisme, utilisées précédemment dans ce problème, correspondent aux valeurs élevées du paramètre 2 $i_{02}/(\theta_{s,éq} | i_{dCl2} |)$. À l'inverse, pour les faibles valeurs de ce paramètre, la seconde étape du mécanisme devient cinétiquement irréversible aux fortes surtensions anodiques et la saturation de la solution en Cl_2 dissous à l'interface n'a alors aucune influence sur la vitesse de la réaction (Fig. 4).

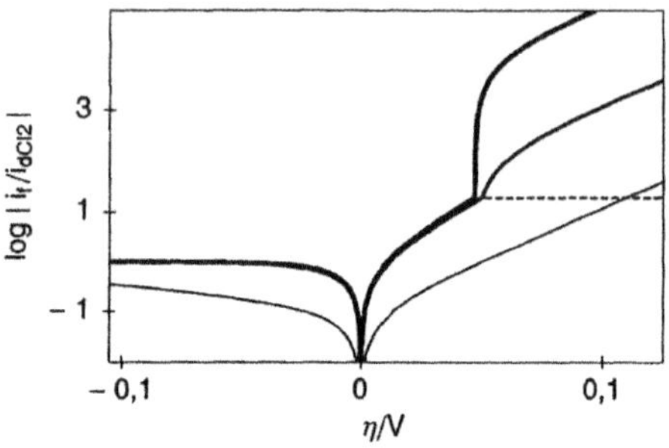

Figure 4 : Graphe de log | i_f/i_{dCl2} | vs. η tracé en régime stationnaire dans l'hypothèse de réversibilité cinétique de l'étape (1) pour $\alpha_{o2} = \alpha_{r2} = 0,5$, $\theta_{Cl,éq} = 10^{-3}$ et $i_0/| i_{dCl2} | = 10^{-1}$ (traits fins), 10 (traits moyens), 10^3 (traits épais). i_0 est la densité du courant d'échange de la réaction lorsque la première étape est cinétiquement réversible, soit $i_0 = 2\ i_{02}/\theta_{s,éq}$. La saturation en dichlore est atteinte à l'interface pour les valeurs de courant situées au dessus de l'horizontale en trait pointillé.

13. Un autre mécanisme réactionnel a été proposé pour décrire la formation ou la réduction électrochimique du dichlore (mécanisme de Volmer-Tafel) :

$$Cl^- + s \leftrightarrow Cl,s + e^-$$

$$2\ Cl,s \leftrightarrow Cl_2 + 2\ s$$

L'expérience réalisée peut être interprétée à l'aide de ce mécanisme aussi bien que celui de Volmer-Heyrovsky, car, dans les conditions de réversibilité cinétique des deux étapes, le comportement hors équilibre de l'interface est décrit par une relation thermodynamique (relation de Nernst (14)) indépendante du mécanisme réactionnel. Seule change l'expression du potentiel thermodynamique standard en fonction des paramètres cinétiques des étapes de la réaction. L'expérience effectuée ne permet donc pas de discriminer les deux mécanismes de réaction et il suffit de reprendre l'ensemble du problème avec le mécanisme de Volmer-Tafel pour s'en persuader.

Problème III.2 (Pseudo-droites de Tafel, oxydation anodique d'un métal)

1.1. L'équation d'évolution du taux de recouvrement en adsorbat A s'écrit en régime stationnaire :

$$\Gamma\ d\theta_A/dt = v_1 - v_2 = 0 \qquad (1)$$

et les vitesses des étapes sont égales :

$$v_1 = v_2 \tag{2}$$

Les relations en régime stationnaire entre la densité du courant faradique, les vitesses des deux étapes et le flux de transport de l'espèce $(MA_2)^-$, notée B pour simplifier, s'écrivent :

$$i_f = Fv_1 \tag{3}$$

$$i_f = Fv_2 \tag{4}$$

$$J_B(0) = v_2 \tag{5}$$

On tire de (4) et (5) la relation suivante entre la densité du courant faradique et le flux interfacial de B :

$$i_f = FJ_B(0) \tag{6}$$

1.2. Les vitesses des étapes s'expriment en fonction de leurs constantes de vitesse et des concentrations des espèces électroactives, dans le cadre de l'isotherme de Langmuir, selon :

$$v_1 = v_{1o} - v_{1r} = K_oA^{-*}\Gamma\theta_s - K_r\Gamma\theta_A \tag{7}$$

$$v_2 = v_{2d} - v_{2g} = k_dA^{-*}\Gamma\theta_A - k_gB(0)\Gamma\theta_s \tag{8}$$

L'expression de $J_B(0)$ est tirée de la théorie de Levich pour l'EDT :

$$J_B(0) = -m_B[B^* - B(0)] = m_BB(0) \text{ ; } m_B = D_B/\delta_B \tag{9}$$

puisque la concentration B^* en ion complexe au sein de la solution est nulle.

2.1. Lorsque l'on considère que les deux étapes sont cinétiquement réversibles on peut écrire :

$$v_{1o} \approx v_{1r} \tag{10}$$

$$v_{2d} \approx v_{2g} \tag{11}$$

Compte tenu de $\theta_s + \theta_A = 1$, on tire des relations (7, 8, 10, 11), en remplaçant ≈ par =, par passage à la limite :

$$\theta_A = K_oA^{-*}/(K_oA^{-*} + K_r) = 1/\{1 + [k_r/(k_oA^{-*})] \exp(-fE)\} \tag{12}$$

$$B(0) = k_dK_o(A^{-*})^2/(k_gK_r) = [k_dk_o(A^{-*})^2/(k_gk_r)] \exp(fE) \tag{13}$$

Pour déduire la relation densité de courant faradique, tension d'électrode, il n'est plus possible d'utiliser les relations (3) et (4) lorsque l'on suppose que les deux étapes sont cinétiquement réversibles (cf. Pb. I.4). On doit utiliser les relations (6, 9, 13). On obtient :

$$i_f = FJ_B(0) = Fm_BB(0) = [Fm_Bk_dk_o(A^{-*})^2/(k_gk_r)] \exp(fE) \quad (14)$$

Les rapports des paramètres cinétiques des deux étapes, k_o/k_r et k_d/k_g, interviennent dans l'expression du courant puisque l'on a supposé que les deux étapes sont cinétiquement réversibles. Dans la représentation de Tafel, où l'on porte log i_f vs. E, on observe une droite de pente $f/\ln 10 \approx 17\ V^{-1}$ à 25 °C (Fig. 1A). Cette droite est une pseudo-droite de Tafel car elle varie avec la vitesse de rotation de l'électrode Ω par l'intermédiaire de m_B et ne dépend d'aucun facteur de symétrie du transfert électronique interfacial. Comme m_B est proportionnel à la racine carré de Ω (cf. Rappels II), on observe un décalage d'une unité de logarithme, ou d'une décade de courant, pour une vitesse de rotation multipliée par 10^2.

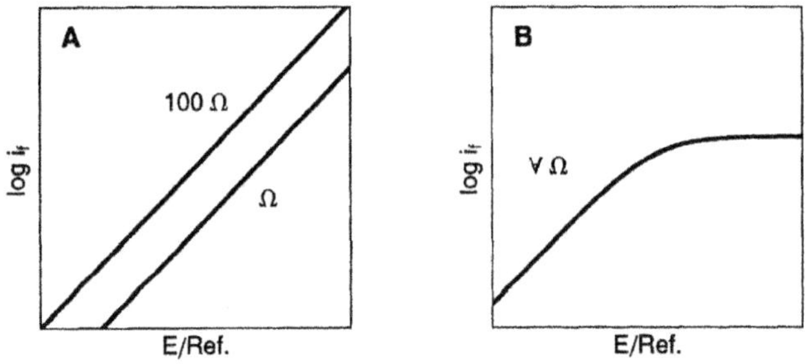

Figure 1 : (A) Courbe log i_f vs. E tracée pour deux vitesses de rotation d'électrode lorsque les deux étapes sont cinétiquement réversibles. (B) Courbe log i_f vs. E, indépendante de Ω, obtenue lorsque la première étape de la réaction est cinétiquement réversible et la seconde irréversible.

2.2. Lorsque l'on suppose que la première étape est cinétiquement réversible et que la seconde est irréversible dans le sens de la formation de l'ion complexe, on peut écrire :

$$v_{1o} \approx v_{1r} \quad (15)$$

$$v_2 \approx v_{2d} = k_dA^{-*}\Gamma\theta_A \quad (16)$$

Des relations (7) et (15) on tire l'équation d'évolution du taux de recouvrement θ_A avec la tension d'électrode :

$$\theta_A = K_oA^{-*}/(K_oA^{-*} + K_r) \quad (17)$$

qui utilisée dans (4) et (16) mène à :

$$i_f = Fv_2 \approx Fv_{2d} = Fk_dA^{-*}\Gamma\theta_A = F\Gamma k_dK_o(A^{-*})^2/(K_oA^{-*} + K_r) \quad (18)$$

$$i_f = F\Gamma k_d A^{-*}/\{1 + [k_r/(k_o A^{-*})] \exp(-fE)\} \quad (19)$$

L'inverse de la densité du courant est la somme des inverses de celles de deux courant limites :

$$1/i_f = 1/i_{lim1} + 1/i_{lim2} \quad (20)$$

avec lorsque $E \rightarrow \infty$ et $\theta_A \rightarrow 1$:

$$i_{lim1} = F\Gamma k_d A^{-*} \quad (21)$$

et lorsque $E \rightarrow -\infty$ et $\theta_A \rightarrow 0$:

$$i_{lim2} = F\Gamma k_d (A^{-*})^2 (k_o/k_r) \exp(fE) \quad (22)$$

Par valeurs de tension d'électrode croissantes, on observe dans le plan log i_f vs. E de la Fig. 1B une pseudo-droite de Tafel (car elle ne dépend pas d'un facteur de symétrie de transfert) de pente $f/\ln 10 \approx 17\ V^{-1}$ à 25 °C, invariante avec la vitesse de rotation de l'électrode Ω, puis la densité du courant limite tirée de (21).

2.3. Lorsque l'on suppose que la première étape est irréversible dans le sens de l'oxydation et la seconde cinétiquement réversible, on peut écrire :

$$v_1 \approx v_{1o} = K_o A^{-*} \Gamma \theta_s \quad (23)$$

$$v_{2d} \approx v_{2g} \quad (24)$$

Des relations (8) et (24) on tire :

$$B(0) = k_d A^{-*} \theta_A / [k_g (1 - \theta_A)] \quad (25)$$

On ne peut pas utiliser les relations (4) et (5) qui mèneraient à une densité de courant nulle, mais comme l'on a toujours en régime stationnaire $v_1 = v_2$, on peut tirer de (2), (5) et (9) :

$$J_B(0) = m_B B(0) = v_1 \quad (26)$$

puis écrire, à l'aide de (23, 25, 26), l'équation :

$$K_o \Gamma (1 - \theta_A) = m_B k_d \theta_A / [k_g (1 - \theta_A)] \quad (27)$$

qui se ramène à une équation du second degré en θ_A. Sans résoudre cette équation, on peut étudier deux cas limites relatifs au taux de recouvrement en adsorbat qui s'obtiennent lorsque $\theta_s \approx 1$ et $\theta_s \approx 0$.

- a : lorsque l'électrode est libre de tout adsorbat ($\theta_A \rightarrow 0$ et $\theta_s \rightarrow 1$), l'expression de la densité du courant peut s'obtenir en faisant $\theta_s = 1$ dans (23).

On obtient d'après (3) :

$$i_{lim3} = Fv_1 \approx Fv_{1o} = F\Gamma K_o A^{-*} \qquad (28)$$

Dans le plan log i_f vs. E on observe alors une droite de Tafel de pente $\alpha_o f/\ln 10 \approx 8{,}5\ V^{-1}$ pour $\alpha_o = 0{,}5$ à 25 °C, droite invariante avec la vitesse de rotation de l'électrode (Fig. 2A).

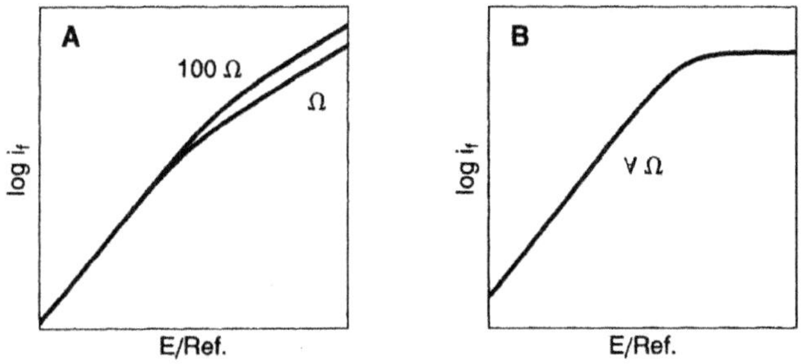

Figure 2 : (A) Courbe log i_f vs. E tracée pour deux vitesses de rotation d'électrode lorsque l'étape électrochimique est irréversible dans le sens de l'oxydation et l'étape chimique réversible. (B) Courbe log i_f vs. E, indépendante de la vitesse de rotation de l'électrode, tracée lorsque les deux étapes de la réaction sont irréversibles dans le sens de l'oxydation du métal.

- b : lorsque l'électrode est totalement recouverte d'adsorbat ($\theta_A \to 1$ et $\theta_s \to 0$), l'expression (23) de v_1 n'est plus utilisable directement. On peut par contre exprimer $\theta_s = 1 - \theta_A$ à partir de (25) en fonction de θ_A et B(0) :

$$\theta_s = k_d A^{-*}\theta_A/[k_g B(0)] \qquad (29)$$

relation qui permet d'obtenir, en utilisant (3) et (23) :

$$i_{lim4} = Fv_1 \approx Fv_{1o} = F\Gamma K_o k_d (A^{-*})^2 \theta_A/[k_g B(0)] \qquad (30)$$

De $i_f = Fm_B B(0)$, on tire par ailleurs :

$$B(0) = i_{lim4}/(Fm_B) \qquad (31)$$

et de (30) et (31) on déduit, avec $\theta_A = 1$:

$$i_{lim4} = FA^{-*}[m_B K_o \Gamma k_d/k_g]^{1/2} \qquad (32)$$

Dans le plan log i_f vs. E, on observe alors une pseudo-droite de Tafel, de pente $\alpha_o f/(2 \ln 10) \approx 4{,}25\ V^{-1}$ pour $\alpha_o = 0{,}5$ à 25 °C, qui varie avec la vitesse de rotation de l'électrode proportionnellement à $\Omega^{1/4}$, c'est-à-dire de 0,5 unité de logarithme lorsque la vitesse de rotation est multipliée par 10^2 (Fig. 2A).

Dans ce troisième cas limite, deux droites sont donc observées à tension d'électrode croissante dans la représentation log i_f vs. E, une droite de Tafel invariante avec la vitesse de rotation de l'électrode puis une pseudo-droite de Tafel variant avec cette vitesse (Fig. 2A).

2.4. Lorsque l'on suppose finalement que les deux étapes de la réaction sont irréversibles dans le sens de l'oxydation, on peut écrire :

$$v_1 \approx v_{1o} = K_o A^{-*} \Gamma \theta_s \quad (33)$$

$$v_2 \approx v_{2d} = k_d A^{-*} \Gamma \theta_A \quad (34)$$

De (2, 33, 34) on tire :

$$\theta_A = K_o/(K_o + k_d) \quad (35)$$

puis à l'aide de (4) et (34) :

$$i_f = Fv_2 \approx Fv_{2d} = F\Gamma K_o k_d A^{-*}/(K_o + k_d) \quad (36)$$

L'inverse de la densité du courant est la somme des inverses de celles de deux courant limites :

$$1/i_f = 1/i_{lim5} + 1/i_{lim6} \quad (37)$$

avec lorsque $E \to -\infty$ et $\theta_A \to 0$:

$$i_{lim5} = F\Gamma K_o A^{-*} \quad (38)$$

et lorsque $E \to \infty$ et $\theta_A \to 1$:

$$i_{lim6} = F\Gamma k_d A^{-*} \quad (39)$$

Notons que i_{lim6} est aussi i_{lim1}. Dans le plan log i_f vs. E, on observe une droite de Tafel de pente $\alpha_o f/\ln 10 \approx 8{,}5\ V^{-1}$ pour $\alpha_o = 0{,}5$ à 25 °C, droite invariante avec la vitesse de rotation de l'électrode (Fig. 2B), puis une asymptote horizontale correspondant à i_{lim6}.

2.5. Les 4 différents cas étudiés précédemment et décrits par valeurs de tension d'électrode croissantes sont résumés dans le Tab. I où sont indiqués la pente du graphe log i_f vs. E, la dépendance de la vitesse de rotation d'électrode, $(\partial \log i_f/\partial \log \Omega)_{|E,A^{-*}}$, et l'ordre de la réaction par rapport à l'anion A^-, $(\partial \log i_f/\partial \log A^{-*})_{|E,\Omega}$.

Tableau I : Comportements cinétiques limites de la réaction étudiée dans le sens de l'oxydation, décrits par valeurs croissantes de la tension d'électrode.

Conditions cinétiques	θ_A	i_f vs. E	$(\partial \log i_f/\partial E)_{\Omega,A^{-*}}$	$(\partial \log i_f/\partial \log \Omega)_{E,A^{-*}}$	$(\partial \log i_f/\partial \log A^{-*})_{E,\Omega}$
(1) rév, (2) rév.	–	(14)	$f/\ln 10$	1/2	2
(1) rév., (2) irrév.	0	(22)	$f/\ln 10$	0	2
	1	puis (21)	0	0	1
(1) irrév., (2) rév.	0	(28)	$\alpha_o f/\ln 10$	0	1
	1	puis (32)	$\alpha_o f/(2\ln 10)$	1/4	1
(1) irrév, (2) irrév.	0	(38)	$\alpha_o f/\ln 10$	0	1
	1	puis (39)	0	0	1

3.1. La mesure des pentes des segments de droites de la Fig. 1 de l'énoncé montre que l'on a, par valeurs de tension croissantes, une pente de $f/\ln 10$, puis une pente de $0{,}5f/\ln 10$ et enfin une pente nulle. La courbe i_f vs. E est invariante avec la vitesse de rotation de l'électrode. Les valeurs des paramètres sont donc telles que l'on passe du comportement ((1) rév, (2) irrév et $\theta_A \approx 0$) au comportement ((1) irrév, (2) irrév et $\theta_A \approx 0$) du Tab. I aux environs de – 0,2 V.

3.2. La succession des valeurs des pentes des quatre segments de droites de la Fig. 1B de l'énoncé et l'influence de la vitesse de rotation de l'électrode montre que les valeurs des paramètres sont telles que l'on passe du comportement ((1) rév, (2) rév) au comportement ((1) irrév, (2) rév et $\theta_A \approx 0$) aux environs de 0 V puis au comportement ((1) irrév, (2) irrév et $\theta_A \approx 1$) aux environs de 1,2 V.

3.3. Les droites observées sur la Fig. 2 de l'énoncé sont des pseudo-droites de Tafel dont les pentes sont voisines de $f/\ln 10$, soit $\approx 17{,}0\ V^{-1}$ à 25 °C, et qui varient avec la vitesse de rotation de l'électrode. Pour un rapport 2,5 de la vitesse de rotation, la droite est translatée approximativement de 0,2 unité de logarithme soit $(\partial \log I_f/\partial \log \Omega)_{E,A^{-*}} \approx 1/2$. On est donc proche du premier cas du Tab. I, c'est-à-dire que les deux étapes se comportent comme des étapes cinétiquement réversibles. Il est utile de vérifier que l'on a bien dans ce cas :

$$(\partial \log I_f/\partial \log A^{-*})_{E,\Omega} = 2$$

ce qui est observé en pratique.

Problème III.3 (Insertion de H en deux étapes dans une membrane)

1. Le sens conventionnel des courants est porté sur la Fig. 1, compte tenu des réactions d'oxydation et de réduction aux différentes interfaces.

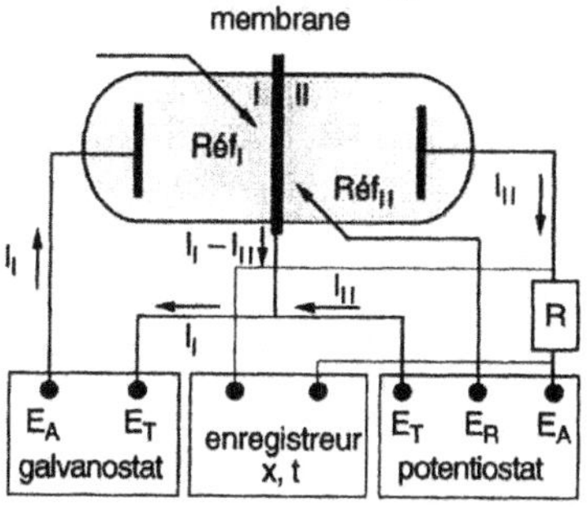

Figure 1 : Sens des courants dans la cellule électrochimique à perméation.

2. Soient v_{1I}, v_{2I} et v_{3I} les vitesses des étapes 1_I, 2_I et 3_I sur la face d'entrée de la membrane, et de même v_{1II} et v_{2II} celles des étapes 1_{II} et 2_{II} sur la face de sortie. Les vitesses de production ou de consommation de l'hydrogène adsorbé et de l'hydrogène inséré s'expriment en régime stationnaire selon :

- I : face d'entrée :

$$v_{H,I} = \Gamma_I \, d\theta_{H,I}/dt = v_{1I} - v_{2I} - 2\, v_{3I} = 0 \qquad (1)$$

$$v_{\langle H \rangle I} = v_{2I} \qquad (2)$$

- II : face de sortie :

$$v_{H,II} = \Gamma_{II} \, d\theta_{H,II}/dt = v_{1II} - v_{2II} = 0 \qquad (3)$$

$$v_{\langle H \rangle II} = -\, v_{1II} \qquad (4)$$

En régime stationnaire, $\partial\langle H\rangle(x, t)/\partial t = D_{\langle H\rangle}\, \partial^2\langle H\rangle(x, t)/\partial x^2 = 0$, le flux de diffusion de $\langle H\rangle$ est constant dans la membrane, et l'on peut écrire, en faisant attention à l'orientation de l'axe des abscisses de la Fig. 1 de l'énoncé (cf. Qu. I.20) :

$$J_{\langle H\rangle}(0) = v_{\langle H\rangle I} = v_{2I} = J_{\langle H\rangle}(L) = -\, v_{\langle H\rangle II} = v_{1II} \qquad (5)$$

et les vitesses des étapes 2_I et 1_{II} sont égales. Les densités des courants faradiques sur les deux faces de la membrane s'écrivent enfin en régime stationnaire :

$$i_I = -Fv_{1I} \; ; \; i_{II}(\infty) = Fv_{2II} \qquad (6)$$

Des égalités précédentes, on déduit :

$$i_I = -F[J_{\langle H \rangle}(0) + 2\,v_{3I}] \qquad (7)$$

$$i_{II}(\infty) = FJ_{\langle H \rangle}(L) \qquad (8)$$

La densité du courant faradique est proportionnelle au flux de diffusion sur la face II de la membrane. Une telle proportionnalité n'est pas vérifiée sur la face I lorsque le courant sert à produire simultanément de l'hydrogène inséré dans le métal et du dihydrogène qui se dégage à l'interface.

3. Comme noté précédemment, le flux de diffusion est constant dans la membrane en régime stationnaire :

$$J_{\langle H \rangle}(x) = J_{\langle H \rangle}(0) = J_{\langle H \rangle}(L) \; ; \; x \in [0, L] \qquad (9)$$

et, en supposant constant le coefficient de diffusion de cette espèce, on a :

$$J_{\langle H \rangle}(x) = -D_{\langle H \rangle}[\langle H \rangle(L) - \langle H \rangle(0)]/L = D_{\langle H \rangle}\langle H \rangle(0)/L \; ; \; x \in [0, L] \qquad (10)$$

puisque le potentiel de la face II de la membrane est choisi suffisamment élevé par rapport à ERH pour que $\langle H \rangle(L) \approx 0$. Le profil de concentration est donc linéaire dans la membrane (cf. Fig. 2).

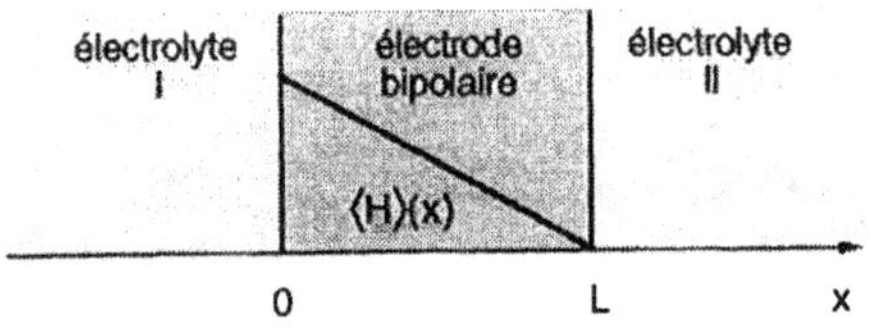

Figure 2 : Profil de concentration stationnaire de l'hydrogène inséré dans la membrane lorsque $D_{\langle H \rangle}$ est constant.

4. Dans le cadre des hypothèses de Langmuir pour l'adsorption et l'insertion de l'hydrogène, les vitesses des étapes s'écrivent sur la face I de la membrane selon :

$$v_{1I} = K_{rI}H^{+*}\Gamma_I(1 - \theta_{H,I}) - K_{oI}\Gamma_I\theta_{H,I} \qquad (11)$$

$$v_{2I} = k_{désI}\Gamma_I\theta_{H,I}[\langle H \rangle_{max} - \langle H \rangle(0)] - k_{adsI}\Gamma_I(1 - \theta_{H,I})\langle H \rangle(0) \qquad (12)$$

$$v_{3I} = k'_{dés}(\Gamma_I\theta_{H,I})^2 \qquad (13)$$

où $\langle H \rangle_{max}$ désigne la concentration maximale des sites disponibles pour l'insertion dans le métal ou l'alliage constituant la membrane.

5. La relation de continuité flux, vitesse de production de l'hydrogène inséré sur la face I de la membrane (x = 0) est tirée de (5) :

$$J_{\langle H\rangle}(0) = v_{\langle H\rangle I} = v_{2I} \quad . \qquad (14)$$

et l'on déduit de (10, 12, 14) :

$$\langle H\rangle(0) = \frac{k_{désI}\Gamma_I\theta_{H,I}\langle H\rangle_{max}}{(D_{\langle H\rangle}/L) + k_{désI}\Gamma_I\theta_{H,I} + k_{adsI}\Gamma_I(1-\theta_{H,I})} \qquad (15)$$

6. Lorsque l'on suppose que i_I sert essentiellement à former de l'hydrogène inséré sur la face I de la membrane, soit $2\ v_{3I} << v_{2I}$ ou encore $2\ v_{3I} << J_{\langle H\rangle}(0)$, il vient d'après (7-9) :

$$i_{II}(\infty) = -\, i_I \qquad (16)$$

alors que $i_{II}(\infty)$ est proportionnel à $\sqrt{|i_I|}$ dans les conditions d'expérience. L'hypothèse précédente n'est donc pas valide et il faut tenir compte du dégagement de dihydrogène à la surface I de la membrane métallique.

7. De (6) et (7) on tire :

$$i_I = -\, F(v_{2I} + 2\ v_{3I}) \approx -\, 2\ Fv_{3I} \qquad (17)$$

lorsque i_I sert essentiellement à former H_2 sur la face d'entrée de la membrane. En utilisant (13), il vient :

$$i_I = -\, 2\ Fk'_{dés}(\Gamma_I\theta_{H,I})^2 \qquad (18)$$

alors que, d'après (8) et (10) :

$$i_{II}(\infty) = FD_{\langle H\rangle}\langle H\rangle(0)/L \qquad (19)$$

D'après (18) et (19), l'observation expérimentale d'une relation $i_{II}(\infty)/\sqrt{|i_I|}$ = cte implique obligatoirement que $\langle H\rangle(0)$ est proportionnel à $\theta_{H,I}$. L'expression générale de $\langle H\rangle(0)$ en fonction de $\theta_{H,I}$ a été établie précédemment dans l'Éq. (15) et celle de $\theta_{H,I}$ est solution de :

$$v_{1I} = v_{2I} + 2\ v_{3I} \approx 2\ v_{3I} \qquad (20)$$

$$K_{rI}H^{+*}\Gamma_I(1-\theta_{H,I}) - K_{oI}\Gamma_I\theta_{H,I} \approx 2\ k'_{dés}(\Gamma_I\theta_{H,I})^2 \qquad (21)$$

$\langle H\rangle(0)$ proportionnel à $\theta_{H,I}$ est prévisible dans l'une ou l'autre des conditions suivantes :

- a : l'étape d'insertion (absorption) 2_I est cinétiquement réversible, $D_{\langle H\rangle}/L$ disparaît donc du dénominateur du membre de droite de l'Éq. (15), et on suppose $\theta_{H,I} << 1$. Ces conditions portées dans l'Éq. (15) mènent à :

$$\langle H\rangle(0) \approx (k_{désI}/k_{adsI})\langle H\rangle_{max}\theta_{H,I} \qquad (22)$$

- b : à l'inverse, l'étape 2_I n'est pas cinétiquement réversible et $D_{\langle H\rangle}/L$ est le terme prédominant au dénominateur du membre de droite de l'Éq. (15). Dans ce cas :

$$\langle H\rangle(0) \approx k_{désI}(L/D_{\langle H\rangle})\langle H\rangle_{max}\Gamma_I\theta_{H,I} \qquad (23)$$

Dans les deux conditions précédentes, $i_{II}(\infty)$ varie comme $\sqrt{|i_I|}$.

Problème III.4 (Relations flux, courant en régime stationnaire)

Pour le mécanisme de Volmer-Heyrovsky de formation du dichlore par oxydation anodique de l'ion chlorure, il y a, en régime dynamique, proportionnalité à tout instant entre le flux de transport de l'ion Cl^- à l'interface et la densité du courant faradique :

$$J_{Cl^-}(0, t) = -v_1(t) - v_2(t) = -i_f(t)/F$$

alors qu'une telle relation n'est pas vérifiée pour Cl_2 dissous puisque :

$$J_{Cl_2}(0, t) = v_2(t)$$

La situation se simplifie par contre en régime stationnaire où $v_1 = v_2$ et donc :

$$J_{Cl^-}(0) = -i_f/F \ ; \ J_{Cl_2}(0) = i_f/(2F)$$

Les flux de transport interfaciaux des deux espèces sont alors proportionnels à la densité du courant faradique. En particulier, pour le dichlore dissous, on peut exprimer le flux interfacial et la densité du courant faradique, dans le cadre de la théorie de Levich pour l'EDT, selon :

$$i_f = -2 F m_{Cl_2}[Cl_2^* - Cl_2(0)]$$

et, en introduisant la densité du courant limite de réduction du dichlore observé lorsque $Cl_2(0) = 0$:

$$i_{dCl_2} = -2 F m_{Cl_2} Cl_2^*$$

on obtient :

$$Cl_2(0)/Cl_2^* = 1 - i_f/i_{dCl_2}$$

comme pour une réaction simple à une seule étape de transfert électronique (cf. Rappels II). En reprenant l'ensemble du calcul précédent, on montre que la même relation est obtenue pour le mécanisme de Volmer-Tafel dont le bilan réactionnel est le même que celui du mécanisme de Volmer-Heyrovsky.

On peut essayer de généraliser ce résultat au cas d'autres réactions multi-étapes. On considère pour cela les mécanismes où le réactif est une espèce dissoute (réduction de H^+, O_2, etc., ou oxydation de Cl^-, Br^-, etc.), et chaque adsorbat est formé dans une étape et consommé dans la suivante. Un tel mécanisme est un mécanisme à étapes successives. Un exemple est le mécanisme de réduction de O_2 selon :

$$O_2 + 2\ s \leftrightarrow 2\ O{,}s \qquad (1)$$

$$O{,}s + H^+ + e^- \leftrightarrow OH{,}s \qquad (2)$$

$$OH{,}s + H^+ + e^- \leftrightarrow H_2O + s \qquad (3)$$

dont le bilan réactionnel, en régime stationnaire où $2\ v_1 = v_2 = v_3$, s'obtient, comme en cinétique chimique, en multipliant par deux les étapes (2) et (3) puis en sommant terme à terme, selon :

$$O_2 + 4\ H^+ + 4\ e^- = 2\ H_2O$$

où le signe = désigne l'équation bilan des étapes symbolisées par le signe $\leftrightarrow$. L'équation bilan est définie à une constante multiplicative près, mais, quelle que soit la valeur de cette constante, la stœchiométrie de l'équation implique des relations de proportionnalité entre les vitesses stationnaires de production ou de consommation des espèces mises en jeu ([3]) :

$$v_{e-} = 4\ v_{O2} = v_{H+} = -2\ v_{H2O}$$

et, pour la densité du courant faradique :

$$i_f = Fv_{e-} = 4\ Fv_{O2} = Fv_{H+} = -2\ Fv_{H2O}$$

Pour le dioxygène en particulier, en utilisant la relation de continuité flux, vitesse de consommation à l'interface, on obtient pour le mécanisme (1-3), en orientant l'axe des abscisses de l'interface vers le sein de la solution :

$$i_f = 4\ Fv_{O2} = 4\ FJ_{O2}(0)$$

qui, dans le cadre de la théorie de Levich pour l'EDT, mène à :

$$O_2(0)/O_2^* = 1 - i_f/i_{dO2}$$

avec :

$$i_{dO2} = -4\ Fm_{O2}O_2^*$$

3. En régime stationnaire, les relations densité de courant, flux, vitesse peuvent s'écrire sur l'équation bilan (lorsque celle-ci existe) comme sur le mécanisme de réaction. Seul le mécanisme, par contre, permet d'exprimer les vitesses en terme de constantes de vitesse et de concentrations d'espèces élevées aux puissances de leurs coefficients.

comme pour une réaction simple à une seule étape de transfert électronique. Écrire plus généralement :

$$X_i(0)/X_i^* = 1 - i_f/i_{dXi}$$

pour une espèce volumique X_i, produite ou consommée dans une réaction multi-étapes avec phase adsorbée, implique une relation de proportionnalité entre i_f et $J_{Xi}(0)$ qui est vérifiée :

- indépendamment de la structure du mécanisme réactionnel lorsque les coefficients stœchiométriques de l'électron et de l'espèce X_i vérifient une même relation de proportionnalité $s_{ij} = \lambda_i s_{ej}$ avec $\lambda_i \neq 0$ dans toutes les étapes de la réaction (cf. Pb. I.5).

- et, pour les espèces X_i vérifiant ou non le critère précédent, lorsque l'on peut écrire une équation bilan de la réaction en régime stationnaire.

Dans ces deux cas, on a :

$$i_f = F(n_e/n_i)J_{Xi}(0)$$

où n_e et n_i sont les coefficients stœchiométriques de l'électron et de l'espèce X_i dans l'équation bilan, avec n_e positif pour une oxydation, négatif pour une réduction, et n_i positif pour une espèce produite et négatif pour une espèce consommée. L'expression de la densité du courant limite de diffusion-convection sur EDT est alors :

$$i_{dXi} = - F(n_e/n_i)m_{Xi}X_i^*$$

pour l'espèce X_i consommée par la réaction ($n_i < 0$).

L'écriture des relations précédentes suppose que les espèces produites sont totalement dissoutes. Pour les réactions se déroulant dans le sens de l'oxydation et produisant O_2, Cl_2, etc., il faut donc supposer que la concentration de saturation n'est pas atteinte à l'interface électrode | solution, mais ce problème ne se pose pas, par contre, dans le domaine cathodique où ces espèces sont consommées. De même, la relation $i_f = F(n_e/n_i)J_{Xi}(0)$ ne peut plus être utilisée lorsque l'espèce produite précipite à l'interface électrode | solution, par exemple lors de l'électropolissage des métaux. Écrire $J_{Xi}(0) = - m_{Xi}(X_{i,sat} - X_i^*)$, où $X_{i,sat}$ désigne la concentration de saturation, est alors incorrect, bien que cette expression se trouve dans certains ouvrages et publications récentes.

La réduction du mécanisme réactionnel à une seule équation stœchiométrique bilan n'est cependant pas toujours garantie, même en régime stationnaire. Ainsi, si l'on ajoute l'étape suivante au mécanisme (1-3) :

$$2\ OH,s \leftrightarrow H_2O_2 + 2\ s \qquad (4)$$

qui consomme l'adsorbat OH,s, en concurrence avec l'étape (3), et produit de l'eau oxygénée dans la solution, les relations classiques densité de courant, flux, vitesse, en conservant l'orientation précédente de l'axe des abscisses pour les relations flux, vitesse à $x = 0$:

$$i_f = -F(v_2 + v_3)\ ;\ J_{O_2}(0) = -v_1\ ;\ J_{H_2O_2}(0) = v_4$$

compte tenu des conditions stationnaires sur les concentrations des adsorbats :

$$2\ v_1 = v_2 = v_3 + 2\ v_4$$

mènent à :

$$i_f = F[4\ J_{O_2}(0) + 2\ J_{H_2O_2}(0)]$$

et il n'y a pas de relation de proportionnalité directe entre i_f et $J_{O_2}(0)$ ou $J_{H_2O_2}(0)$. Ce résultat n'est pas étonnant si l'on remarque que deux équations stœchiométriques indépendantes interviennent dans le bilan de la réaction (1-4). La première a déjà été écrite :

$$O_2 + 4\ H^+ + 4\ e^- = 2\ H_2O \qquad (I)$$

La seconde peut être :

$$2\ H_2O = H_2O_2 + 2\ H^+ + 2\ e^- \qquad (II)$$

ou la combinaison linéaire de (I) et (II) :

$$O_2 + 2\ H^+ + 2\ e^- = H_2O_2 \qquad (III)$$

Les stœchiométries des Éq. (I) et (II) impliquent :

$$v_{e^-} = v_{e^-,I} + v_{e^-,II} = 4\ v_{O_2} + 2\ v_{H_2O_2}$$

$$i_f = Fv_{e^-} = F(4\ v_{O_2} + 2\ v_{H_2O_2})$$

et l'on retrouve l'expression précédemment établie en utilisant les relations de continuité flux, vitesse de consommation de O_2 et de production de H_2O_2 à l'interface, soit $v_{O_2} = J_{O_2}(0)$ et $v_{H_2O_2} = J_{H_2O_2}(0)$ respectivement. Bien sûr, si l'on néglige la production d'eau oxygénée au cours de la réaction ($v_{H_2O_2} \approx 0$), on est ramené au cas du mécanisme de réduction de O_2 selon les étapes (1-3) et à une simple relation de proportionnalité entre i_f et $J_{O_2}(0)$.

La réduction du mécanisme réactionnel à une équation stœchiométrique bilan n'est pas possible dans d'autres cas, par exemple pour la réaction de réduction du cation M^{2+} en métal M selon les deux étapes successives du Pb II.8 :

$$M^{2+} + e^- \leftrightarrow M^+$$

$$M^+ + e^- \leftrightarrow M$$

En effet, écrire l'équation bilan :

$$M^{2+} + 2\,e^- = M$$

suppose à priori que les vitesses des deux étapes sont égales, ce qui n'est vérifié, dans les conditions du Pb II.8, que lorsque la densité du courant atteint sa valeur limite $i_{dM2+/M}$ (cf. Fig. 1 corrigé du Pb. II.8). On retrouve bien ici le fait qu'au cours du dépôt de M, il n'y a pas de relation de simple proportionnalité entre la densité du courant faradique et les flux de transport des ions M^+ et M^{2+} :

$$i_f = F[J_{M+}(0) + 2\,J_{M2+}(0)]$$

sauf lorsque $i_f \rightarrow i_{dM2+/M}$, car dans ce cas $v_1 = v_2$ et $J_{M+}(0) = v_1 - v_2 = 0$.

Problème III.5 (Réduction de dioxygène sur platine)

1. Le coefficient de diffusion de O_2 se déduit de la pente de la droite de Levich sur la Fig. 1 (cf. Ex. II.11) :

$$i_{dO2}/\sqrt{\Omega} = -4\,[0{,}620\,F(D_{O2})^{2/3}\nu^{-1/6}O_2^*]$$

soit $D_{O2} = 1{,}9\ 10^{-5}$ cm^2 s^{-1} pour $O_2^* = 1{,}18\ 10^{-6}$ mol cm^{-3} et quatre électrons consommés par mole de dioxygène (cf. corrigé du Pb. III.4 pour l'expression de i_{dO2}).

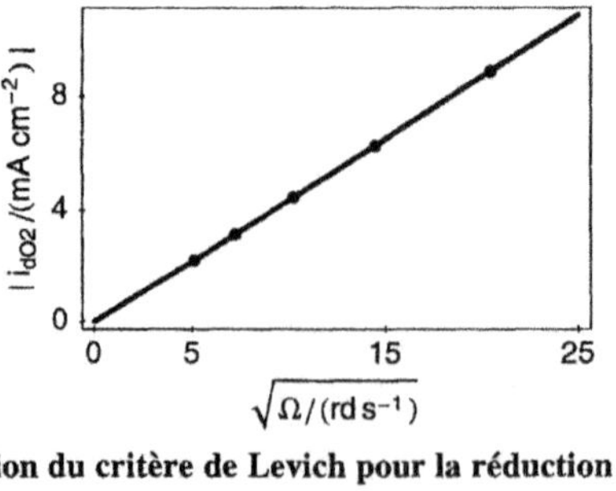

Figure 1 : Vérification du critère de Levich pour la réduction de O_2 sur EDT de Pt dans une solution d'H_2SO_4 1 M saturée en O_2 à 25 °C (p_{O2} = 1 bar).

2. En négligeant la formation éventuelle d'eau oxygénée comme réaction parallèle, tout mécanisme de réduction de O_2 avec étapes successives et intermédiaires réactionnels adsorbés, dont l'équation bilan s'écrit :

$$O_2 + 4\,H^+ + 4\,e^- = 2\,H_2O$$

à une constante multiplicative près, mène (cf. Pb. III.4) à :

$$O_2(0)/O_2^* = 1 - i_f/i_{dO2} \qquad (1)$$

et la densité de courant calculée par la méthode de correction de diffusion, i_{calc}, vérifie donc :

$$i_{calc} = i_f\, i_{dO2}/(i_{dO2} - i_f) = i_f\, O_2^*/O_2(0)$$

Le tracé de log | i_{calc} | vs. E de la Fig. 2 de l'énoncé présente une droite de Tafel indépendante de la vitesse de rotation de l'électrode. i_f est donc proportionnel à $O_2(0)$, i_{calc} à O_2^* et la réaction est donc d'ordre 1 par rapport à O_2. L'inverse de la pente de la droite de Tafel, $- \ln 10/(\beta f) = - 115$ mV par unité de logarithme, c'est-à-dire par décade de courant, implique un coefficient de transfert cathodique $\beta = 0{,}52$ et i_f peut donc s'écrire :

$$i_f = - kO_2(0) \exp(- \beta f E) \qquad (2)$$

où k est une constante, à température fixée, ou encore, d'après (1) et (2) :

$$i_f = - \frac{kO_2^* \exp(- \beta f E)}{1 + (k/m_{O2}) \exp(- \beta f E)} \qquad (3)$$

Après correction de diffusion, on a bien :

$$i_{calc} = - kO_2^* \exp(- \beta f E) \qquad (4)$$

3. De nombreux mécanismes de réduction de O_2, à plusieurs étapes, faisant intervenir des intermédiaires adsorbés à la surface de l'électrode, ont été proposés. Certains mécanismes mènent aux relations (2-4) dans des conditions cinétiques limites, d'autres non. Ainsi qu'indiqué dans le Pb. III.4, l'écriture de (1) suppose que toute réaction parasite, formation de H_2O_2 par exemple, est négligeable et que le mécanisme de réduction de O_2 mène à l'équation stœchiométrique bilan $O_2 + 4\,H^+ + 4\,e^- = 2\,H_2O$ à une constante multiplicative près. Un mécanisme candidat est celui de la fin du Pb. III.4 :

$$O_2 + 2\,s \leftrightarrow 2\,O,s$$

$$O,s + H^+ + e^- \leftrightarrow OH,s$$

$$OH,s + H^+ + e^- \leftrightarrow H_2O + s$$

En posant $O_2(0) \approx O_2^*$ pour se trouver dans les conditions du calcul de i_{calc}, en utilisant la notation en densités de courants d'échange (cf. Ex. III.2) et le concept d'étape cinétiquement déterminante (cf. Ex. III.4), huit droites de Tafel et une asymptote horizontale sont prévisibles lorsque l'on porte log $| i_f |$ en fonction de η, si l'on utilise les hypothèses de l'isotherme de Langmuir. Le lecteur pourra vérifier qu'aucune de ces droites ne vérifie simultanément les deux conditions : $(\partial\eta/\partial \log | i_f |)_{|O_2^*} = - 115$ mV à 25 °C (inverse de la pente de la droite de Tafel) et $(\partial \log | i_f | / \partial \log O_2^*)_{|E} = 1$ (cinétique de réaction d'ordre un par rapport à O_2).

4. Par contre, un mécanisme tel que :

$$O_2 + 2\ s \leftrightarrow O,s\text{–}O,s$$

$$O,s\text{–}O,s + H^+ + e^- \leftrightarrow O,s\text{–}OH,s$$

$$O,s\text{–}OH,s + H^+ + e^- \leftrightarrow OH,s\text{–}OH,s$$

$$OH,s\text{–}OH,s \leftrightarrow 2\ OH,s$$

$$OH,s + H^+ + e^- \leftrightarrow H_2O + s$$

est un mécanisme possible, parmi d'autres, par exemple en supposant que l'étape cinétiquement déterminante est la deuxième, toutes les autres étant supposées cinétiquement réversibles. Pour ce mécanisme, la relation densité de courant faradique, vitesses des étapes s'écrit en effet :

$$i_f = - F(v_2 + v_3 + v_5)$$

compte tenu des relations de stationnarité sur les concentrations des adsorbats :

$$v_1 = v_2 = v_3 = v_4\ ;\ 2\ v_4 = v_5$$

La première étape étant supposée cinétiquement réversible, $v_{1d} \approx v_{1g}$, la deuxième cinétiquement déterminante et irréversible dans le sens de la réduction, $v_2 \approx v_{2r}$, la concentration du proton prise invariante à l'interface électrode | solution d'H_2SO_4 1 M, et les taux de recouvrement de tous les adsorbats supposés négligeables, soit $\theta_s \approx 1$, il vient en effet :

$$i_f = - 4\ Fv_2 = - 4\ Fv_{2r} = - 4\ Fk_{r2}(k_{d1}/k_{g1})H^{+*}O_2(0) \exp(- \alpha_{r2} f E)$$

qui peut être identifié à (2) en posant $k = 4\ Fk_{r2}(k_{d1}/k_{g1})H^{+*}$ et $\beta = \alpha_{r2} = 0{,}52$. La réaction est dans ce cas d'ordre partiel un par rapport à O_2 et d'ordre partiel un par rapport à H^+, soit : $(\partial \log | i_f | / \partial pH)_{|E} = - 1$. Une valeur proche de – 0,9 a été obtenue expérimentalement entre pH = 0,3 et pH = 2,3.

Bibliographie

P. Delahay, Double layer and electrode kinetics, John Wiley & Sons, New York, 1965.

J. O'M Bockris, A. K. N. Reddy, Modern Electrochemistry, Plenum Press, New York, 1970.

J. Besson, J. Guitton, Manipulations d'Électrochimie, Masson, Paris, 1972.

E. Gileadi, E. Kirowa-Eisner and J. Penciner, Interfacial Electrochemistry, Addison-Wesley Publishing Company, Inc., London, 1975.

A. J. Bard, L. R. Faulkner, Électrochimie, Principes, méthodes et application, Masson, Paris, 1983.

J. Besson, Précis de thermodynamique et cinétique électrochimiques, Ellipses, Paris, 1984.

Southampton Electrochemistry Group, Instrumental Methods in Electrochemistry, Ellis Horwood Limited, Chichester, 1985.

C. Vidal, H. Lemarchand, La réaction créatrice, Hermann, Paris, 1988.

C. Gabrielli, Use and applications of electrochemical impedance technique, Schlumberger Technologies, Technical Report, 1990.

J. Sarrazin, M. Verdaguer, L'oxydoréduction, concepts et expériences, Ellipses, Paris, 1991.

J. S. Newman, Electrochemical Systems, Prentice Hall, Englewood Cliffs, 1991.

B. Trémillon, Electrochimie analytique et réactions en solution, Tome 2, Masson, Paris, 1993.

E. Gileadi, Electrode kinetics for chemists, chemical enginers and material scientists, VCH Publishers, New York, 1993.

D. Landolt, Corrosion et chimie des surfaces des métaux, Presses Polytechniques et Universitaires Romandes, Lausanne, 1993.

J.-P. Diard, B. Le Gorrec, C. Montella, Cinétique électrochimique, Hermann, Paris, 1996.

JEAN-PAUL DIARD, BERNARD LE GORREC, CLAUDE MONTELLA

Cinétique électrochimique

Cette introduction à l'étude des réactions électrochimiques s'appuie sur les trois principales méthodes utilisées dans les laboratoires de recherche : électrode à disque tournant, spectroscopie d'impédance électrochimique, voltampérométrie à balayage linéaire en tension. L'étude des réactions *redox*, d'électrosorption et d'insertion par ces méthodes est détaillée. Les techniques de simplification, hypothèses cinétiques de réversibilité ou d'irréversibilité, et d'étude des mécanismes à l'aide de diagrammes de zones cinétiques sont présentées et appliquées à la corrosion et à la passivation des métaux, aux transferts successifs d'électrons,... ; l'accent est toujours mis sur la simulation des comportements théoriques. Les rappels d'électricité nécessaires à la présentation de la spectroscopie d'impédance électrochimique sont introduits.

Les lois de la cinétique des réactions d'électrode sont présentées en tenant compte des nouvelles méthodes expérimentales, en même temps que sont fournies des techniques de calcul pour des mécanismes plus complexes que ceux traités, lorsque des solutions analytiques — régime stationnaire ou spectroscopie d'impédance — sont envisageables.

Le faible nombre d'ouvrages traitant de cinétique électrochimique est surprenant, étant donnés les nombreux domaines d'application et les enjeux considérables de cette discipline : elle intervient aussi bien dans l'électrosynthèse des métaux ou des produits organiques que dans le traitement de surface des matériaux, le stockage de l'énergie, la lutte contre la corrosion ou la pollution, l'hydrométallurgie, les biotechnologies,...

Au-delà des étudiants, l'ouvrage s'adresse au vaste public de chercheurs et d'ingénieurs confrontés aux problèmes de cinétique électrochimique.

ISBN 2 7056 6295 2. Collection *Méthodes*, 392 p., 130 F

Hubert Égon, Michel Marie, Pascal Porée

Traitement du signal et automatique

I. Traitement du signal et asservissements analogiques

Discipline centrale des filières technologiques d'électronique et d'informatique industrielle, l'étude de l'Automatique comprend celle des asservissements analogiques, incluant l'identification des processus et une approche des systèmes non linéaires.

L'étudiant trouvera dans ce premier volume un exposé clair des outils mathématiques du traitement des signaux : transformées de Fourier, de Laplace, en Z, en ondelettes, nécessaires pour aborder l'étude des asservissements. Sont ensuite exposés les concepts de base et les principaux développements concernant les systèmes asservis, leur stabilité, leur précision et leur correction.

Dans chaque chapitre, les notions théoriques sont accompagnées de nombreux exercices et problèmes à caractère industriel, tous corrigés.

ISBN 2 7056 6403 3. Collection *Méthodes*, 440 p., 195 F

Hubert Égon, Michel Marie, Pascal Porée

Traitement du signal et automatique

II. Asservissements échantillonnés et représentation d'état

Faisant suite au premier volume traitant du signal et des asservissements analogiques, ce second volume utilise les outils qui y sont développés et entreprend l'étude des asservissements numériques.

Il traite également de l'étude des asservissements analogiques et numériques par la représentation d'état et introduit l'utilisation de la logique floue. Dans chaque chapitre, les notions théoriques sont accompagnées de nombreux exercices et problèmes corrigés à caractère industriel.

Enfin, une place importante est consacrée à des problèmes de synthèse reliant l'ensemble des deux volumes, permettant ainsi une comparaison des différents outils utilisés.

ISBN 2 7056 6414 9. Collection *Méthodes*, 450 p., 195 F

à paraître en janvier 2001

Bruno Fosset, Christine Lefrou
Arlette Masson, Christophe Mingotaud

Chimie physique expérimentale

Cet ouvrage propose une approche expérimentale de la chimie au travers de 110 expériences utilisant une large gamme de techniques et de systèmes moléculaires tant organiques qu'inorganiques.

Outre une description détaillée du protocole opératoire et une indication de la difficulté et de la durée des manipulations, toujours inférieure à 4 heures, le lecteur trouvera pour chaque expérience décrite une analyse approfondie des mesures et de leur interprétation dans le cadre des théories enseignées dans les premier et second cycles universitaires.

Le premier chapitre est un rappel des différentes méthodes d'analyse physico-chimiques. La classification des six autres chapitres (réactions acido-basiques, réactions de précipitation, complexes, oxydo-réduction, cinétique, organisation en phase condensée) a été élaborée pour permettre à ceux qui cherchent à illustrer un thème précis de trouver immédiatement les expériences correspondantes.

Cet ouvrage sera donc utile à tous ceux qui cherchent une approche expérimentale réfléchie de la chimie physique :

- candidats aux CAPES de physique et chimie ; agrégation de sciences physiques ;
- enseignants des premier et deuxième cycles universitaires ;
- étudiants ayant à mettre en œuvre un projet personnel à contenu expérimental.

ISBN 2 7056 6392 4. Collection *Méthodes*, 425 p., 210 F

Imprimé en France par
LIGHTNING SOURCE
www.lightningsource.fr

IMPRIM'VERT®
Votre imprimeur agit pour l'environnement

Printed in Dunstable, United Kingdom

91223682R00145